城市规划与设计教程

（原著第2版）

[日]小嶋胜卫 主编

李小芬 顾珂 徐望朋 译

江苏凤凰科学技术出版社

图书在版编目（CIP）数据

城市规划与设计教程 / （日）小嶋胜卫主编 ；李小芬，
顾珂，徐望朋译. -- 南京 ：江苏凤凰科学技术出版社，2018.3
ISBN 978-7-5537-8808-1

Ⅰ. ①城… Ⅱ. ①小… ②李… ③顾… ④徐… Ⅲ.
①城市规划－建筑设计－日本－教材 Ⅳ. ①TU984.313

中国版本图书馆CIP数据核字(2017)第307278号

江苏省版权局著作权合同登记　图字：10-2017-322

都市の計画と設計第2版

小嶋勝衛（監）・宇於﨑勝也・岡田智秀・川島和彦・桜井慎一・坪井善道・根上彰生・土方吉雄・三浦金作・横内憲久（著）

城市规划与设计教程（原著第2版）

主　　编　[日]小嶋胜卫
译　　者　李小芬　顾　珂　徐望朋
项目策划　凤凰空间／曹　蕾　靳　秾
责任编辑　刘屹立　赵　研
特约编辑　靳　秾

出版发行　江苏凤凰科学技术出版社
出版社地址　南京市湖南路1号A楼，邮编：210009
出版社网址　http：//www.pspress.cn
总　经　销　天津凤凰空间文化传媒有限公司
总经销网址　http：//www.ifengspace.cn
印　　刷　北京博海升彩色印刷有限公司

开　　本　710mm×1000mm　1／16
印　　张　17.75
字　　数　290 000
版　　次　2018年3月第1版
印　　次　2024年4月第2次印刷

标准书号　ISBN 978-7-5537-8808-1
定　　价　69.00元

图书如有印装质量问题，可随时向销售部调换（电话：022-87893668）。

编委会成员

原著第2版前言

距本书初版的发行已有 6 年时间，在此期间，城市的社会与经济环境的变化显著，《城市规划法》屡次修正，各种相关制度也多次修改。第 2 版的内容在应对这些变化的同时，加入全新规划案例。在出版和发行第 2 版之际，共立出版（株式会社）的佐藤雅昭、鹈饲训子付出诸多心血，在此由衷致谢。

小嶋胜卫

2008年11月

前　言

在20世纪后30年日本兴起了“近代的终结”“进步的终结”等思潮，到处都宣告具有近代特征的事物的“终结”，城市规划的领域中，也出现了追求全新规范的萌芽。诸多预兆早已显现出来，社会即将迎来巨大变化。

“城市规划”作为一个普通的社会名词，有人从社会生活即城市生活观点出发，将“地球环境”到“城市建设”的所有内容都视作“城市规划的对象”。但是，一般我们说到“规划”肯定要说到它的“对象范围”，尤其是作为物理空间来建设城市时，对象范围的界定尤为重要，而且城市规划还需适合广泛的空间意义。因此，21世纪伊始，我认为重新编写城市规划与设计教程具有重大意义。

如今，已有诸多如城市规划与城市设计、（城市规划相关）细分领域解析、海外案例介绍等相关书籍出版发行。在我们的前辈笠原敏郎博士致力于在内务省普及“城市规划”相关新技术后，仅仅过了百年，其需求与普及程度让人震惊。在编写本书之际，传承了众多先辈的知识与智慧自不必说。在接受笠原敏郎博士与市川清志博士的教导后，结合自己多年给对建筑学感兴趣的学生授课积累的经验，在本书中，重点陈述城市规划和城市设计领域中必须掌握的基础事项的同时，也关注了21世纪吸引全球目光的环保问题和信息社会、居民参与等新课题。为了使本书成为应对社会各种事业的实用指南，我们收录了众多具体案例。

如果概括本书特征，可做如下整理：

①学习基础建筑学的学生必知的城市规划和城市设计基础知识。尽可能多地搜集概念、理念、关键词，并尝试进行通俗易懂的解说。

②采用涉及城市规划和城市问题的众多关键词，编写读者可通过自学理解的基本概念。

③不是只笼统地介绍城市规划和城市设计的技巧与制度，而是通过具体案例来帮助理解。

④融入众多领域的各执笔人的城市规划讲义的精髓。

⑤在未来，景观将成为城市规划的重要主题，本书景观部分不仅是一般概念的阐述，还融入了以往的研究成果的介绍，尽量使不易理解的概念能够通俗易懂的表达。

自设想和准备阶段起，历时5年多本书才得以脱稿。在这期间，随着《城市规划法》的修改，作者们不得不在众多部分中调整数据及内容，但尽管如此费尽周折，作者们并未对自身的研究活动有一丝一毫的懈怠。在本书中随处可见研究活动的成果，并加入极具前瞻性的话题。虽然之前每次讲义都会最少介绍10册相关的书籍，但还是希望本书成为学习城市规划的基础。

另外，衷心向在资料提供方面给予诸多帮助的各位表达谢意，川岛和彦和共立出版（株式会社）的平山靖夫、齐藤英明也付出诸多心血，在此由衷致谢。

最后，希望大家一定与我们分享对本书的感想，我们研究人员将夜以继日努力钻研，不断对内容进行补充和修订。

小嶋胜卫

2002年3月

目 录

第 1 章 城市概况

1.1 城市的概念和定义 ………………………………………………………………001

1.2 城市的功能 ……………………………………………………………………003

1.3 城市化——城市和农村 ………………………………………………………005

1.4 城市的区域——城市圈 ………………………………………………………007

1.5 作为行政单位的城市范围和人口集中区 ……………………………………010

1.6 城市化和城市问题 ……………………………………………………………011

1.7 城市的角色 ……………………………………………………………………012

第 2 章 城市规划的概况

2.1 城市规划的定义 ………………………………………………………………015

2.1.1 城市规划的作用 ……………………………………………………………015

2.1.2 城市规划区域 ………………………………………………………………017

2.1.3 法定城市规划的内容 ………………………………………………………018

2.1.4 建筑和城市规划 ……………………………………………………………020

2.2 城市规划的理念 ………………………………………………………………021

2.2.1 规划目标和理念 ……………………………………………………………021

2.2.2 理想城市和城市规划 ………………………………………………………022

2.2.3 现代城市规划的理念 ………………………………………………………022

2.3 城市规划的课题 ………………………………………………………………024

2.3.1 均衡性国土的形成和区域振兴 ……………………………………………025

2.3.2 城市中心重建和中心市区的重建 …………………………………………025

2.3.3 地价合理化和开发利益的回归 ……………………………………………026

2.3.4 地方分权和资金确保 …… 026
2.3.5 市民参与和达成共识 …… 026
2.3.6 放宽限制和政企合作 …… 027
2.3.7 应对人口减少社会和少子老龄化社会 …… 027
2.3.8 构建防灾城市 …… 027
2.3.9 构建可持续发展的城市 …… 028
2.3.10 高度信息化和城市规划 …… 028
2.4 城市规划设计者与顾问和建筑师的角色 …… 028
2.4.1 城市规划和城市建设中的行政角色 …… 028
2.4.2 设计者和顾问的角色 …… 030
2.4.3 建筑师的角色 …… 032

第3章 近代城市规划发展

3.1 近代城市规划的新纪元 …… 037
3.1.1 工业革命前——城市发展和理想城市 …… 038
3.1.2 新拉纳克（New Lanark）…… 039
3.1.3 田园城市 …… 040
3.1.4 工业城市 …… 042
3.1.5 发展的城市 …… 043
3.1.6 面向300万人的现代城市 …… 043
3.1.7 国际现代建筑协会（CIAM）…… 044
3.1.8 邻里住区论 …… 045
3.1.9 雷德朋（Radburn）…… 046
3.1.10 新城市（Die Neue Stadt）…… 047
3.1.11 城市美化运动 …… 048
3.2 近代城市规划对现代城市的影响 …… 048
3.2.1 功能主义 …… 049
3.2.2 区域划分 …… 049
3.2.3 新城 …… 050
3.2.4 后现代 …… 050

第4章 区域规划和城市总体规划

4.1 区域规划中的城市规划定位 ……053
4.1.1 区域规划的层级结构 ……053
4.1.2 国土规划 ……054
4.1.3 广域圈规划 ……056
4.1.4 都道府县规划 ……056
4.1.5 城市规划(市镇村规划) ……058
4.1.6 地区级规划 ……060
4.2 市镇村总体规划(城市总体规划) ……061
4.2.1 城市规划和总体规划的关系 ……061
4.2.2 总体规划的制定 ……062
4.3 土地使用规划 ……068
4.3.1 城市的人口集中和土地使用 ……069
4.3.2 土地使用的结构原理 ……070
4.3.3 城市规划制定中土地使用规划的定位 ……072
4.3.4 国外的土地使用规划 ……073
4.3.5 限制型土地使用规划和非限制型土地使用规划 ……074
4.4 城市交通规划 ……077
4.4.1 城市交通规划目标 ……077
4.4.2 通行量调查方法 ……079
4.4.3 城市交通规划的思路 ……080
4.5 公园绿地规划 ……088
4.5.1 城市与绿地 ……088
4.5.2 规划制定顺序 ……090
4.5.3 公园绿地的作用和分类 ……092
4.5.4 公园绿地的规划标准 ……095
4.5.5 公园绿地的未来发展方向 ……096
4.6 城市环境规划 ……097
4.6.1 城市与环境政策 ……097

4.6.2 城市环境规划的内容 …… 098
4.7 城市防灾规划 …… 102
4.7.1 城市灾害 …… 102
4.7.2 防止灾害扩大规划 …… 102
4.7.3 场地避难与引导规划 …… 105
4.7.4 救援规划 …… 107
4.7.5 灾害恢复规划 …… 107
4.8 居住用地规划 …… 108
4.8.1 住房问题与住房政策 …… 108
4.8.2 住房规划构想的作用 …… 110
4.8.3 居住区规划的目的和意义 …… 111
4.8.4 居住区的开发形态 …… 115
4.8.5 居住区规划的方法 …… 115
4.8.6 致力于构建良好居住环境的制度和项目 …… 118

第5章 景观规划与城市设计

5.1 城市与景观 …… 121
5.1.1 作为容纳空间的城市景观 …… 121
5.1.2 景观的定义 …… 121
5.2 城市的概念 …… 122
5.3 景观建设的发展 …… 124
5.3.1 景观建设的历程 …… 124
5.3.2 基于《景观法》的景观建设 …… 127
5.3.3 涉及景观建设的现行法律制度 …… 129
5.4 景观分析与评价 …… 132
5.4.1 以景观分析为目的的基本指标 …… 132
5.4.2 景观研究动向 …… 138
5.4.3 景观预测 …… 138
5.4.4 景观评估方法 …… 139

5.4.5 分析方法 …… 141

5.5 景观规划的制定 …… 141

5.5.1 景观规划定义 …… 142

5.5.2 景观规划的制定顺序 …… 143

5.6 景观与城市设计 …… 145

5.6.1 城市设计拉开序幕 …… 145

5.6.2 城市设计定义 …… 147

5.6.3 城市设计思路 …… 147

5.6.4 城市设计政策 …… 148

5.7 各国的景观保护制度 …… 152

5.7.1 英国 …… 152

5.7.2 法国 …… 153

5.7.3 意大利 …… 155

第 6 章　城市更新和城市开发

6.1 新开发和城市更新 …… 157

6.1.1 新开发和新城 …… 157

6.1.2 城市更新、再开发及建设措施 …… 159

6.2 居住区开发 …… 161

6.2.1 多摩新城(整体规划和第15居住区绿丘南大泽) …… 161

6.2.2 代官山集合住宅区(Hillside Terrace) …… 163

6.2.3 幕张港城(Baytown Patios) …… 166

6.2.4 大川端河川城市21 …… 168

6.2.5 六甲岛 …… 170

6.2.6 芝浦岛 …… 172

6.3 商业与办公地区开发 …… 174

6.3.1 东京市中心区域 …… 174

6.3.2 运河城博多 …… 177

6.3.3 高松丸龟镇商店街再开发 …… 179

6.3.4 神户临海乐园 …… 181
6.3.5 名古屋中部广场 …… 183
6.3.6 丸之内地区 …… 185
6.3.7 新宿副市中心开发 …… 187
6.3.8 东京临海副市中心（彩虹塔） …… 189
6.4 复合地区开发 …… 191
6.4.1 圣路加花园 …… 191
6.4.2 未来21世纪港（MM21） …… 193
6.4.3 六本木之丘 …… 195
6.4.4 丰洲1~3丁目地区再开发 …… 197
6.4.5 门司港怀旧地区 …… 201
6.4.6 大崎门户城市（Gate City） …… 203
6.4.7 筑波研究学园城市 …… 206
6.5 街道修复和城市建设及其他 …… 209
6.5.1 青森市小型城市建设措施 …… 209
6.5.2 充分利用川越市历史的居民主体城市建设 …… 211
6.5.3 以小布施町的街景修缮工程为契机的城镇建设 …… 214
6.5.4 御荫横丁 …… 216

第7章 城市规划相关法律制度

7.1 《城市规划法》与《建筑标准法》 …… 219
7.1.1 概述 …… 219
7.1.2 《城市规划法》 …… 221
7.1.3 《建筑标准法》 …… 227
7.2 区域用地制 …… 229
7.2.1 概述 …… 229
7.2.2 区域用地的概况 …… 231
7.2.3 引导建设优质市区的制度（《建筑标准法》） …… 236
7.3 城市设施与市区开发 …… 237

7.3.1 城市设施 …… 237
7.3.2 市区开发 …… 238
7.4 区域规划制度 …… 242
7.4.1 概述 …… 242
7.4.2 区域规划的结构 …… 243
7.4.3 各类区域规划 …… 245

第 8 章 未来课题的展开

8.1 成熟社会中的城市规划 …… 247
8.1.1 老龄化与少子化 …… 247
8.1.2 国际化社会城市建设的参与者 …… 248
8.1.3 新城市主义的兴起 …… 248
8.2 可持续发展的城市 …… 249
8.2.1 城市的绿化与环境 …… 249
8.2.2 环境的创造与修复 …… 250
8.3 信息社会的产业形态与城市生活 …… 250

参考文献

第1章 …… 253
第2章 …… 254
第3章 …… 255
第4章 …… 257
第5章 …… 260
第6章 …… 263
第7章 …… 266
第8章 …… 266

致谢

第1章　城市概况

1.1　城市的概念和定义

城市的形成与文明的产生和发展有关。文明指以包括农耕和畜牧在内的农业所生产的食物供应为本，由各种从事非农业职业的人们集中形成的社会系统。文明发展的同时，城市人口也随之增加，剩余农产品增加和职业种类的多样化、高度化与城市发展密切相关。

东京都的人口约为 1280.5 万人（截至 2008 年 1 月），就业者中，从事农业、畜牧业的人口并不多，尽管东京都内的农业用地比例较低，但市民并不欠缺食物。18 世纪末，英国的经济学者托马斯·罗伯特·马尔萨斯（Thomas Robert Malthus，1766 — 1834）在其著作《人口论》（1798 年）中表示“虽然食物只以算术级数增加，但人口却以几何级数增长”，为产业革命以后急剧增长的人口敲响了警钟。随着以农作物为主的食物生产能力的提高，全球人口从 1825 年的 25 亿，增至 1999 年的 60 亿，预计到 2050 年，由于发展中国家的人口增长，全球人口将达 91.9 亿人（总务省统计局）。但是，从水资源枯竭和环境保护的观点来看，全球的食物增产接近极限。根据 2008 年联合国粮食及农业组织（FAO）预测，由于粮食需求不平衡，将有约 9.6 亿的饥饿人口，主要集中在发展中国家。未来，由于资源枯竭、食物不足、城市人口增长，预测城市环境乃至地球环境将进一步恶化。急剧增长的城市人口将成为妨碍城市健全发展和各种活动的主要原因。

文明的产生与发展是从事农业生产活动、提供食物来源的农村区域和从事非农业活动的城市区域的相互补充的结果，同时从美索不达米亚文明发源地的古代城邦国家成立的公元前 3 世纪起到现代，这种相互补充关系仍在维持着。但是，古代城市和现代城市之间，从人口规模，到社会结构、经济结构、空间结构、土地使用形态等各方面都存在明显差异。城市的形态因时代不同而存在差异。为了实现城市的规划发展，首先需要明确城市的本质属性。

在城市地理学、人文地理学、城市社会学的领域中都有对“城市”的定义。无论哪个领域都分别根据各自学科领域的见解去分析城市，不可能全面地分析定义城市的实际形态。德国的社会学家马克斯·韦伯（Max Weber，1864 — 1920）基于社会学观点指出：“城市即是具有紧邻团体特征，人与人之间关系密切但互相几乎不可能熟知的，面积大且房屋密集的集群。”但该论述并未阐明为何城市中人与房屋密集的问题。同样，美国的城市社会学家路易斯·沃思（Louis Wirth, 1897 — 1952）表示：“城市即社会性质不同的各种人口形成的密度较高，长期持续发展的较大集群。”从社会层面上阐明了城市与性质相同且同属于人类集群的农村的差异。但其并未说明为何不同群体高密度集中在一起的问题。

另外，德国的经济学家沃纳·桑巴特（Werner Sombart, 1863 — 1941）表示：“城市指形成特定区域的政治、经济、文化的核心，而非以农业生活为特征的聚落。”尽管已说明区域中心性这一城市特征，但仍缺少社会结构的特征。人文地理学家弗里德里希·拉采尔（Friedrich Ratzel, 1844 — 1904）在 19 世纪末将城市定义为：“人类不断聚集的地方，且覆盖众多地表空间，占据交通要道的中心，居住地集中的地方。”为了进一步补充其定义，将基于农业和畜牧业的村落活动与基于产业和商业的城市进行了对比，虽然着眼于城市内各种活动的重要性，但以“寥寥数语难以表达这些活动”为由，最后也只是一个消极的定义而已。日本的城市社会学家仓泽进（1934 —）表示：“城市即该时代的整个社会中人口数量较大且密度较高，大多数居民从事非农业性生产的群落。”这一表述虽然尝试表达了被时代变化所左右的城市的普遍特征，但并未说明区域的中心性。

在上述的说明中，虽然根据城市与农村的对比关系对城市的几项不同性质的特征进行了说明，但仅止于概念性的说明，并未以明确简洁的方式确切地定义城市的本质和实体。然而，只将城市描述为密集市区和非农业区域，以二元论方式概括城市和农村，将其作为与周围不存在关系的无机单位是不恰当的。应该从城市规划的观点出发，将城市作为区域中心的有机区域单位，即以“城市核心”为中心形成的“圈结构 = 城市圈”进行理解十分重要。1826 年德国的经济学家约翰·海因里希·冯·杜能（Johann Heinrich von Thunen, 1783 — 1850）设想了一种与其他世界完全隔离的经济圈——孤立国家，并通过运输费用分析假定了耕作地带的经营预算边界，该耕作地带以同心圆形状包围了作为消费市场的城市，并展示了城市圈模型（参见第 4.3.2 节）。即使今日，孤立国家也是重要的理论模型，有助于根据城市的市场地位和农村生产供应农作物的经济关系去理解城市圈的概念。但是，在（商品）流通和交通运输系统发达的现在，进入城市的农产品物流正呈现广域化和集中化特征，仅通过单纯的同心圆概念无法决定城市圈的范围。

怎样才能成为区域中心与城市功能有关，所以有必要明确城市的存在理由。另外，尽管城市具有的复杂性无法全部说明，但通过使用城市指标（Urban Indicator），即可定性和定量地掌握城市的多样性特征（表 1.1）。

表 1.1　城市指标列举

城市具有的特征	城市指标
人口密度较高的地方	密度（人口）
非农业区域	土地使用形态
致力于土地高度利用的高层建筑物集中的地方	空间利用强度（容积率）
房屋水平连接的地方	市区化程度
人口与物资流动的中心	区域中心性
第二产业和第三产业发达的地方	产业结构
多种二次（非血缘）社会集团组织的存在	社会集团的特征
不同的、匿名的人际关系与社会	人际关系的特征

上述定量和定性表示的指标是衡量城市形成程度标准的相对指标，即城市指标。但是，城市的形成、发展与衰退和文明的发展密切相关，说明城市指标也随着时代的变化而变化。除此以外，可从物理、社会、文化、经济等多个侧面对城市进行多重理解，城市的整体定义必须包括这些复杂多样的侧面。城市指标是从“作为地区中心的城市区域”和“周边的农村区域”的相对关系中得到的指标，尽管通过复合这种指标可进行城市相对性和概念性的定义，但只着眼于城市就难以对其进行绝对定义，从而表达其本质。相反，不要尝试（对城市）进行严密定义，而要将区域中心的城市和周边的相对关系作为一个动态且多元的圈域结构，从城市规划的观点来明确表示城市本质特性的指标是十分重要的。

1.2　城市的功能

一般而言，“功能”一词意为“相互关联，构成整体的各因子所具有的固有角色”（《广辞苑》）。原本“功能”是生理学中使用的词语（原文为“机能”，按国内专业术语译为“功能”。——译注），例如显示与维持人类个体活动的各器官作用以及其相互作用的机制。1891 年，拉采尔将城市作为一个个体，通过从生理学引用的“功能”这一词汇对城市中的各种活动进行说明。但是，人类作为个体的生命，在保持体内各器官运转的同时，通过对外机能保持与社会之间的关系，其活动影响越大，社会认知度就越高。

城市本身也以居民为对象进行各种活动，但这是针对城市居民的内部活动，并非为了构建与周边区域关系的活动。仅城市内的活动，不能满足城市的功能。我们将（城市）包括周边区域的对外机制都称为“功能”，其机制所及范围被称为城市圈或势力圈。这种对外活动被称为基本活动。城市内的内部活动，诸如仅以城市居民为对象的商业活动等被称为非基础活动，不能称为城市功能。从事基础活动的相关职业就业人口越多，城市圈（势力圈）就越大。

另外，不能一概而论认为越是大城市，相对于基础活动（B）的非基础活动（N）的比例（B-N ratio）越高，城市圈就越大。因为城市圈较大的城市中拥有较多的居住人口（夜间人口），为这些人口提供服务（非基础活动）的就业者也相应增加。一般而言，在人口超过100万人的大城市中，约7成的就业人口从事非基础活动，随着城市圈增大，该比例存在增加的倾向。

根据基础活动推算城市功能的理论被称为经济基础理论，美国的经济学家霍默·霍伊特（Hormer Hoyt，1895 — 1984）在1939年利用经济基础理论预测了城市的未来人口和其相关的住宅数量。作为涉及城市功能的活动（基础活动）和不涉及城市功能活动（非基础活动）的计算方法之一，其被称为宏观法，如下式所示：

$$b_i = e_i - n_i$$

$$n_i = \frac{E_i}{E_t} e_t$$

式中 b_i —— 城市中i产业的对外活动从业者数量；
e_i —— 城市中i产业全部从业者数量；
n_i —— 城市非基础活动所需的i产业从业者数量；
E_t —— 日本全部产业从业者数量或全部人口；
E_i —— 日本i产业全部从业者数量；
e_t —— 城市全部产业从业者数量或人口总数。

现代城市的功能主要由产业决定，古代出于军事目的建设的罗马殖民城市和以军港为中心发展起来的新加坡等就是最好的例子。另外，还有众多城市以交通枢纽为交易中心，从市场街道发展成为商业中心城市。在交通不发达的徒步时代，商圈约10千米，城市圈也较小。产业革命之后工业发展，出现了工业城市，同时促进了交通的发达，并诱发人口快速向城市集中，导致出现了较多城市问题。行政功能必然是城市的产物。尤其是首都功能，为了在国家整体形成势力圈，越是中央集权国家，首都越是规模巨大。在东京都这种政治经济的枢纽功能极端集中的巨大城市中，非基础活动并不顺利，有必要分散其功能。

形成城市并扩大其规模的过程被称为城市化（Urbanization），城市化机制与产业的发展阶段对应，形成从前近代城市到近代城市，并进一步发展为现代城市的历史发展过程。

如今，构成近代城市的工业并非城市的主要功能，反而有从城市内部分散出来的倾向。现代城市以多样且具有高度附加价值的信息生产为主要功能。工业化社会（产业化社会）迎来了美国的社会学家丹尼尔·贝尔（Daniel Bell, 1919 — ）所述的脱工业化社会（信息化社会），并进一步迎来以计算机为媒介的沟通普遍化的高度信息化社会。在日本，申报所得前 500 强企业中，65% 集中在东京圈（东京都区部、神奈川县、千叶县、琦玉县，1991 年），在服务产业中，全国约一半（49%）的信息服务、调查与广告业集中在东京都。另外，软件产业、信息服务提供业也超过 50%。虽然以计算机为媒介的沟通普及了，但像具有高附加值信息的国际会议和学会、企业决策等正式的沟通，或从事多种职业的专业人士之间的非正式人际交往等面对面的沟通对于信息产出不可或缺。从事堪称现代城市功能的信息产业的人们的生活方式还有可能对城市结构造成影响。如美国住宅郊区化的例子，边缘城市（Edge City）的全新城市化形态，可以说是现代城市功能变化和全新城市化现象的先驱案例（图 1.1）。因此，随着时代发展的需求而发展变化的这种动态的城市分析方法十分重要。

图1.1　边缘城市郊区住宅用地的基础设施布局案例(Houston Texas)

1.3　城市化——城市和农村

18 世纪后期始于英国的产业革命使工业成为城市的主要产业。这是近代城市形成的主要原因。随着生产方式的发展，从事生产、流通、消费等各种活动的劳动人口快速向特定区域集中。有人认为根据第二和第三产业的布局，非农业人口向特定区域集中的城市化概念源自城市和农村的关系；还有人坚持将城市和农村划清界限，即农村与城市二元论；也有人将城市和农村作为连续统一体（包括城市区域进一步进化至城市状态的过程），即城乡连续统一体论。国木田独步（1871 — 1908）在其著作《武藏野》（1901年）中描写道："进入郊外的林间田地，既不靠近市区街道，也不靠近驿站，配以一种生活和一种自然，呈现一种光景……大城市生活的痕迹与田园生活的余波汇合激荡，却也处变不惊。"这是1927年之前的东京近郊地区的风景，他观察并描写了农村区域与城市要素融合的同时持续城市化的状况，可以说将农村（田园）与城市视作生活空间的连续统一体。

另外，在近代城市规划理论和实践的先驱——英国，始于18世纪后期的住宅郊区化与城市环境的恶化不无关系。人们将城市和郊区定位成对立状态，将郊区从城市中隔离开，将农村和城市作为生活空间，其中具有非连续性。城市被城墙所包围、拥有自治权共同体的中世纪欧洲城市和拥有封建城市且城市和农村的界限并不明朗的日本之间的城市空间的差异，反映在城市（化）概念或相对于城市规划方法论的基本思路上。美国的城市社会学家路易斯·沃思（Louis Wirth，1897 — 1952）将城市的生活样式在社会中普遍化的过程叫作城市化。但是，如今即使在农村区域，也可享受与城市区域相同的生活便利，无法断言二者生活样式中存在显著的差异，尤其由于信息通信手段的进步，农村可同时获得与城市区域相同的信息，可以说基于信息的农村生活方式的城市化已取得很大进展。另外，交通网的发达尤其有赖于大城市周边的远距离住宅地的开发，大范围的城市化现象正在进行中，首都圈中，超过100千米远的住宅地开发也正在进行中，这使得非农业人口走向农村区域的"分散居住地"。

城市化的过程是一种普遍的从中心到周边的过程，城市土地使用规模不断扩大的状态，是一种土地使用用途出现分化，形成固有区域结构的过程。城市生态学家厄内斯特·沃森·伯吉斯（Ernest Watson Burgess，1886 — 1966）在1923年对芝加哥进行了调查，提出了动态捕捉城市区域结构的理论模型（图1.2）。该理论被称为同心圆地带论，说明通过城市中心地带的同心圆结构的扩大向下一地带的连续性侵入（invasion）和迁移（succession），导致整体区域的扩大（参见第4.3.2节）。另外，英国的城市地理学家罗伯特·迪金森（Robert Dickinson，1905 — 1981）的三地带理论（1947年）是从欧洲各城市的调查中所得到的城市区域结构模型（图1.3）。

根据以上的两个理论模型，可了解从地区的中心地带发展至城市的扩张过程与地区结构。也可了解从城市土地使用的中心区域向周边的同心圆式的连续扩张以及住宅组团等分散形式的城市化地区的形成过程。

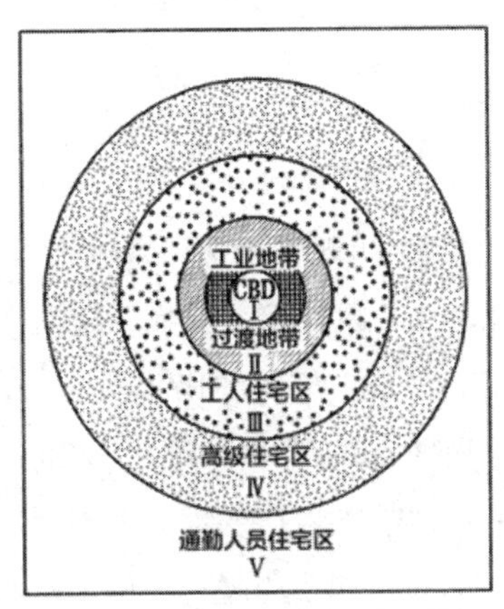

图1.2　伯吉斯的同心圆地带结构

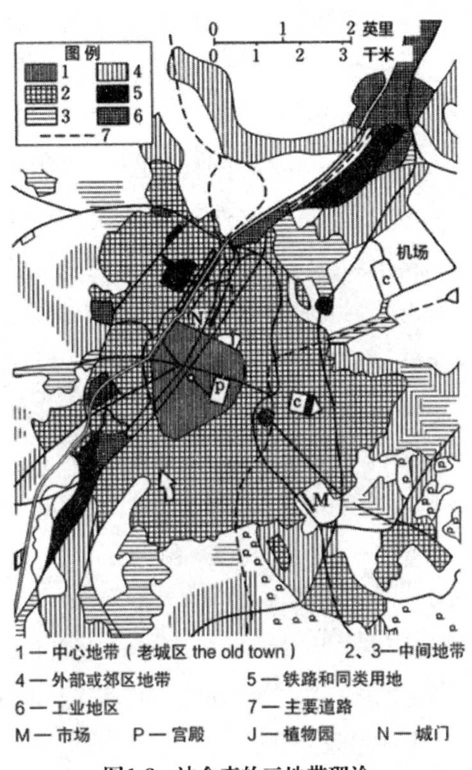

图1.3　迪金森的三地带理论

1.4　城市的区域——城市圈

城市作为区域中心，势力可扩散至周边区域，人们将这种势力所及范围称为城市圈或势力圈。城市圈的范围越大，城市中从事基础活动的人口也越多。诸如东京这样的大都市圈将中心城市（母城市）、周边的中小城市群和农村区域（田园地带）等尚未城市化的区域均收入圈域中。从基础活动来看，首都功能、大企业总部功能、中央政府功能等拥有广泛的活动范围，人们和由这些功能引发的多种商业服务活动（非基础活动）逐渐集中在一起。布局在城市中心区域的商业、文化、教育、医疗等社会活动内容也大规模化和专业化，通过向居住在周边中小城市群、农村区域集群的居民提供日常生活上的便利，形成了城市圈的日常生活圈。布局在城市中心区域的设施魅力越大，使用圈也越扩大。但是，日常固定使用的设施距离直接影响使用者的生活便利性，使用圈范围有赖于交通网的建设情况、费用以及方便程度，与非日常设施的使用圈存在差异，时间距离比空间距离重要。尤其上班和上学的范围直接影响日常生活圈。另外，散落在大城市圈中的中小城市群也拥有分别对应其规模的势力圈。可考虑将城市圈的概念分为三种：① 扩大连接的街区，② 日常生活圈，③ 势力圈（城市圈）。

扩大连接的街区属于城市区域范围，在景观上，是分布着高层建筑群的城市中心区扩大，与（城市）建成区域（built up area）连接。日常生活圈与城市区域的扩大存在很大的关系，包括农村地区和分散开发的睡城等，范围大致相当于通向城市的上班圈。势力圈（城市圈）被称为腹地，形成可使用市区设施群的最大空间范围，在大城市圈中还包括了圈内的中小城市群。另外，日常生活圈的范围成为决定城市规划范围（城市规划区域）的标准。

城市拥有各自的势力圈（城市圈）。人们日常性和非日常性地使用布局在城市中的生活便利设施和工作场所、教育设施等，如今，人们居住的区域被城市的势力圈网罗起来。虽然势力圈的边界，即城市的圈域已被各自的城市规模设定好，但1931年威廉·约翰·雷利（William John Reilly，1899 — 1970）提出利用物理学上的万有引力定律决定（圈域）边界。这种简单的数学公式模型很符合现实的状态，被称为“雷利法则”，原本用于寻求位于一条直线上、可选择的两家店铺的共有点，即两家店铺吸引力的平衡点。在确定两个城市的圈域交接点时，也应用了该模型，即两个城市的引力平衡点成为圈域边界。

雷利法则如下式所示：

$$r \cdot \frac{P_A}{d_A^2} = r \cdot \frac{P_B}{d_B^2}$$

式中 r —— 城市之间的引力比例系数；
P_A —— A城市总人口；
P_B —— B城市总人口；
d_A —— 两个城市圈域的交接点到A城市中心的距离；
d_B —— 两个城市圈域的交接点到B城市中心的距离；
$d=d_A+d_B$ —— 两个城市之间的距离。

如果将A城市和B城市之间的距离设为 d，将得出 $d=d_A+d_B$。如果将公式进行变形，将得出

$$d_A = \frac{d}{1+\sqrt{\frac{P_B}{P_A}}},\ d_B = \frac{d}{1+\sqrt{\frac{P_A}{P_B}}}$$

当 $P_A=P_B$ 时，将得出 $d_A=d/2$，可刚好在AB的正中间接界。如果 $P_A > P_B$，将得出 d_A 大于 $d/2$。

城市散布在某个区域中，如果分别被具有相同半径的圆形城市圈（势力圈）网罗起来，这些圆形将在没有空白的状态中重合，连接交接点的弧形将成为势力圈的边界。该弧形构成六边形，城市位于中心位置。如果连接中心，形成较大的六边形，形成其中心的城市将具有较大的圈域。这就是瓦尔特·克里斯塔勒（Walter Christaller，1893 — 1969）在1960 年提出的城市阶层结构模型。这是一种相当理想化和理论化的模型，由于河川、山等地形条件及其他因素都会影响城市圈形成的过程，因此难以形成类似的几何学图形。但是，在理解城市规模和区域的关系方面，这是一种易于理解的概念模型（图 1.4）。

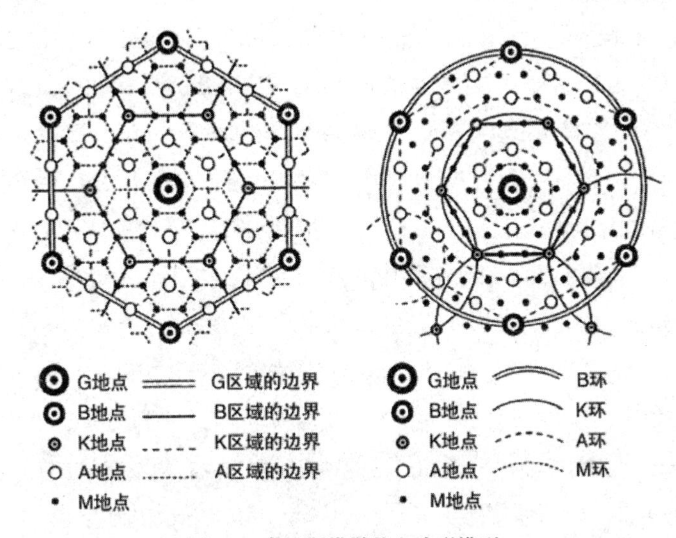

图1.4　克里斯塔勒的六边形模型

另外，城市并不是散落分布，而是随着城市化的进展，逐渐形成巨大的互相连接的城市化地带。在日本，从东京到福冈的城市化地带（太平洋工业地带）符合上述情况，法国的地理学家琼·戈特曼（Jean Gottman，1915 — 1994）在 1960 年观察到，从美国东海岸的华盛顿起到波士顿之间的 600 千米是由一连串的城市串联起来，古希腊人将这种梦幻般的巨大城邦国家命名为特大城市。该地带中城市和农村的区分并不明确，无法通过行政规划进行区分，这是美国最大的人口集中区域。以鸟瞰方式可捕捉到，这种城市化形态并非各城市的集合，而是包括无数形成中心城市的星云形状的连续城市化地带，而且是人口集中地带。为了掌握现代城市的势力圈，需要以广阔的视角去看，同时有必要了解在混合乡村区域的城市化中，与其居民的生活方式和日常生活行为相应的多重结构的生活圈的现状。

1.5 作为行政单位的城市范围和人口集中区

城市圈（势力圈）是以区域中心角色表示城市的势力和范围的概念，行政城市是市区范围的单位。行政区域和实际的城市圈范围未必一致。明治时代的大合并之后，20世纪50年代流行乡村合并和成立新城市，称为“昭和大合并”，市区范围中，具有城市特征的区域和具有农村特征的区域逐渐混合一起。有必要在制定行政政策方面以统计方式掌握市区整体范围。在特大城市这种城市化形态中，可将城市部分和农村部分混合的区域称为广义的城市化区域，但在城市化区域中，如果以城市规划为主，不对人口集中的区域进行筛选，制定政策的对象范围将不明朗，也无法对属于地方自治体行政分类的市镇村进行区分，因此有必要以人口为基础，使用统计方面的城市化区域的定量标准进行区分。

一般而言“市”指城市本身，市的标准是人口超过5万，市区范围内六成以上的居民形成市中心，城市的从业人口超过六成，这些均由地方自治法决定。另外，为了实现巨大城市的市政合理化，设置了行政区和自治区两种“区”机构。东京都是特区，相当于具有基础自治体特征的自治区，在根据政令而指定的人口规模超过50万的特定城市中，行政区深受重视。在人口超过50万人的城市中，根据地方自治法将都道府县的权限授予特定城市（1956年也被称为制度化的政令指定城市），涉及市民日常生活的城市规划、社会福利、教育等行政事务被从都道府县移交至特定城市。即根据自治能力和行政需求的实际情况，扩大自治体主体行政事务范围并尊重原本应有的城市自治权的制度。截至2009年4月1日，大阪、名古屋、千叶、冈山等18座城市被定为特定城市。另外，以人口超过30万的城市为对象，为了强化事务权限和开展符合居民意向的行政事务，41座城市被指定为中心城市。并且，以人口超过20万的城市为对象，指定41座城市为特例城市，总揽可适当处理事务的权限。

包括上述特定城市在内，截至2010年1月，日本共有23个特别区和包括784个市、787个镇和189个村的共计1760个市镇村。为了将城市或城市圈概括在统计资料中，进行行政区分十分便利。如同人口10万、50万、100万级城市一样，以人口规模为指数显示城市大小的情况较多，但这一指数统计一般以市区范围的人口为准。由于大多数市区中心已被城市化，尤其是人口集中的区域，因此适用于人口集中区域（Densely Inhabited Districts，简称DID）这样的城市化区域标准。人口集中区域是人口增长或区域扩大形成的，显示了城市部分及其发展状况的指标。人口集中区域的定义是“原则上指4000人/平方千米以上连片的人口集中地区，形成人口总数超过 5000 人的区域”。如同 1990 年、1995 年开展国情调查一样，每 5 年就开展一次调查，每个调查年度对区域设定进行改变。市区范围并不一定包括人口集中区域，还有指定面积狭窄的情况。指定面积方面东京都的面积最大，到 2005 年度国情调查时为止，东京都人口集中区域面积占整体面积的 34.7%，但居住人口占 89.3%。在人口集中区域人口比例最低的岛根县仅为 24.7%，人口集中区域面积比例仅为 0.7%，没有人口集中区域的城市在全国有 26 座（截至 2007 年 12 月）。一般而言，可对人口集中区域的市区进行观察，人口密度 4000 人 / 平方千米的市区给人留下建筑密度较低、郊区住宅地较为宽裕的印象，即使被指定为人口集中区域，也可在景观方面观察到人口密度导致的差异。

1.6　城市化和城市问题

开始对城市进行科学调查是在产业革命时期的 18 世纪之后。其开端是 1845 年英国的社会改造家埃德温·查德威克（Edwin Chadwick，1800 — 1890），他将城市中工厂工人恶劣的居住环境状态总结进《查德威克报告》（1845 年）中。同年，弗里德里希·恩格斯（Friedrich Engels，1820 — 1895）编写了《英国工人阶级的状态》（1845 年）一书，描述了工业化导致快速城市化，集中在城市的劳动者阶级处于恶劣的生产环境中，并将作为新中产阶级而出现的工厂经营者定位为资产阶级，将劳动者阶级定位为无产阶级的全新社会阶层，清晰阐述了产业资本主义的兴起过程。具有城市全新功能的工业给经济、社会结构带去激荡的变革，同时基于工业布局和人口集中的近代城市化造成城市环境急剧恶化，必须应对因城市政策造成的各种城市问题。

近代城市规划也要应对因快速城市化导致的城市问题，根据科学的城市调查进行理论研究并开展实践。在英国，1915 年帕特里克·格迪斯爵士（Sir Patrick Geddes，1854 — 1932）在其著作《进化中的城市》（*Cities in Evolution*，1915 年）中，构建了城市调查的理论基础。对现有城市的区域特性、人口动态、就业状况、生活状况等进行调查和分析，并提出了城市问题解决的科学方法。日本晚于欧洲，在明治维新之后的近代城市形成时期同时，采用了以工业为本的殖产兴业政策，1885 年，时任东京府知事的芳川显正（1842 — 1920）在对日本首个近代城市规划——东京市区方案进行修正之际，在其言论中也表示：“以道路、桥梁、河川为主，给水、房屋、排水为辅”，在城市建设中，产业基础建设优先，居住环境建设排后。之后，1955 — 1965年开始出现严峻的城市问题，这是一个由于重型化学工业发达带动经济快速发展和城市化的时代，尤其以东京都等大城市为中心，城市问题日显突出。

人口与城市功能向大城市集中带来了地价高涨、住宅地逐渐建在郊区导致上班难、公害、破坏环境等城市问题，大范围的人口移动诱发了人口密度过密、过疏问题，这是一种区域性的人口偏差导致的区域发展不平衡的问题。尤其以东京为中心的城市圈由于城市的无序扩大和城市扩张（urban sprawl），以及乱开发导致的自然环境破坏，导致了交通网、下水道、公园和绿地等城市基础设施未建设，地价高涨引发的购房难，住宅偏远引发上班难等问题。一方面，在市中心，地价高涨的结果就是失去居住功能，不断被高层事务所建筑等占据，也引发了因夜间人口的减少导致的空洞化现象。由于未建设交通网和一味集中在城市中心，也引发了交通堵塞、尾气排放等大气污染公害问题。另一方面，地价高涨推动在较远地块建设住宅的同时，还引发了在狭小地块上兴建房屋群，导致居住环境恶化的问题。另外，在道路和建筑物兴建方面欠缺对老年人和孩子等社会弱者的考虑，也造成城市设施的问题。加上城市中邻居之间往往不相识，城市社会的匿名性引发过路歹徒杀人、散播毒气、放火等以不特定多数人为对象的城市犯罪增长，由于高级公寓等大规模住宅的增加，居住人员的地缘连带感变淡，区域社会（社区）的意识减退对城市环境的空间、社会造成较多的城市问题。

1.7 城市的角色

城市具有政治功能、经济功能、文化功能等，在各城市中，集中对应其基础活动规模的人口，同时扮演着其作为区域中心的角色。与农村相比，人口密度较高的群体所居住的城市化区域中带有房屋连接的城市特有空间结构，并形成与农村社会不同特征，形成由具有差异性、匿名的人类群体组成的城市社会。另外，伴随技术革新，产业结构的变化造就城市功能和就业结构的变化，并从工业化社会转至丹尼尔·贝尔（Daniel Bell, 1919 —）所说的后工业化社会，并进一步转至以计算机网络为城市基础设施的高度信息化社会。现代城市是物资的流通与消费的中心，同时正提高作为信息生产源头的作用。但是，对于人类生活而言，城市也是其经常寻求健康、安全性、便利性和舒适性的场地。舒适性（Amenity）是威廉·格雷厄姆·霍尔福特爵士（Sir William Graham Holford, 1907 — 1975）所述的，

“适当的要素（住所、温暖、明亮、洁净的空气）在适当的场所”，即整体处于舒适的状态。原本表示将生活环境的提高与居住等物质环境和社区等社会环境保持一致的“环境决定论”式的以英国为中心的城市环境的概念。大卫·李·史密斯（David L.Smith，1941 — ）在其著作中尝试凭借以下三重复合概念对舒适性进行说明：① 公众卫生（防止公害），② 舒适性，③ 保存。

此处所述的保存是要去综合性保护包括历史建筑、街道、自然在内相关的生活模式，这也是现代城市环境中最难保护的部分。

城市是人们集中居住和经营生活的高密度空间，创造、维持或保护舒适居住的城市环境是城市和城市规划的目标。另外，由于城市和承担农业的农村区域之间存在相互补充关系，因此形成城市与农村一体化的城市圈和生活圈很重要。另外，城市积攒了各时代的文明精华，即使是现代，世界上的城市仍旧凭借其独有的魅力吸引着人们。

现在人们根据流传至今的古罗马时代和巴洛克时代的风格与古典的城市规划，对古罗马帝国的历史遗产进行了改造，另外，努力实现与现代建筑风格调和的历史城市巴黎、象征 20 世纪且摩天大楼林立的纽约、象征大英帝国繁荣的厚重风格传至现代的伦敦等，均积累了政治、经济、建筑、艺术方面的累累硕果，其城市文化具有固有性（Identity）和象征性。与之相比，以东京为代表的日本城市可看出其与欧美各国相反的一面，在实施诸如市区改建（1888 — 1910 年）的速成城市规划事业过程中，否定了日本固有的历史积累，始终对欧美的城市规划进行表层模仿，结果逐渐呈现混沌没有风格的城市面貌。具有风格和魅力的城市建设需要漫长岁月的历史积累和创新。城市固有的文化性和象征性与城市的基础活动对城市形态都有着重要意义。另外，在城市中二次开展住宅政策的结果是形成了明显欠缺舒适性的居住环境。城市的意义在于其宜居性，倡导功能城市规划理论的勒·柯布西耶（Le Corbusier，1887 — 1965）在《雅典宪章》（1928 年）中十分明确地将“居住”“工作”“休息”“交通”作为城市功能，以居住作为基本单位努力创造城市。

日本的人口在 2004 年达到顶峰（1 亿 2748 万人），然后开始逐渐减少。推测到 2050 年为 9203 万人。另外，在农村，截至 2006 年 4 月，65 岁以上的老年人超过村落人口的 50%，存在 7878 个难以以社区形式维持下去的“临界村落”，预测未来还将持续增加。城市扩张时代的城市规划也是以欧美的环境保护、城市管理思想为主流思路。另外，有必要推动城市中心为主要居住空间，形成不依赖汽车，通过徒步实现自足的日常生活圈的理想城市空间模型，而且有必要以紧凑城市（参见第6.5.1、8.1.3节）这样的模式应对老龄社会，转换至可持续发展的城市空间结构（参见第2.3.7、2.3.9节）。

第2章　城市规划的概况

2.1　城市规划的定义

2.1.1　城市规划的作用

“规划”是为实现目标提出合理流程的工作。“城市规划”是构建城市，明确提出实现发展目标的方法流程。如果城市自然产生形成，经常维持在可预计的和谐的理想状态，就没必要进行规划。但是，如“1.6 城市化和城市问题”中所述，近代城市规划作为应对城市问题的手段，需要秉承科学的态度对城市进行调查，如果放任城市不管，必将引发各种问题。还有一种说法是将城市发展比喻为生物的生长发育，认为城市发展也存在类似生物通过基因组合而生长的现象，如果组成城市的基因元素被破坏，将妨碍城市的正常发展。实际上，城市与生物不同，城市无须为了生长和发展而提前组合基因，通过规划这种流程组合即可开展正常活动和发展。即使在建设新城时，城市的建设也不是一次性完成，而是有必要按部就班地开展工作，为了实现目标有必要进行规划。另外，现代的城市规划是以建设城市居民认可的城市环境为前提的，因此城市规划工作有必要以明确的城市形态为目标，并将实现目标的流程计划公之于众。但是，随着城市不断发展和变化，城市居民的意识也在发生变化，因此规划也并非实现本阶段规定目标就算结束了，新目标的产生和旧有目标灵活修正的规划流程在城市规划中起着重要作用。规划的时间跨度也需要对应短期、中期和长期的各项目标，尤其在中长期规划中，有必要为将来的城市规划留出修正余地。

城市规划被称为城市综合规划（Comprehensive Plan），是包括经济规划、社会规划、物质规划、行政财政规划的综合性概念，被定位为物质相关的规划。另外，城市规划的推行过程中，城市基本规划（Master Plan，表 2.1）是整体的依据和原则。基本规划普遍以 20 年作为长期目标实现期限，而且明确了 5 ~ 10 年的短期、中期阶段性规划完成年份。在日本的地方自治体（区市镇村与都道府县）中，应根据城市基本规划或城市总体规划（参见第 4.2 节）实施城市规划。但是，城市规划不能全部实现基本规划中所示的规划目标，在制度上，实际应用的法定城市规划可以说只是实现物质相关的综合规划（城市基本规划）某一部分的手段（图 2.1）。城市基本规划和法定的城市规划是实现城市建设目标的原则和保障。

表 2.1 城市基本规划应具有的条件

① 规划的对象范围和约束力	作为基于城市规模，充分考虑其城市相关周边区域的规划，在土地使用方面并不具有如同区域和地区制的直接约束力。但是，重要规划和公共设施的建设规划具备一定的约束力
② 与重要规划和普通规划的关系	应充分考虑根据国土规划、地方规划提出的要求
③ 与其他规划的关系	充分整合经济规划、社会和福利规划、行政财政规划等非物质长期规划，作为城市综合规划的一环
④ 规划的目标与实现目标年份	明确抓住城市的未来目标，通常其实现目标年份在 20 年后，中间年份为 10 年后。但是，因规划内容目标年份存在差异方面，存在迫不得已的实际问题的情况
⑤ 综合性	为实现城市目标，通过土地使用，设施的种类、数量和配置，表现作为城市各种活动场所的城市空间现状的综合性规划。充分整合经济规划、社会和福利规划、行政财政规划等非物质长期规划，作为城市综合规划的一环
⑥ 可实现性	虽然没有必要被现行制度采用，但在规划理论上具有一贯性，在实际的方法上具有一定的可行性
⑦ 规划的内容	规划内容不必要详尽，属于具有概括性和弹性的规划，不应超出基本框架
⑧ 创意性和区域性	贯穿整体的构想创意十足，而且是充分利用地方性和区域性的规划
⑨ 表现的简洁和明快性	规划表现明快简洁，连普通居民都易于理解规划意图，具有说服力
⑩ 流程的属性	经常根据新信息对基本规划进行部分修正。通常每 5 年就开展新调查，并对规划进行再次研究，然后修正规划。即规划属于流程本身
⑪ 与专业相关领域的合作	在制定基本规划时以城市规划的专家为主，在建筑、土木、庭园兴建等领域，以及社会、保健、福利等相关领域，需要与县、市镇村的行政负责人共同协作

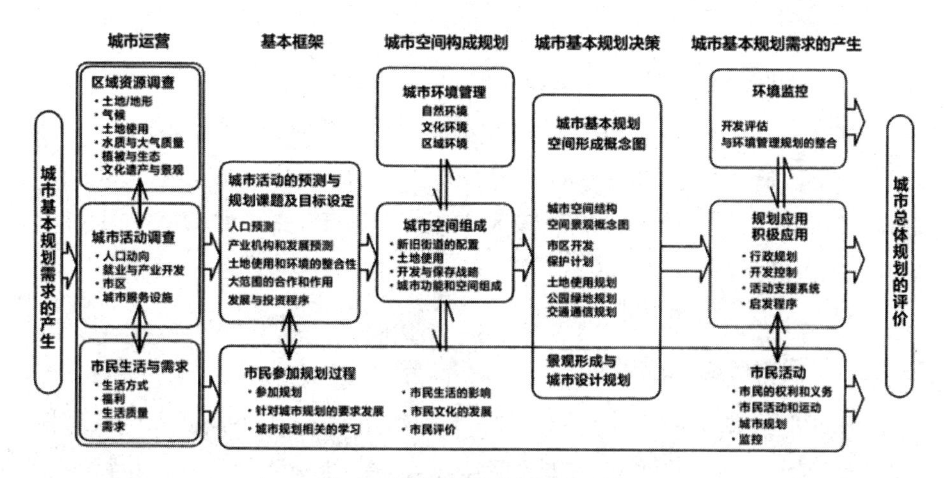

图2.1　城市总体规划的制定顺序

但是，为什么城市规划需要基于法律制度的保障呢？因为城市规划必须顾及个人和集体的所有的利益。城市基本上是由行动目的各异的个人集合形成的高密度群体社会。各群体成员为了相互毫无障碍地共同生存，要求具有群体应有的行动标准。因此有必要“公共福利（《城市规划法》第 1 条）”优先，并对个人随心所欲的自由行为（居住、营业、土地使用、开发）加以制约。在日本，为了对违反公共利益的个人行为进行限制，在法律中将“公共福利”进行制度化。为了实现土地使用和开发行为的社会公平性，法定城市规划可以说是根据法律制度制定的规划。

2.1.2　城市规划区域

法定城市规划适用于作为行政城市的“城市行政辖区”。但是，如果城市活动或市区的范围超过城市行政辖区，在乡村区域也具有城市环境的特征，并由于新开发而被城市化，或被作为新城进行大规模开发的区域也与城市行政辖区一样，有必要被指定为“城市规划区域”。有的是一个行政区域，有的是横跨两个以上市镇村的行政区域，后者被称为广义城市规划区域。在《城市规划法》第 5 条中，城市规划区域被解释为“包括城市或人口、就业人数及其他事项符合政令规定重要条件的乡村街道，并对自然和社会的条件、人口、土地使用、交通量及其他国土交通省令规定事项的相关现状和推移情况进行勘查，有必要以整体城市的形式进行综合建设、开发和保护的区域”，或被指定为“基于《首都圈建设法》（1956 年）的城市开发区域，基于《近畿圈建设法》（1963 年）的城市开发区域，基于《中部圈开发建设法》（1966 年）的城市开发区域，其他作为新的居住城市、工业城市和其他城市而建设、开发和保护的区域”。

即根据城市化实际情况和趋势对城市规划区域进行整合的同时，将行政区域指定为基本单位。为了有效开展和应用城市的行政财政规划，可以说行政区域是根据方便情况而决定的区域，有必要在基本规划中明确城市区域的实际范围。因此法定城市规划和城市基本规划的联动十分重要。

2.1.3 法定城市规划的内容

土地和空间规划（physical planning）的主要目的在于在城市规划区域内合理利用土地。土地上必然存在权利，土地所有人通过利用土地，可享受生活和经营活动的便利性和利益。但是，为了在合理性和功能性范围内开展城市整体活动，有必要对不合理的土地使用加以限制。与将“不规划就不开发”这样一种欧美的“建筑不自由”为前提的规划思想对比，日本的城市规划过度尊重土地的所有权，而导致规划行业中存在绝对尊重以“建筑自由”为前提的开发和“既得权”的风潮。由于受到法律保护的土地使用限制，城市风貌陷入困境也是事实。但是，通过 1980 年制定的“区域规划制度”，之前在城市规划中未予以规定的地区级别规划也逐渐按照城市规划进行两种方式的规定，之后，多种区域规划制度得以完善（参见第 4.3.5 节）。

根据 1968 年的《城市规划法》修正内容，街区依据现在、未来状态判断，被分为“街区区域”和“街区调整区域”，在控制街区规模的同时，为了应对城市化进程超过城市规划预期的可能性，还对街区内部进行了更新。在给“街区区域”内的土地进行规划时，需要按照《城市规划法》为基准进行，“用途区域制度”决定了该街区的土地用途。另外根据 1997 年的《城市规划法》和《建筑标准法》的修正内容，用途规定的种类从 8 种增加至 12 种，主要是把居住用途区域进行了更细的分化，虽然这种制度并不一定是让城市形象和城市环境有良性的改观的制度，但是由于原先的用途限制已经无法应对城市化的状况，因此可以说它是一个补充的制度。尤其是还有一些未解决的残留问题，比如从防灾的观点来说，将密集街区改变为利于防灾的良好的街区，并且把现有的权利错综复杂的街区规划成清晰的街区，如何有效地运用地区规划制度，如何使在城市规划区域以外的建筑物也不会出现无秩序的街区的现象，因为原本只有《建筑标准法》对单体的建筑进行约束，所以有必要通过运用准城市规划区域制度（2000 年制定），对土地的使用进行引导，使规划变得有序。

通过区域用地制（zoning），对土地使用进行限制和引导的同时，利用出于公众利益目的规划和设置的城市设施以及土地规划整理等街区开发，使法定城市规划得以成立（图 2.2）。这些规划内容在城市规划图中表现出来，利用线条和颜色在规划图指定的各范围内，根据土地使用目的对用途、建筑密度、容积率等进行限制和引导开发的相关行为（图 2.3）。

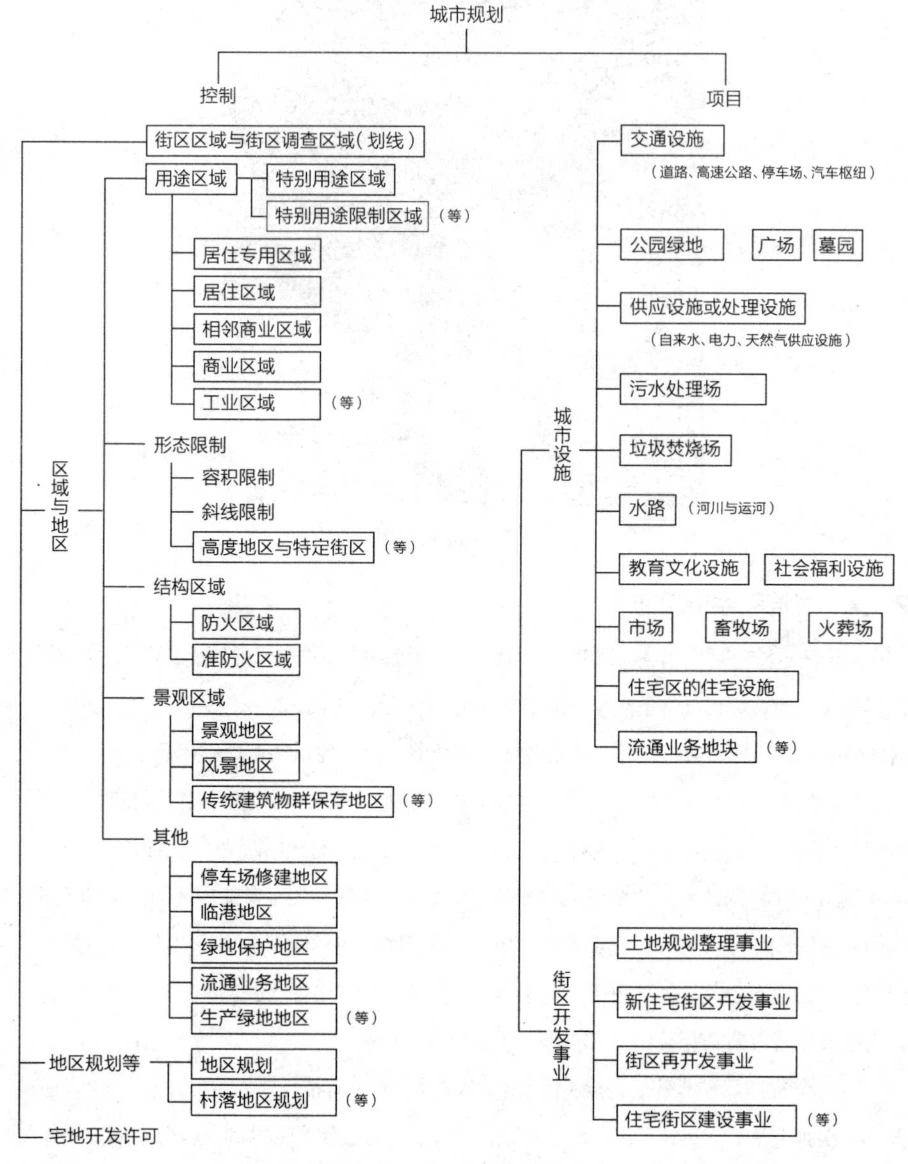

图2.2　法定城市规划的内容

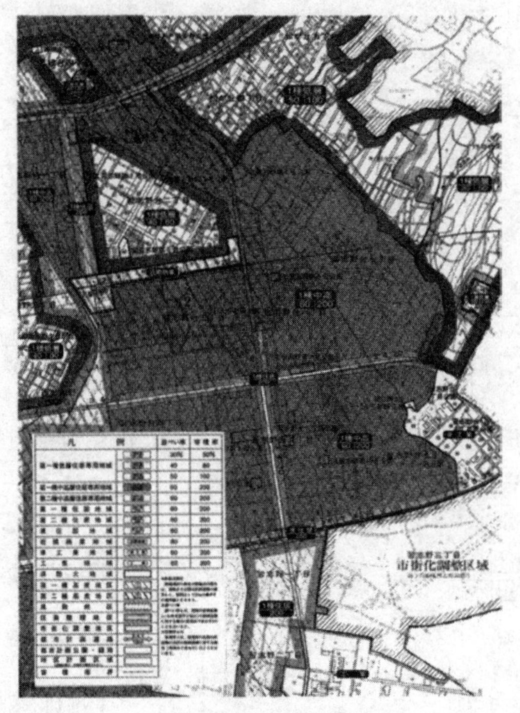

图2.3 城市规划图

2.1.4 建筑和城市规划

基于法定城市规划的“限制和引导”内容对不同地块的建筑单体的用途和形态进行限制。根据基于《建筑标准法》的规定，建筑单体必须满足健康性、持久性、防灾性、安全性、居住性等性能。另外通过设计文件审查或竣工检查，保证建筑的各项指标是在规划许可范围内的。对新建或者改造的建筑单体比较集中的区域，《城市规划法》和《建筑标准法》同时进行管控，街区要受到上述两项法规的限制。但是，基于土地经济利益最大化的个人出发点和公共利益最大化的城市规划出发点并不一致，就导致了可能出现的一系列矛盾，例如，在基于防灾立场拓宽狭窄道路、为改善高密度居住环境而推动共同住宅化、街区发展过程中因设立公共设施而占用私宅用地、确保现有街区内的新公园和绿地空间等方面，都需要调整城市公共利益和个人利益之间的矛盾。

1928 年在国际现代建筑协会（CIAM）会议上，勒 · 柯布西耶（Le Corbusier）等建筑师在《雅典宪章》中明确了近代城市规划的理念：“为了使个人的利益与公众的需求保持一致，有必要利用法律手段对土地的配置进行规定。”另外还表示“私利应服从公众的利益”，表明根据城市规划，应以公众利益为优先，应对基于各利害关系的建筑行为和土地使用进行规定。

根据以用途区域制为主的法定城市规划，要努力实现应以公众利益为优先的城市规划理念。另外，根据《建筑标准法》的规定，各建筑行为要在用途、规模和形态上符合《城市规划法》的要求。应利用规划制度和建筑标准对建筑单体的用途、规模、形态、创意进行限制和诱导。公众利益优先的意识是作为公民的城市居民应具备的素质，民众通过了解建筑单体在城市中扮演的角色，明白了对建筑私权的主张不可逾越城市规划的限定范围，同时也对建筑和城市规划之间相互补充相互支撑的关系有了了解。因此，如同《雅典宪章》中所述："居住是城市的一个为首的要素，城市单位中所有的各部分都应该能够作有机性的发展。"建筑的建造，尤其是住宅的建造都要以人的舒适性为核心标准。可以说日本的城市环境问题或城市规划课题的主要弊病在于缺乏有计划性地提高居住水平和质量。

2.2　城市规划的理念

2.2.1　规划目标和理念

由于"规划"这种行为具有特定的意图和目的，明确意图和目的是规划的出发点。城市规划工作的流程，首先要确定规划领域，接着就是设定规划目标（planned goal）。规划目标并不仅仅取决于空间规划的领域范围，而且在重要规划（国土级别的规划和广义规划等）层面，从城市政策的立场出发，去推定未来城市的规模和形态（人口和产业等），而这一切也需要立足于城市的实际情况和良好的城市规划理念。

规划目标设定后，要制定目标实现的方法，从可能的几个方法（预案）中，经过基于一定价值标准的评估，制定实现目标的规划。

在城市规划中，针对不同的领域和范围设定了较多的具体目的（objectives），针对其细节，基于技术立场制定单项规划，并努力实现整体的目标。为了统筹各方意见，基于客观立场搭建有效的多元参与机制是十分有效的。在规划之前需要确立的规划理念就是对不同领域规划的统筹及标准的制定。

在所有的城市规划中，规划理念不应只是被抽象化，一定要基于成熟的思想体系。但是，如果城市规划涉及众多主体，实现需要长期时间，就会很容易偏离初衷，成为达成其他目的的手段，所以在城市基本规划中，最好要明确基本理念。并且这种理念并不只是抽象的规划哲学，还包括了具体的创意和空间概念，明确表现规划概念（concept）的一面也十分重要。

2.2.2 理想城市和城市规划

城市规划中包括了问题解决类型和理想追求类型这两种实现方式。在前面已提及基于行政城市规划制度的城市规划是前者的实现方式，建筑师等制定的理想城市规划是后者的实现方式，但是，在理想城市规划中，既存在空想文学表现的内容，也存在正视现实城市的思考并提出具体的改善方案的内容，近代城市规划的黎明期中，理想城市规划扮演了重要角色。现如今，随着社会的发展变迁，现代城市规划理念已无法照搬理想城市规划的理念，但是在考虑城市规划理念之际，了解理想城市理念形成的历史可以成为解决当下问题的重要参照。另外，即使在行政城市规划中，明确理念对推进规划也是意义重大。

城市规划在解决现实问题和追求理想中不断发展，时至今日也有必要从这两方面来重新审视规划的理念。

2.2.3 现代城市规划的理念

城市规划的理念因城市规模和发展阶段、规划的紧急性和直面问题等因素而存在差异，根据城市规划的历史背景和日本的城市状况，各项规划设定了一些具有普适性的内容框架。在此，根据 6 个关键词对上述内容进行了整理（表 2.2）。另外，在日本的《城市规划法》中规定了城市规划的基本理念（参见第 7.1.2 节），将其作为法定城市规划方面的指引。

表 2.2 城市规划的理念、6 个关键词和城市目标形态

编号	关键词	城市的目标形态
1	生活的丰富性	市民生活优先的宜居城市
2	功能性的城市活动	促进经济稳定发展，功能性构建高效城市
3	与自然共生	被丰富自然包围着且富有温情的城市
4	城市的自律性	以市民参加为根本，以完全自治方式运营的城市
5	多种价值	珍惜区域文化和历史且包含多种价值的个性城市
6	空间的创造	拥有美丽街道和令人印象深刻的景观的魅力城市

1）生活的丰富性：市民生活优先的宜居城市

为城市的生产生活提供良好的物质环境是城市规划所追求的最低限度条件，以近代城市规划发展过程中秉承社会改良思想的理想城市理念，均以确保卫生环境和“居住”“工作”“休息”等生活基本功能为理念。世界卫生组织（WHO）以生活环境的 4 项要素——安全性（safety）、健康性（health）、便利性（convenience）、舒适性（amenity）作为城市规划的目标。如今人们注重舒适性，确保让市民深感丰富性的物质生活质量（quality of life）成为社会目标。从物质环境质量的侧面来看，城市规划在提高居住水平和增加区域福利等方面起到了巨大作用。

2）功能性的城市活动：促进经济稳定发展，功能性构建高效城市

人性化社会改良思想促进近代城市规划发展的同时，国际现代建筑协会（CIAM）的“功能主义”和盖迪斯的“科学的城市规划论”等对城市功能性和合理性的追求也形成近代城市规划的又一个基本理念。随着科技和产业发展，这些理念形成了城市规划的方法论基础，人们反省优先发展经济导致城市欠缺对人的关怀，所以当下的城市规划强调人性化优先的原则。但是，发展产业和经济、确保稳定的就业率和经济收入是城市政策和区域政策的主要课题，也形成丰富生活的基础。根据科学规划，建设城市完善的基础设施和实现合理的土地使用，平衡生活和生产之间关系，使二者有机地融合协调，确保城市活动有效开展，也是未来城市规划所追求的内容。

3）与自然共生：被丰富自然包围着且富有温情的城市

自然是人类存在发展的基础，城市和作为粮食生产基地的农村之间的和谐是埃比尼泽·霍华德爵士（Sir Ebenezer Howard，1850 — 1928）《明日的田园城市》以来的城市规划的主要课题。城市的开发和发展伴随将自然环境改造为人工环境的过程。在保证粮食生产之外，城市内外的自然还承担起保护城市环境和提供休闲空间等多种功能，是人们生活中不可或缺的元素。在城市规划理念方面，保持开发和环境保护的平衡，实现包围城市的农村和森林等自然环境与人工环境的和谐和共存，在城市内部确保更多的自然空间也十分重要。同时力求周边区域和更大范畴的自然资源的整合，更具全球性的环境政策具有其必要性。

4）城市的自律性：以市民参加为根本，以完全自治方式运营的城市

城市的自律性也是霍华德在《明日的田园城市》中所提的规划理念的支柱之一。为了不断变化的环境对城市的影响，保证市民生活的舒适性，自律性必不可少，因此，有必要在城市中确保可自给自足的功能。但是由于现代城市之间以及城市和乡村之间的无边界特征和城市生活对农业的依赖，城市完全的自给自足应该无法实现。市民作为城市生活的主体，是决定城市环境的主要因素，因此市民的自律性十分重要，这与自治理念相关。此前，城市的合理规模论被较多提起，还有人提出了将具体的城市规模作为理想城市的规模理念，利用城市规模的扩大和不同片区之间的连接，在远超可自律控制范围的当今城市中，究竟以何种方式实现城市的自律性理念，随着地方自治的推进，这成为迫切需要再次思考的课题。

5）多种价值：珍惜区域文化和历史且包含多种价值的个性城市

与经历长久时间沉淀的城市相比，人为规划形成的城市在历史文脉、人性和趣味性方面有所欠缺。城市更新也切断了此前构建起的深厚人际关系和记忆的传承，平添了新的荒芜。简·雅各布斯（Jane Jacobs，1916 — 2006）在其著作《美国大城市的死与生》（*The Death and Life of Great American*，1961年）中对上述近代城市规划进行猛烈批判，对基于一元价值的规划论拉响了警钟。虽然如今对地域特色和历史文脉的重视已经成为城市规划的理念形成共识，但究竟如何将近代的城市空间和历史进行结合并创造出未来新的地域特色，正在借助一个个规划实践进行摸索。城市是持有不同价值观的众多主体共享一定空间并共存的场所，需要在相互尊重并构建共存关系的环境中创造出全新的城市个性。

6）空间的创造：拥有美丽街道和令人印象深刻的景观的魅力城市

在城市空间中构建具有美感的形态秩序是人类原本的欲求，纵观全球城市建设历史，对城市美感的追求是有计划性的构建城市的动机之一。尽管因宗教上的意志和权力的威力等因素造成背景差异，但时至今日，历史城市所特有的秩序的街道和令人印象深刻的珍贵文化遗产依然令我们感动。卡米洛·西特（Camillo Sitte，1843 — 1903）对这种历史城市的空间组成原理进行分析，为近代城市规划的方法论提供依据，凯文·林奇（Kevin Lych，1918 — 1984）通过抽取人们对城市所持有的空间概念，尝试设计出易于理解的并具有美感的城市。在这种理论研究不断进步的同时，理论家和建筑师也提出了城市空间的形态概念，二者同时形成实现规划的巨大推动力。到今天，营造富有魅力的城市景观仍是城市规划的主要主题，而以实现这种理想为目的的城市设计起着极大的作用。

2.3 城市规划的课题

在上节中基于近代历史面向未来，给出了城市规划在未来努力实现的理念，通过有针对性的、问题解决型的规划方案和采取具体的努力措施，城市规划的技术得到发展。此处针对现在日本直接面临的城市问题和影响城市的社会状况变化，列举了城市规划迫切需要应对的主要课题。

2.3.1 均衡性国土的形成和区域振兴

由于大城市的聚集效应，应对人口过密和城市设施不足、城市扩张等城市问题是近代城市规划的主要课题。在日本，首都圈的聚集效应尤为明显，产生了东京一极集中的状况。中枢管理功能集中和在这过程中出现的经济、文化和信息等所有城市功能的极度集中形成了东京圈和地方显著的区域间差异，地方城市的活力降低的同时，还产生了被称为东京问题的特大城市问题。在所谓的“泡沫经济”破灭后，尽管目前这种集中趋势日渐停滞，但不平衡状态始终未消除，首都功能的转移称为国家级的政策课题。具体的功能分散政策还处于研究阶段，还留有分散后城市形态明确化等涉及城市规划的研究课题。另外，为了形成均衡性的国土，推动区域振兴也成为重要的政策课题。利用自主创意，通过构建城市空间重现地方城市活力的尝试一直以地方自治体级别开展着，其中，城市规划承担起的作用十分巨大。

2.3.2 城市中心重建和中心市区的重建

城市扩大过程中的城市中心衰退（urban decline）是全球大城市所面对的共同问题。在日本泡沫经济时期，大城市中心夜间人口急剧减少所造成的 “空心化”逐渐明显。在应对方案方面，人们采取了基于城市规划制定和引导确保住宅用途、制定住宅总体规划、房租补助和住宅附设制度等应对措施。自泡沫经济崩溃之后，市中心地价下降的同时，还逐渐出现被称为回归市中心的现象，但尚未完全达到恢复常住人口的程度。另外，地方城市的中心街区的积弊和衰退也严重起来。在这种背景中，汽车大众化的发展伴随城市功能移向郊区，这种城市结构变化的问题与产业结构和城市居民的生活行动变化等复杂因素均存在关系。为了应对这类问题，1998 年公布并修正了“中心街区活性化三法”（被称为“城建三法”），一连串政策实施纷纷奏凯，2006 年修订了“街区三法”，现在已进入第二个阶段，在大城市和二三线城市，人们期待确立城市型的生活方式，将市中心作为生活空间进行重建。

2.3.3 地价合理化和开发利益的回归

在泡沫经济破灭之前，被称为土地本位制的日本独有的经济系统导致了单方面的地价上升。即使在土地神话已幻灭的现在，与欧美相比，城市中心的地价依然相对较高。在公有土地较少的日本，高地价导致城市规划实施的土地收购困难，或由于土地权属碎片化难以调整街区开发，对城市规划的开展造成巨大障碍。并对过低的居住密度和较低的居住水准等住宅问题的解决造成障碍，投机性的土地交易导致土地使用混乱难以形成良好的街道空间。在政策层面，采取了加强土地所有税、土地交易限制、地价公示制度等土地政策抑制投机，在城市规划层面，也通过增强溢价性的城市开发手法及合理土地使用规划来应对土地问题。另外，在开展城市开发业务之际，利用受益者承担的原则，对开发利润丰厚的开发企业和资产价值增大的土地所有者课税，以项目费形式回报社会的系统仍有部分处于试用阶段，由于地价合理化和城市规划推进，未来有望进一步充实起来。

2.3.4 地方分权和资金确保

地方分权是涉及城市规划及日本的政治和行政组织系统的课题，日本基于 1995 年公布的地方分权推进法和 1999 年公布的地方分权统筹法推动地方分权。原本城市规划是由地方自治开展落实，由与市民生活关系最密切的基础自治体——市镇村进行决策和执行。由于在城市规划制度中，限制了市镇村的主体身份，这一点十分不利，后经过法律修正，实现城市规划的权限委托转让，扩大了市镇村的权限。这又导致如何提高市镇村的规划制定能力和确保财政收入等新课题的出现。如今，大部分城市规划的资金有赖于国家支出的补助金，为了确保自主资金来源，构建全新财政结构等未来应解决的课题也很多。

2.3.5 市民参与和达成共识

如果仅从中央政府向地方政府移交权限，地方自治并不充分，对健康的城市运营机制而言，公众参与的作用不可或缺。公共参与的方式由城市规划制度决定，对于存在利害关系的居民而言，参与到城市规划制定过程的途径仍然有限，应该广开言路，构建更通畅的公众参与途径，激发居民的积极性。在这方面，与城建相关的非营利性组织（Non Profit Organization，简称 NPO）等市民支援组织也有望被培养起来。另外，市民和相关机构共同参与城市和街区未来建设是实现城市规划的推动力，如何对此达成共识也和市民参与一样是今后需要探讨的课题。

2.3.6 放宽限制和政企合作

自从明治时期引入近代城市规划思想以来，日本的城市规划主要以政府为主体开展，即使现在，主要靠行政推行城市规划的情况仍未改变，在开展大规模城市开发业务之际，筹措必要的土地和资金、各种技术早已不能指望政府单打独斗，在城建领域方面，民间所起的作用也变大。在国际化导致对民间机构的限制放松的潮流之中，引入了以下两种机制，即激发民间自由发挥空间的公私合营（Public Private Partnership，简称 PPP）机制，以及将此前政府组织实施的社会资本构建委托给民营资本和技能的机制。放松限制作为合理推动城市规划的手段，起着较大作用的同时，也引发了对无序开发的担心，应在机制构建过程中进行充分思考。

2.3.7 应对人口减少社会和少子老龄化社会

日本的总人口在 2005 年进入减少阶段，预测未来将继续减少。现在的城市规划机制以城市的发展和扩大为前提，假设未来城市和街区缩小，那我们的研究方向将迫切转向至逆城市化时代的“缩小型城市规划”。另外，日本以其他各发达国家从未遇到过的速度迎来了超高龄社会。未婚率上升以及晚婚和晚育导致的出生率下降也很明显，未来有可能出现社会活力较低的情况。面对这种人口结构的较大变化，急切需要进行社会与经济系统的变革，另外，城市的形态也有必要与上述内容进行应对并产生变化。与高龄化对应的城市空间标准化和提高出生率、提供儿童养育帮助等成为现在地方自治体的主要政策课题，为此有必要彻底调整居住环境和区域社会的现状、城市交通的现状等城市形态的目标。

2.3.8 构建防灾城市

1995 年的阪神、淡路大地震再现了日本大城市在灾害面前的脆弱性。尽管在日本的城市规划中，城市的防火机制是自古代起的一个誓愿，但这问题一向未得到解决，尤其在特大城市留存的大片密集的木建筑街区是一个今天仍要面对的课题，如今有人指出首都圈正下方发生地震的可能性，因此有必要尽快采取防灾对策。另外，还有众多其他应解决的课题，例如对灾害发生时的基础设施和避难场所的保障性建设，基于危机管理立场，城市的中枢管理机构要分散设置等。另一方面，在基于行政管理体系的防灾对策存在局限，因此保证信息发布渠道的通畅、提高市民应有的防灾意识、构建抗灾功能较强的城市十分重要。在社区中构建抗震建筑的尝试也备受关注，有望形成推动类似活动的机制。

2.3.9 构建可持续发展的城市

前面阐述了城市规划理念中与自然环境之间和谐共存，但由于全球变暖、生态失衡、资源枯竭和垃圾处理等问题，地球的环境压力正趋于严重。地球的环境压力与未来人类的生存休戚相关，是21世纪人类面临的最大课题。地球环境问题缘自19世纪到20世纪快速的城市化过程中大量消耗及大量废弃的社会经济活动行为，与城市的现状具有密切关系。全球人口集中在城市，城市中消费大量的资源和能源，尽管发达国家对城市化进行限制，但如果考虑到发展中国家也将步入快速城市化阶段，可以说地球环境问题是城市规划方面的最重要课题。应通过建设低碳、紧凑型城市，使城市共享资源得到最大化利用，减少城市新区的无序开发，以构建资源节约型的循环模式城市，保证城市环境的可持续发展，而这些全新的城市规划理念都需要新的技术体系和方法的支撑。

2.3.10 高度信息化和城市规划

信息处理技术的快速进步对各领域都产生了重大影响。信息通信产业作为城市的基础产业逐渐发展，有人提出以此为基础建设城市的概念。由于通信基础的建设产生了SOHO（Small Office Home Office）等全新工作形态，存在土地使用变化的可能性。另外，图像处理技术的发达和区域信息数据库的扩充也可构建基于地理信息系统（Geographic Information System，简称GIS）的规划支援系统，极大促进了规划技术的革新。还尝试利用网络公布信息、收集居民意见和交换意见等，居民与规划者共享信息制定城市规划，形成全新的规划制定系统也倍受期待。

2.4 城市规划设计者与顾问和建筑师的角色

2.4.1 城市规划和城市建设中的行政角色

制定法定的城市规划是以地方自治体（市镇村和都道府县）作为规划主体。规划区域也整合为各自的地方自治体的行政区域。空间和土地规划直接涉及城市规划区域内的土地使用，土地被分为公有土地和私有土地，规划本身以“公共福利”理念为基础，平等适用于政府与民众双方的土地使用。在立场上，尤其政府一方必须以协调和严正的态度承担起规划相关制度的应用。

在战后日本政府体系的基础上，地方自治体开展城市规划工作以居民参与为前提已形成共识。“城市规划”这种法制色彩较强的规划概念逐渐替代居民自发性的城市建设行为。因此，在规划立项过程中，必须充分考虑居民一方的需求，将其反映进城市规划中。在现状中，地方自治体的城市规划行政负责人根据法律和条例开展业务的同时，需要吸取居民的意见，并在城市规划编制工作中有所反馈，所以在制定城市规划的过程中，应构建利用听证会、公告以及方案展示的形式听取市民和居民意见的机制（图 2.4、图 2.5）。

另外，政府还应利用网络、宣传册等媒介，通过宣传活动向市民和居民公布城市规划的内容，让这些内容广为人知。但是，在“公平原则”的基础上，城市规划作为兼顾大多数人公共利益的政策无法满足少数人的要求，从制度和预算制约出发，也存在和居民对立的情况。由于城市规划只是政府管理部门的职责之一，其行政负责人未必具有专业的城市规划知识，为了可顺利开展行政工作，扮演政府和居民之间的调整角色以及提供专业知识的专家很有设置的必要。

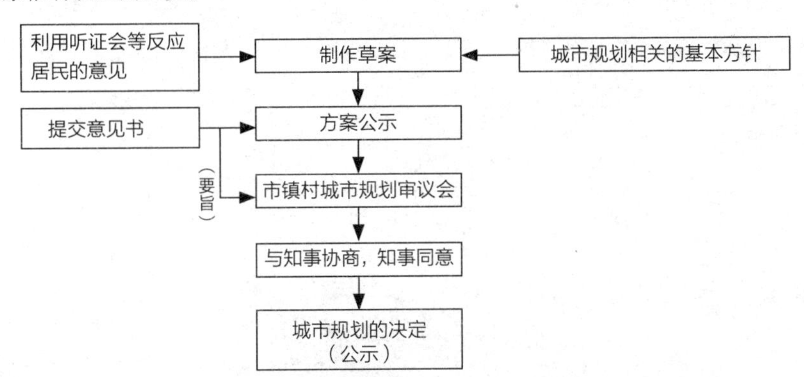

图2.4　市镇村制定城市规划流程

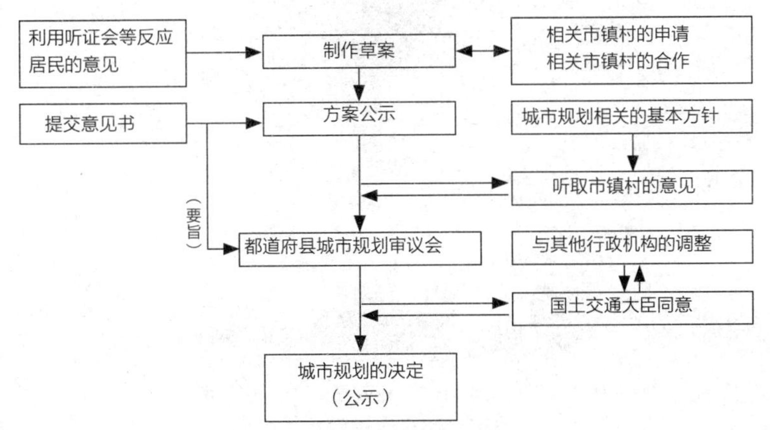

图2.5　都道府县制定城市规划流程

2.4.2 设计者和顾问的角色

19 世纪末到 20 世纪初首先在英国就出现了专司城市规划工作的人员，他们以科学态度对城市进行调查，并将调查分析结果作为城市规划立项和制定流程的依据，他们的工作还推动了城市规划被作为学科为大众所承认，而研究成果作为基础知识，在城市规划中实践性地利用。那个时代，通过产业革命形成的以工业家为首的“新中产阶级”的思想影响了城市执政者，这些“新中产阶级”有着全新的理想城市模式，在实践他们理念的同时，也汲取了当时一些知名城市研究专家的思想。霍华德的田园城市论的实践结果——莱奇沃思（Letchworth）田园城市和威尔温（Welwyn）田园城市就是雷蒙德·欧文爵士（Sir Reymond Unwin，1863 — 1940）作为规划师和建筑师与霍华德合作的结果（参见第 3.1.3 节）。另外，对大伦敦规划（1944 年，图 2.6）进行立项的莱斯利·帕特里克·阿伯克龙比爵士（Sir Leslie Patrick Abercrombie，1879 — 1957）表示：“城乡规划是土地本身和其他相关外部因素之间的关系梳理，其结果不只是具有巧妙工学、充分卫生和良好经济性的城市，更应该是属于社会的有机组织体和艺术作品。”这段话充分表明了一个规划行政负责人应有的专业素质。

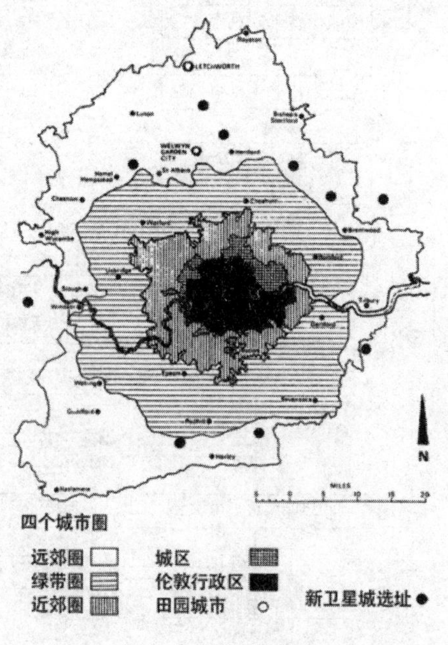

图2.6 大伦敦规划

英国的城市规划师是规划运动的推动者与规划理念和理论的实践者，而且作为专业的规划者被社会所认可，但是日本的城市规划从业者的发展却经历了不同的过程。1918 年日本设置了被冠名“城市规划”的首个部门即内务省城市规划科，并从内务省地理科接办了日本最初的城市规划项目即市区整改事务。招聘了笠原敏郎（1882 — 1969）、山田博爱（1880 — 1958）等在之后的城市规划和建筑行政上做出巨大贡献的官员。日本最初以城市规划官员和技术员为主导，引入和运用基于欧美制度的“城市规划”。在完成了关东大地震震后重建（1924 — 1930 年）的土地规划整理等工作后，这些城市规划事业的技术官员受到鼓舞，在20世纪50年代之前，历经第二次世界大战后的战争灾难复兴计划等方面发挥了重要作用。但是，随着实施城市规划的市镇村规模的扩大、经济增长引起的开发及城市的膨胀，仅凭官员和地方自治体职员的力量无法应对业务增长，因此逐渐将业务委托给属于民营专业职能集团的城市规划企业和顾问企业。

民营规划企业和顾问企业不仅接受规划业务的委托，而且还在政府和公众之间扮演作为第三方的调整角色，这也是十分重要的业务。在城市规划工作中，顾问企业开展基础调查，对居民、市民和地权所有人的意见进行调查，还为制作规划方案等提供帮助。顾问企业在制定规划，以中间人角色身份的业务规模逐渐扩大的过程中，还逐渐开展针对民营开发商的开发规划、环境规划、景观规划、舒适性规划、活动规划、文化策略咨询等业务。另外，隶属于大学的城市规划研究机构也根据自己的研究成果，承担起城市课题提供解决方针和构想的规划者以及顾问者的角色。在知事根据法律规定任命的城市规划地方审议会中，城市规划、土木、建筑、园林专业的教授和担任行政职务的元老都被聘请为评审专家。另外，政府为了对自发性的城市建设运动提供帮助，开始在地方自治体的城建专家派遣制度方面灵活运用顾问企业。未来根据《特定非营利活动促进法》（NPO法，1998年 12月 1 日实施），市民团体将获得法人资格，有望以团队形式持续性地开展城建相关志愿者活动的可能性，当然，这些活动也需要专家的帮助与支援（图 2.7）。

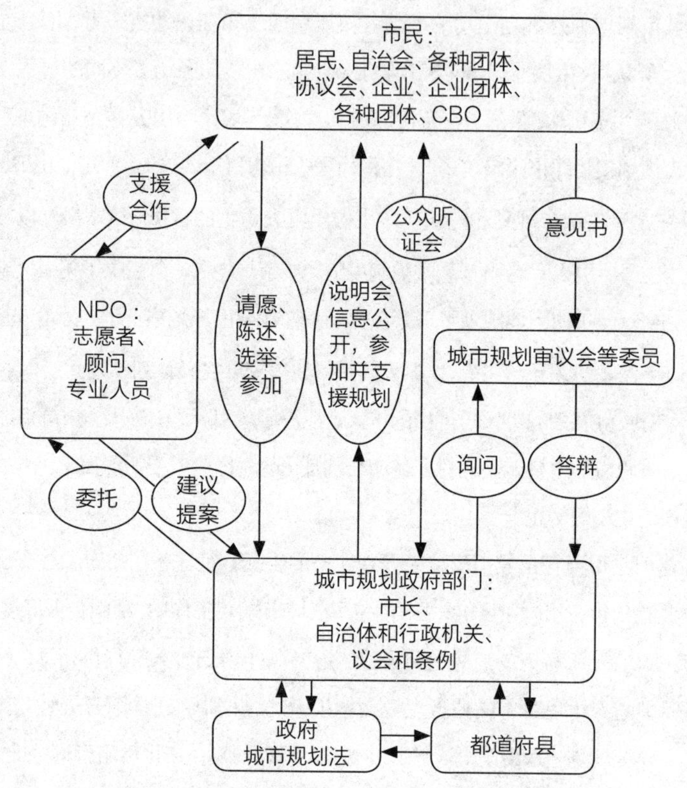

图2.7　制定城市规划过程中各社会组织的关系

注：图中CBO全称Community Based Organizations，即植根于区域中的组织和地区社会组织。

2.4.3 建筑师的角色

城市规划图主要通过线条和平面，以二维方式表现土地使用限制和引导的方法，但是，仅凭图纸本身要明确掌握城市的具体空间形态仍然存在难度。另外，在已有建筑构筑物存在的区域，现行的城市规划无法以理想的城市形态对现有街区进行立项和判断。即使是以明确的城市空间形态为前提的规划，实际的城市空间也会受到土地所有者对土地期望的影响，在现有法规限制的基础上，只要认可“建筑自由”，通过明确条件、建筑性质，建筑设计师就可以为建筑形态提供多种可能，当然，这关系到设计师对城市空间的理解以及其设计技能的高低。

国际建筑师协会（UIA）表示：“建筑师（architect）并非只是建筑物的设计者，而是对拥有较高审美能力和建筑设计能力的职业技术人员的称呼，建筑师应具备城市设计

（urban design）、城市规划相关丰富知识、规划流程相关重要技能及其他能力”。建筑师应具有描写具体城市形象并加以实现的能力。但是，在实际情况中，个人建筑师能够参与规划和设计城市的机会极端稀少。另外，城市建设需要巨大的资金投入和长久时间，因此在建设过程中，有时因社会和经济形势等变化出现被迫改变或停止规划实施的情况。

产业革命之后，城市建设领域一致认为应该以社会改良家的思想为中心，改善城市环境，创造出劳动者阶级轻松工作的劳动环境和生活环境，并在实践中努力实现了这一目标。还有人对“公社”进行提议，可以说实现了“新拉纳克（参见第 3.1.2 节）”的罗伯特·欧文（Robert Owen，1771 — 1858）和提倡田园城市的建筑师尤恩、已实现莱奇沃思田园城市的霍华德（Ebenezer Howard，1850 — 1928）等为代表。社会改良家们的提议将未来的社会形态与城市或社区的空间进行结合，但反对推倒重来式的革命式更新，反而欣赏利用以往的建筑空间，但赋予其新的生命力的做法。一些建筑师也提出了将近代工业和建筑技术直接运用在城市空间构建上的理论。托尼·嘎涅（Tony Garnier，1869 — 1948）利用分区制（zoning：区域用地制）明确将居住区域和工业区域分离，受到其《工业城市》（1901 — 1904 年，参见第 3.1.4 节）和田园城市论的影响，提议利用高层建筑将大城市立体化的勒·柯布西耶（Le Corbusier，1887 — 1965）在“300 万人口的当代城市规划设想”（参见第 3.1.6 节）中富有预见性地揭示了工业化时代的城市空间形态。尤其勒·柯布西耶发起了国际现代建筑协会，并于 1933 年在《雅典宪章》中以条款的形式明确了功能性城市规划的固有形态。《雅典宪章》对近现代城市规划理论和规划技术有着极大的影响，特别在用地性质限制、最低日照时间、确保公园和绿地等方面都意义深远。另外，勒·柯布西耶通过印度旁遮普邦的首府昌迪加尔新城（1951 年）的城市规划和设计以及主要设施设计，对功能性城市的理论进行实践（图 2.8）。但是，以功能纯化为前提的规划理论欠缺人性。在原南斯拉夫的杜布罗夫尼克旧城（Dubrovnik）召开的第 10 次大会（1956 年）上，国际现代建筑协会（CIAM）解散了。之后由提议利用空间走廊的有机增殖系统构建人类空间的彼得·史密森（Peter Smithon，1923 — 2003）、雅各布·巴克曼（Jacob Bakema，1914 — 1981）、佐治·堪德里斯（Gerges Candlis，1913 — ？）等建筑师组成的第十小组（Team X，1959 年）继承，由于不具有普遍性并存在局限性，数年间就停止了活动。另外，1913 年，由霍华德发起了由世界各国的学者、官员、城市规划师组成的国际田园城市和城市规划联盟会议团体，后更名为国际住房与规划联合会（IFHP），如今 IFHP

已成为研究讨论各国的住宅问题、地区规划和城市规划等政策问题的国际学术组织。由于学术背景的问题，建筑设计师和官员以及学者对城市的理解并不一致，建筑设计师倾向于从空间形态层面对城市进行结构，但是这样的层面难以应对一些城市问题，缺乏有效的手段去解决这些问题；而行政官员和学者偏向于从制度和经济层面去分析城市，却忽视的城市的空间形态。

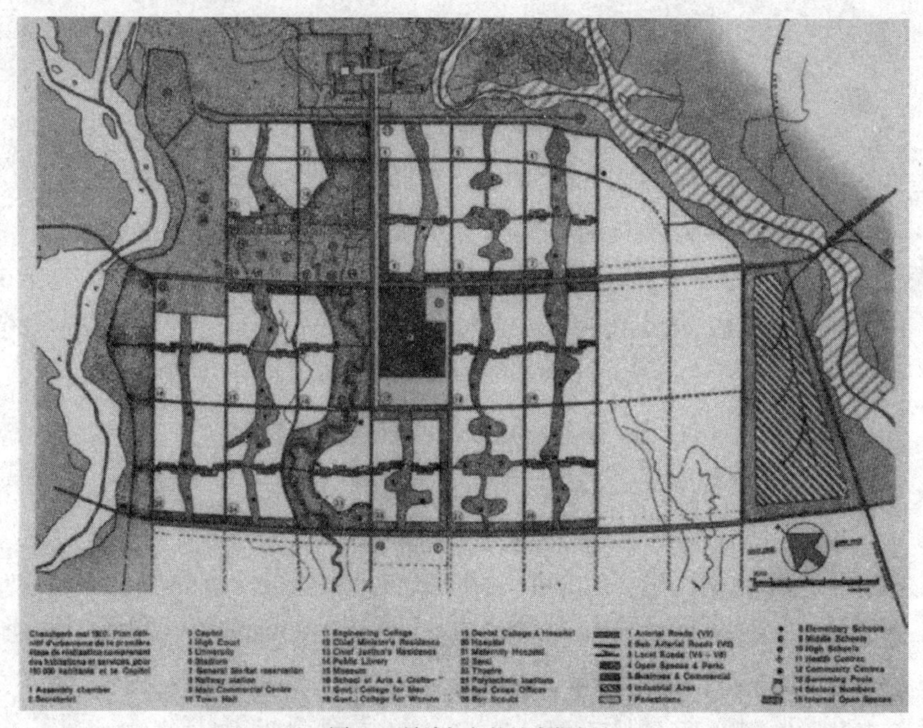

图2.8 昌迪加尔的城市规划

日本的建筑师还尝试构建城市形态，继承CIAM的近代功能主义的同时，以高速经济发展期为时代背景，技能万能主义的思路，对城市改造和新城构想规划进行提议。我们可看到丹下健三（1913 — 2005）在“东京规划1960”（图2.9）中提出利用轴状骨骼结构，从向心结构出发发展东京的空间结构，以及菊竹清训（1928 — 2011）在“海上城市”（1958年，图2.10）中提议利用与城市固定基础结构分开的可变部分进行城市的新陈代谢。在南斯拉夫的“斯科普里城市中心重建规划”（1964年）中，“东京规划1960”的思路被灵活应用（图2.11）。在冲绳海洋博览会（1975年）上，“海上城市”的模型被作为“水上城市”得以具体化。

图2.9　东京规划1960(丹下健三)

图2.10　海上城市(菊竹清训)

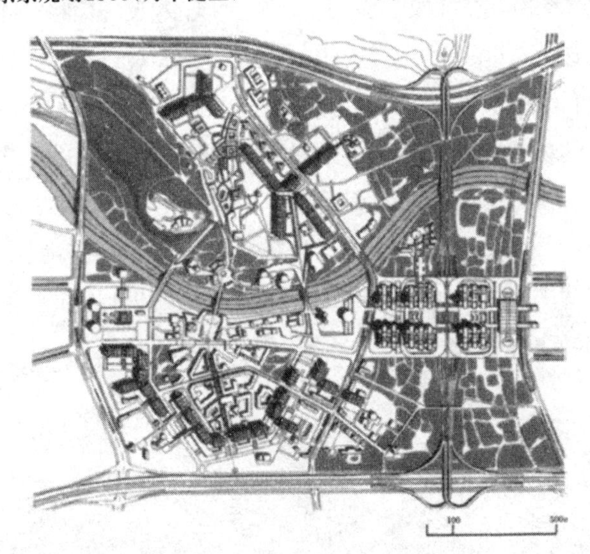
图2.11　斯科普里城市中心重建规划(丹下健三)

另外，人们对20世纪60年代快速城市化对历史环境和建筑物、自然环境的破坏越来越关心,针对镰仓的鹤冈八幡宫后面的住宅地开发,以市民组成“镰仓风雅保存会(1964年)”为开端，文保运动开始兴起。但是，自20世纪80年代后期起到1990年上半年的经济危机爆发为止，城市用地的开发一直处于繁荣的状态，而这次经济危机也是以高涨的地价为导火索的。在日本高速城市化的阶段，众多建筑师被自20世纪70年代开始流行于世的“后现代主义”的社会与艺术变革思潮所影响，逐渐尝试提出基于传统部件适当进行创新的设计方法，代替了现代主义的以功能性和实用性为主要追求的设计理念，但后现代主义的手法基本属于设计手法的层面。在当时的城市规划工作中，还有一种较为多见的做法，就是仅片面地从经济发展原则出发对城市规划提意见，而对不断变革的城市空间形态则采取批判姿态，并趁着当时的泡沫经济参与大规模的项目，以之作为设计可行性的试验场。地价高涨导致难以实施城市规划原有的公共福利政策，另外，对于建筑师和城市规划师以及行政官员而言，经济原则优先的土地使用和开发使他们逐渐认识到职能行使能力的界限。自20世纪70年代起，人们对城建关心的高涨拉近了城市规划和市民以及居民的距离，草根的城建运动兴起的同时，居民运动抵制不合理开发行为也日益增多。

1995年1月17日的阪神、淡路大地震证明了现代城市结构的物理脆弱性（图2.12），人们被迫重新审视建筑与土木技术以及城市规划。灾害安全性城市和城市规划的功能性成为关注的重点，那些重视美感和文化价值标准的规划理念越来越不被理解和接受了。但是，融入城市规划行政内容（限制、引导城市规划事业）的城市规划图中所示的抽象的规划概念随着开发项目和建筑物目标的实现作为城市空间得以具体化，首次直接影响到人们的日常生活。如今，在城市规划企业和顾问企业的专业帮助下，地方自治体与市民或居民进行协商，并以此为前提制定城市规划或项目规划，在这流程中，建筑师提出空间形态的代替方案（alternative），即限定收集意见的参考资料和概念图。但是，随着建筑师参与到大大小小的开发项目中，他们的理念和理论将来通过各建筑设计的空间、城市空间的脉络（context）结构得以实践。

图2.12　阪神、淡路大地震——神户市长田区的受灾状况（1995年3月14日坪井善道摄影）

第3章　近代城市规划发展

3.1　近代城市规划的新纪元

由于 18 世纪 70 年代詹姆斯 · 瓦特（James Watt，1736 — 1819）制造了实用型蒸汽发动机并使之普及，以纺织产业为中心的工业由此前的家庭手工业转换至以机械为主的工厂生产，由此拉开了英国工业革命的序幕。随着 1807 年蒸汽船的发明、1814 年蒸汽机车的发明，原材料、燃料、劳动力开始向工业城市集中。另外，由于圈地运动，失去土地的农民为了求职被迫进入城市，引发了人口进一步向城市集中。城市中劳动环境恶劣，而且劳动者的工资很低，他们居住在工厂周围，在他们的住宅区中，住宅产生的煤气、工厂排放的烟气使得大气被污染，河流由于垃圾和排放物而处于污浊状态，卫生状况极度恶劣（图 3.1）。由于房屋不足而逐渐形成了贫民区，高度的人口集中引发了传染病蔓延的问题。另外，由于产生了资本家和劳动者的贫富差距，形成了社会改良思想发展的契机。与此同时，英属北美殖民地宣布独立（1776 年），在法国出现了法国大革命（1789 年），全球迎来了转折期。

图3.1　19世纪伦敦的狭长房屋生活（古斯塔夫 · 多雷绘）

工业革命之前，以柏拉图的《理想国》、托马斯 · 莫尔爵士（Sir Thomas More，1478 — 1535）的《乌托邦》（*Nusquama*，1516 年）、托马索 · 康帕内拉（Tommaso Campanella，

1568 — 1639）的《太阳之都》（*Civitas Solis*，1622 年）为代表的哲学和文学描述了理想社会的状态；还有人如达·芬奇（Leonardo da Vinci，1452 — 1519）一样，尝试通过功能图和素描表现具体的环境，阐述被称为近代城市规划新纪元的代表性事例，包括工业革命之后的主要理想城市和实际中的近代城市规划，充分注重结合如今城市规划的公共福利和安全性。这些以那个时代的社会状况和思想为背景，强烈反映了提案者的职业和个性。另外，某些理想城市的提案受到其他几项提案的影响。根据这些情况，按照年代顺序了解各种提案的同时，对其关系和对今天造成的影响进行整理。

3.1.1 工业革命前——城市发展和理想城市

自罗马帝国支配欧洲的时代起，各地城市建筑城墙，努力对不同民族的侵略者和掠夺者进行防卫。随着中世纪财富的积累，逐渐出现更坚固和范围更广的城墙。城市首领和市民居住在城墙内，夜晚紧闭城门防备来自外部的入侵，白天则在城墙外的农田上进行耕作，这样的生活日复一日。虽然其后的城市由领主和主教进行统治，而且商业获得发展，实现了各种转变，但由城墙决定的城市范畴和形态并未发生过多变化。自 14 世纪中期起，因为在战争中使用大炮，直到 16 世纪，城墙作用不大了是不争的事实。受 16 世纪文艺复兴的影响，开始出现乔康多（Giocondo）、瓦萨里·伊里·乔瓦奴（Vassari il Giovano）、文森索·斯卡莫奇（Vincenzo Scamozzi）等人提倡的理想城市。这些理想城市带有广场及放射状或格子状的街道，并且在此基础上进行了一系列军事规划——在以星形外廓为基础的平面规划中加入了炮台和瞭望台等设计（图 3.2）。虽然这些大部分未实现，但为了应对发明火药这样的变革，出现了附加防卫功能的城市形态。

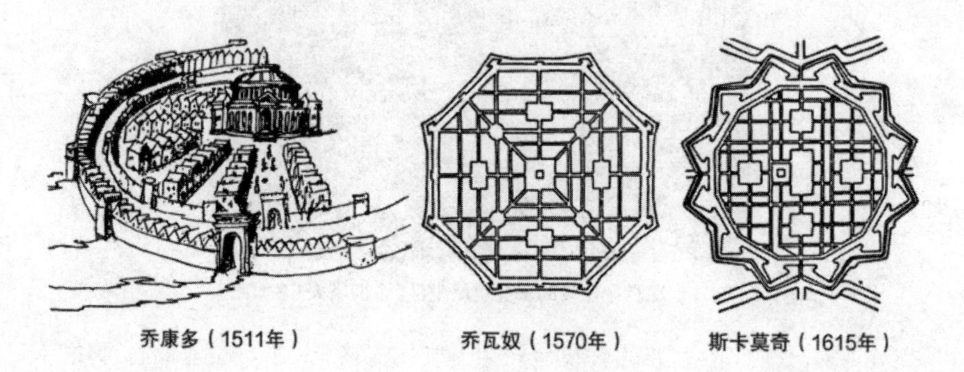

图3.2 文艺复兴时期的理想城市

随着 19 世纪工业革命发展，原材料和人口开始向城市集中。中世纪以来被以防备为主的城墙包围，只被限于狭窄道路场地中的城门妨碍了自由交通，开始出现了交通堵塞等问题，由于城市的扩张和发展，城墙被拆毁，在环线道路上改建旧地皮等限制城市膨胀的条条框框消失，从而拉开了城市彻底重建的序幕。

作为文学表现的理想城市代表，16 世纪的作品《乌托邦》被屡屡提起。这标题名称是莫尔所写小说主题的国家名称，源自希腊文 ou topos（英文 no place），即不存在的地方，词汇本身并不存在理想的含义，但是如今“乌托邦”大多时候被用于表现某种理想环境下的城市和场地。

3.1.2 新拉纳克（New Lanark）

工业革命使生产力得以提升，产品流通促进了商品经济的发展，从而使资本主义社会发达。为了在理想社会中消除资本主义社会的毒害，空想社会主义者圣西蒙（Saint-Simon，1760 — 1825）、弗朗索瓦·玛丽·查尔斯·傅立叶（Francois Marie Charles Fourier，1772 — 1837）希望对资本家和地主等统治阶级进行说服，从而实现社会改良的目标。出生在北威尔士的欧文自 18 岁起开始经营工厂，结婚后没多久就从岳父手中收购了新拉纳克（New Lanark）的棉花工厂，尝试实现他所主张的理想工厂。针对当时的经营者以低工资、长时间劳动、雇佣孩子和妇女等方式减少劳动工资获得利润的做法，欧文通过高工资、劳动时间缩短、提供良好住宅、兴建共同厨房、学校、图书馆、医院、教会等措施推动改善当时恶劣的生活和劳动条件，并通过员工合作，为工厂带去了长期的利润，证明了不通过榨取劳动者的方式也可以获得利润。另外，他还根据“全新社会形态（A New View of Society，1813 年）”、通过农业和工业共存构建理想共同社会的提议（1816 年）和“工业村庄提案（Plan for Village of Industry）”，努力创建充满博爱主义的自立式社区。上述规划中，在社区周围配置 400~600 公顷的土地，在正方形的地块（居住区）中收容 1200 人，每人各配置 0.4 公顷的周边农田，开展不存在失业且自给自足的共同生活。根据规划，在居住区中心的公共地块上兴建儿童宿舍、厨房和食堂、学校等公共设施，居住区中以夫妻和两名孩子为中心配置了十分宽敞的住宅，还配置了开展洗涤操作的场地、农业场地、耕地、牧场等。另外，根据政治和经济的前提，包括购买土地等目标在内，通过进行预算报价统计，从各方面形成已有研究的近代城市规划最初内容（图 3.3）。

图3.3 居住区的展现（斯特德曼·惠特维尔绘）

但是，欧文激进的劳动条件改善要求被人们拒绝，另外他自己也逐渐从博爱主义转变为空想社会主义理念。由于在欧洲尚未出现实施“工业村庄提案”理论的执政者，欧文为了实现自己的提案远渡至美国。1825年，他利用私有财产在印第安纳州购入1.2万公顷的土地，命名为“新哈莫尼（New Harmony）”，与约800名信徒努力建设。但是，由于经济困难和社区内部反目等因素，最终未能实现。虽然欧文的理想城市未能实现，但对后世的合作社、工会、霍华德的“田园城市”产生深远影响。

3.1.3 田园城市

1898年，霍华德出版了《明日：一条通向真正改革的和平道路》（*Tomorrow: A Peaceful Path to Real Reform*）一书。1902年经过修订再次出版时，书名改为《明日的田园城市》（*Garden City of Tomorrow*）。田园城市论对之后的近代城市规划产生较大影响。生于伦敦的霍华德15岁时以店员身份开始工作，经历几个不同职业后于21岁时远渡美国，在内布拉斯加州与两名友人一起开始经营农场。但是如同书中所述——“由于缺少配合，以浪费大量时间和劳力而告终”，经营农场以失败告终。1871年，霍华德开始在芝加哥以普通职员身份工作，1876年回到英国，一边从事劳动委员会的书记工作一边研究经济问题。此时，他受到爱德华·贝拉米（Edward Bellamy，1850 — 1898）《回顾》（*Looking Backward*）等的影响强化了城市建设的构想。

霍华德以三块磁石比喻人口过密的城市、人口持续流出的农村和田园城市，提议针对城市和农村的缺点，建设基于“城市和农村联姻”的开放的田园城市。根据图解的提示，在 2400 公顷的土地上，将 400 公顷设置为街区，在其中央设置 2.2 公顷的大公园；在中心区域，将市政府、剧场、医院等公共设施设置在 6 条放射状林荫道上，并在中间地带设置住宅、教会、学校；在外围地带上以环状方式设置铁路，并配置制造工厂、仓库、市场等，使之面向铁路。在市区内生活着 3 万人，外围地带更外侧的农业用地上生活了 2000 人，展现出小城市的形态，并且逐渐出现了达到上述规划人口的其他田园城市，与人口达 5.8 万人的主要城市保持 30 ~ 50 千米的适当距离，在中心区域形成了被放射形状及环状铁路和道路连接的城市群，还规划了总人口达 25 万人这样的城市群（图 3.4 ~ 图 3.6）。

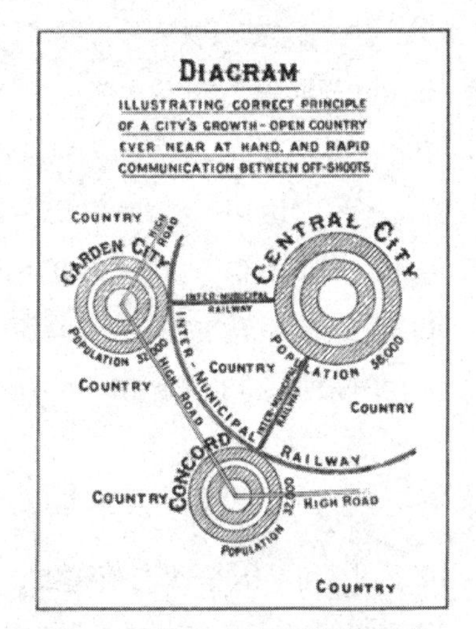

图3.4　图解中心城市和田园城市

图3.5　威尔温的变迁概念图

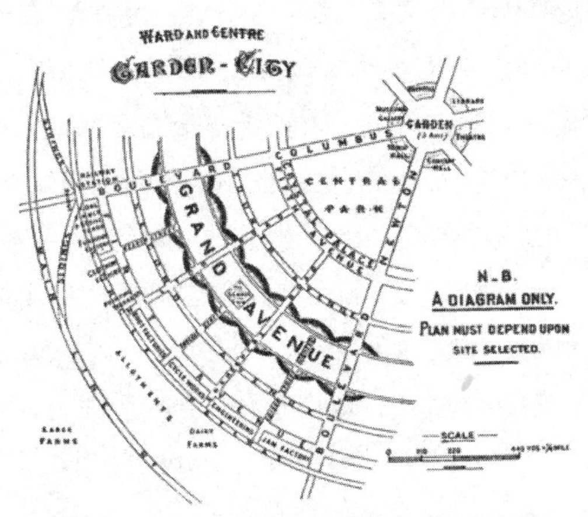

图3.6　田园城市图解（田园城市的区域制）

田园城市对其后城市规划造成的影响、独创性如下所示：

① 为防止投机行为，将土地公有化，并对土地使用进行规定和限制租地；

② 从经济性和社会性方面保持平衡，规定城市的合理规模；

③ 配置包围城市的永久性田地，并限制城市的物理性规模；

④ 使社区回归社会，并保留相关利益；

⑤ 在城市内部设置可维持人口规模的产业；

⑥ 基于图解并结合区域实际情况进行提案。

1899年，霍华德领导成立了田园城市协会，并在1902年成立田园城市开发股份公司，他在距伦敦约54千米的哈特福德购买了1500公顷土地，通过建设规模人口达3万的莱奇沃思（Letchworth）实现了田园城市的规划。莱奇沃思的规划是通过设计大赛，在安文和其内弟巴里·帕克（Barry Parker，1865 — 1949）的事务所中确定的，其综合规划包括7000户住户、公园和广场、工厂和商业街。1919年，霍华德从距伦敦约36千米的威尔温（Welwyn）购买了400公顷的土地，并根据路易斯·苏瓦松（Louis de Soissons，1890 — 1962）的设计，建设了规划人口达5万人的第二座田园城市。1948年，该市具备了成为伦敦卫星城市的绝佳条件，并依据英国住宅法被指定为新城之一，由国营开发公司推动全新的开发。

3.1.4 工业城市

法国建筑师加尼尔在巴黎国立高等美术学院学习时获得罗马奖，获得前往意大利公费留学5年研究古典建筑的机会。1901 — 1904年，加尼尔陆续公布了“工业城市（Une Cite Industrielle, etude pour la construction villes）”规划方案，从综合规划至细节构想的全面规划，并于1918年出版。该方案以近代城市常见的工业为背景，在区域中将劳动、居住、娱乐、运输等城市功能分离出来，明确揭示城市结构的同时，通过平面图、立面图和路径图，具体表现出各设施的设计，展现出建筑师所希望的理想城市（图3.7、图3.8）。这座理想城市是里昂近郊的一座架空城市，城市人口3.5万人，沿着河流，以洼地中的矿山和水源等丰富天然资源为背景，设计师设计了利用瀑布的水力发电站及以加工业为基础的工业设施，并在台地上为线形散开的住宅区、中心市区配置超过相应级别的公共卫生设施。设计师进行了整体规划，将各区域用绿化带分离，方便区域扩张；同时还展示了发电站、铁路、道路、学校、工厂、公共设施、公共住宅等个别设计，对之后以勒·柯布西耶为主的众多建筑师产生了影响。

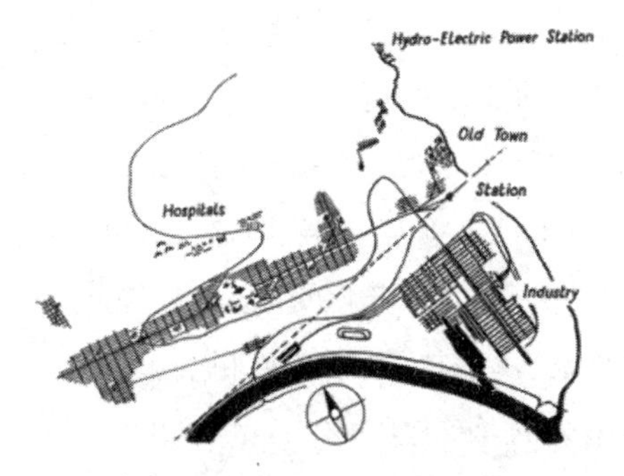

图3.7 工业城市整体构想(配置图)

图3.8 工业城市的炼铁厂

3.1.5 发展的城市

格迪斯是一名倡导进化论的生物学家，他在大学里学习的专业是植物学。他在生物学基础上开展社会学研究，以进化论观点分析城市结构、生活复杂性和区域社会的发展，并结合人类的观察，尝试确定这些情况。他还在著作《进化的城市》(*Cities in Evolution*, 1915年)中尝试用生物学的方法解决工业城市中产生的问题，通过对城市人口、雇佣关系、生活条件等进行彻底的科学调查与分析，来解释此前容易凭感觉判断的城市问题。另外，他还仿效“环境适应与适合论”的方法，即把植物种子带至无草地来扩大领域的方法，在扩张村落的同时进行科学的城市规划，确立了如今以计量和分析为特征的城市分析和以此为依据的规划论的重要性。

3.1.6 面向300万人的现代城市

勒·柯布西耶以原名查尔斯·爱德华·让纳雷(Charles Édouard Jeanneret)，留下了很多艺术评论，是近代最著名的建筑师之一。在家乡的美术学校学习后，他前往奥古斯特·贝瑞(Auguste Perret, 1874 — 1954)的建筑事务所学习结构力学和钢筋混凝土的相关知识，并在彼得·贝伦斯(Peter Behrens, 1886 — 1940)的设计事务所中设计推广以铁为使用材料的机械类建筑[据说同一时期，包豪斯学校的第一任校长——瓦尔特·格罗皮乌斯(Walter Gropius, 1883 — 1969)和“玻璃摩天大厦”的设计者密斯·凡·德·罗(Mies van der Rohe, 1886 — 1969)都在此事务所中工作]。

他是最早认识到当时的城市结构无法应对汽车时代到来的人，他断言“城市是工作的道具”以及“住宅是居住的机器”，接受快速发展的工业化社会，将城市作为用于社会生活的机器，对其进行机械化，并概括出“居住、工作、休息、交通”四种城市功能，以此为依据，对简洁的城市理论和空间进行提案。他的主要构想包括“以300万人为目标的现代城市（Ville Contemporain Pour Trois Millions d'Habitants, 1922年）”“伏埃森规划（Plan Voison, 1925年）”“闪耀的城市（La Ville Radieuse, 1933年）”，提倡超高层和高密度的集中住宅和基于高架道路的城市结构，倡导太阳能和绿化以及留出空间广阔的空地。根据这些设想，南美的布宜诺斯艾利斯、里约热内卢、非洲的阿尔及尔等将其作为城市规划进行了提案。

在以300万人为目标的现代城市中，市中心规划24栋可容纳3000人的60层办公大楼，在核心区设置连接铁路和机场的交通枢纽；居住区规划能容纳300人的8层住宅楼，将它们集中修建且被空地围绕；郊外设置有独立住宅的田园城市、工业区以及大公园，这个适用于巴黎中心区域的规划即伏埃森规划（图3.9、图3.10）。

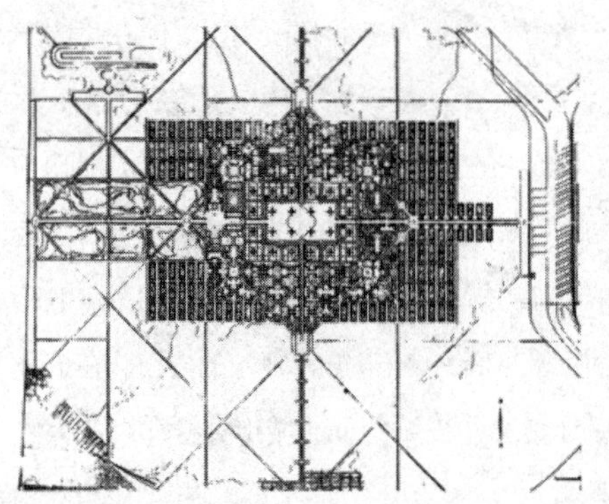

图3.9　以300万人为目标的现代城市配置图

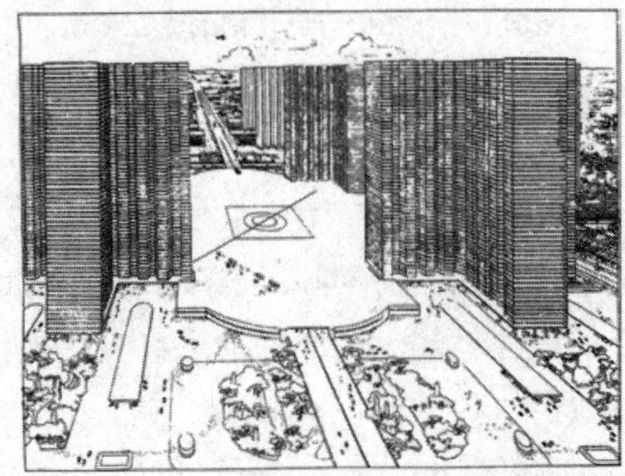

图3.10　伏埃森规划的中部交通枢纽

3.1.7 国际现代建筑协会（CIAM）

1928年6月，在瑞士的拉萨拉城中，支持勒·柯布西耶的格罗皮乌斯和希格弗莱德·吉迪恩（Sigfried Giedion, 1894 — 1968）等各国建筑师、建筑记者参与组织了国际现代建筑协会（Congrès Internationaux d'Architecture Moderne，简称CIAM），协会以住宅和城市规划为主题，尝试从社会与经济的角度对建筑进行分析。1933年，协会在雅典举办的船上会议中通过了《雅典宪章》（*La Charte D'Atenes*），其中的95条纲领对现代城市的现状进行了概括，提倡基于居住、工作、休息、交通四项功能的相互关系的居住单位。重视绿化、太阳能、空间的CIAM功能主义的相关主张在众多国家中获得共鸣并得到支持，并在各国的城市规划和住宅区规划中获得实践。虽然经历了第二次世界大战但会议并没有中止，直到1956年“第十小组”（Team X）主导的南斯拉夫大会后宣布解体，在其解散前，共举办了 10 次大会。

师承勒·柯布西耶的奥斯卡·尼迈耶（Oscar Niemeyer，1907 — 2012）负责设计了勒·柯布西耶在 1951 年规划的昌迪加尔（Chandigarh）的公共设施以及 1957 年卢西奥·科斯塔（Lucio Costa，1902 — 1998）在整体规划相关设计大赛上当选的巴西利亚（Brasilia）的公共设施。这两个城市均为将 CIAM 的主张变为现实的近代城市。

3.1.8 邻里住区论

1929 年，克拉伦斯·阿瑟·佩里（Clarence Arthur Perry，1872 — 1944）作为拉塞尔塞奇财团的研究员，在《纽约市大城市圈调查报告》（*Regional Survey of New York and Its Environs, No.7*）中公布了邻里住区单元（The Neighborhood Unit）的概念，为了确保住宅区内的安全性和便利性，倡导在以住宅区的小学校区作为标准设置邻里住区单元（图 3.11）。

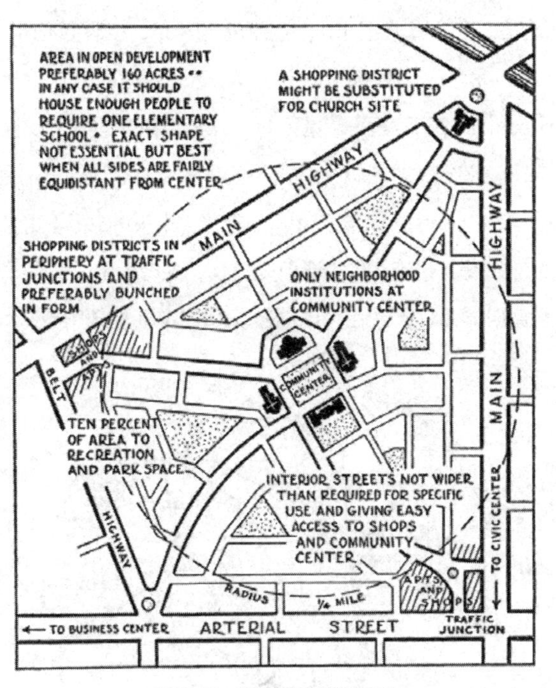

图3.11 佩里的邻里住区

邻里住区根据以下原则设立，可依各国实际情况进行调整，并可作为住宅区的规划原理使用：

① 规模：学校所需人口与家庭数量相对应。虽然面积因人口密度而有所变化，但基本

上是每 50 ~ 60 公顷的面积容纳人口 5000 ~ 10000 人。

② 边界：通过主干道围绕形成边界，主干道要有足够宽度，保证过往车辆不进入住宅区内部。

③ 开放空间：根据住宅区内部要求，规划小公园和休闲空间等设施。

④ 公共设施：在住宅区中心或公共用地的周围合理配置学校等公共设施。

⑤ 地区商业：在靠近道路十字路口和邻近住宅区的位置上配置内部居民所需的商业设施。

⑥ 内部道路体系：为使住宅区内部的交通顺畅，并为了防止通过车辆而设计街道网络。

3.1.9 雷德朋（Radburn）

1928 年纽约市国营住宅公司在新泽西州收购了雷德朋（Radburn）420 公顷的地块，对其进行了规划开发。尽管遭遇了 1929 年经济大萧条，但克拉伦斯·斯坦（Clarence Stein，1882 — 1975）和亨利·赖特（Henry Wright，1878 — 1936）主导的阳光花园（Sunnyside Gardens，1926 年）住宅区（图 3.12）仍然实现了规划目标。为了在汽车时代里让面积达 12 ~ 20 公顷的超级街区内不受车辆干扰，设计师采用尽端路和道路分级形成树状路网结构，将人行道和车行道完全分离。中央的共享庭院配置人行道，将庭院与以学校为主的公共设施相连，并建造相应设备，使儿童无须横穿车道即可安全上学。这种方式被称为雷德朋体系，逐渐在各国的新城和住宅区规划中被采用。

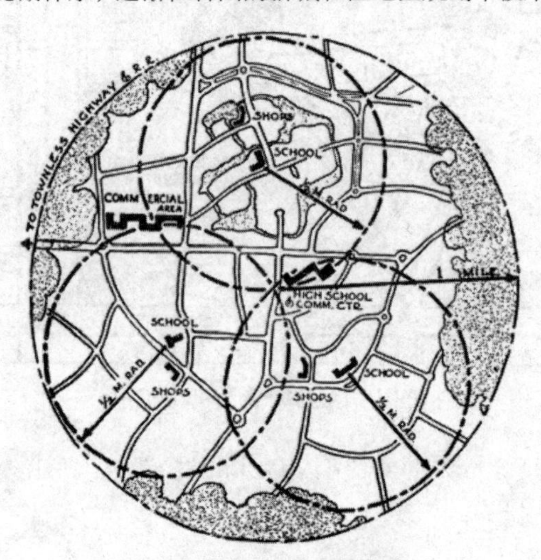

图3.12 斯坦的阳光花园住宅区

3.1.10　新城市（Die Neue Stadt）

1939 年，德国尚处于纳粹政权统治下，德国柏林工业大学教授、城市经济学者古特里德·费德尔（Gottfried Feder，1883 — 1941）和其助手弗里茨·雷兴贝格（Fritz Rechenberg）著书《新城市》（*Die Neue Stadt*），书中就拥有 2 万人口、进行自给自足的理想城市图解进行提案。当时，为了在理论方面印证纳粹的城市政策，费德尔和雷兴贝格对德国各地的 72 座城市进行实地调查（包括居民职业、城市设施种类与规模、设施利用频率、企业产业分类等），并以此为依据进行统计分析，通过城市之间的对比结果，详细揭示了模范城市的组成。另外，对邻里住区理论进行拓展，根据日常生活方式和对设施的利用频率，按日、周、月为单位进行阶段性整理，并通过展示企业数量和雇佣标准、公共设施种类和配置标准规定清晰的土地使用组成标准。城市被分割为 9 个地区（核心区域），在各地区配置有以日为单位的民营设施群、由学校与教会组成的公共设施群，中央的主要核心区域配置有市场、银行、市政府、纳粹党议事堂等以周为单位的设施，在外圈部位配置有浴场、运动场、广场、停车场、供水厂、发电站等以月为单位的生活圈（图 3.13）。由此形成了基于设施利用频率的日生活圈、周生活圈、月生活圈的生活圈或圈域的概念，并对不同级别生活圈的设施布局造成影响。

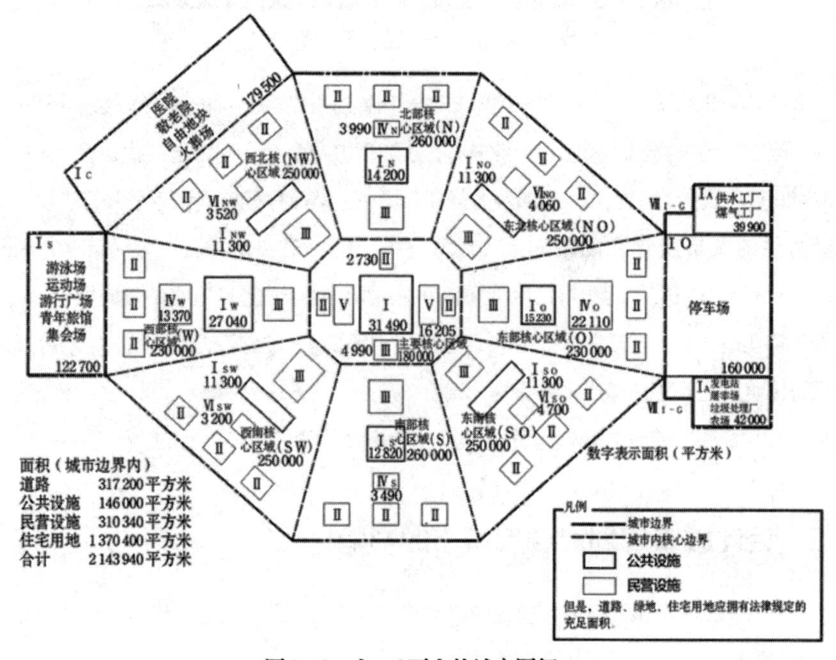

图 3.13　人口 2 万人的城市图解

3.1.11 城市美化运动

1893年，美国芝加哥在密歇根湖畔举办了哥伦布发现美洲新大陆400周年纪念活动——芝加哥世界博览会，丹尼尔·哈德森·伯纳姆（Daniel Hudson Burnham，1846—1912）负责会场规划。会场的建造融合了古希腊、罗马、文艺复兴、意大利、法国等各种建筑款式，展现出协调的巨大建筑和统一的公共空间（图3.14）。

图3.14 芝加哥世博会的荣誉广场

1871年芝加哥大火之后，此前的木质建筑物纷纷被钢筋结构的摩天大楼所替代。作为当时全球最大的谷物市场和肉食产业中心，芝加哥被众多社会问题所困扰，亟须对混乱的城市空间秩序进行整理规划。芝加哥博览会会场中井然有序的空间使人们强烈意识到其与自己居住的城市所存在的差异，以此为契机，开始了城市美化运动（City Beautiful Movement）。城市美化运动对之后美国城市中典型的格子型道路规划的形成做出了贡献，其典型特征是将公共建筑物如市民大厅、法院、图书馆、歌剧院、美术馆、广场等通过放射状的林荫大道相连，形成中心街区。随后，克里夫兰（1903年）、旧金山（1906年）、芝加哥（1909年）等地也参与运动，相继对城市进行了再开发。

3.2 近代城市规划对现代城市的影响

在上述理想城市和近代城市规划的提案和实践历程中，如果对现代城市和城市规划受到的影响进行整理，可按以下的关键词进行分析。

3.2.1 功能主义

“功能主义”诞生于20世纪初出现的近代建筑设计手法中，它主张形式并不依赖于“样式的美”而取决于用途和目的，在重视功能的同时进行合理决策。该主张列举了铁、玻璃、混凝土等工业产品的大量供应以及将其作为建筑材料应用等例子。提到功能主义，就要提到路易斯·亨利·沙利文（Louis Henry Sullivan, 1856 — 1924）的《形式服从功能》（Form ever follows function, 1896 年）一文，即倡导表现形式随功能而改变。在芝加哥大火之后重建的过程中，沙利文利用钢结构形成高层办公大楼，通过赤褐色的外装（烧制砖）和电梯的导入，建造了更高层的摩天大楼。此外，沙利文的弟子弗兰克·劳埃德·赖特（Frank Lloyd Wright, 1867 — 1959）在郊区设计了草原住宅群，出现了近代工作和居住分离的生活方式。这也是近代城市的基本结构，并成为之后城市规划的基本思路。

初期的近代建筑并未在天花板、地板等主要结构部位中进行装饰，同时重视平面上的空间配置，人们可见到专注于功能的建筑物，尤其是玻璃逐渐被赋予“透明墙壁”的作用。卡尼尔在工业城市中描述的建筑物结构以节约装饰的近代设计为基础，勒·柯布西耶将其在城市空间中进行明确展现。由于其意义扩大，出现在 CIAM 的《雅典宪章》，其原则被普及至全球。针对城市规划中的功能主义，勒·柯布西耶从城市中归纳出“居住、工作、休息、交通”4 项功能，代表性提案是以超高层和高密度的集中式住宅为中心，通过充满阳光、绿色和空间的广阔露天空地打造城市空间。另外还提及了土地使用规划、有组织的交通体系等，成为近代城市规划的重要理论。

3.2.2 区域划分

区域划分（区域分区制，zoning）指根据不同的法律条件，分别将城市进行分区，并对可在各区域土地上建设的建筑物的规模、形态、用途进行限制。在霍华德的田园城市和卡尼尔的工业城市中可观察到上述思想的萌芽。1916 年，纽约市开始实施区域划分条例，对建筑物进行规定：针对由于钢结构和电梯等技术革新而逐渐高层化的建筑物，设定建筑高度标准确保较暗街道中的日照和通风；为了使人行道和车行道上有阳光且在建筑物内部保证日照和通风，规定需要根据高度将建筑红线退后。现代虽然将其作为城市规划的代表性方法，但历史上是先有区域划分与限制，然后才出现城市规划和综合规划等规划论。

在 20 世纪初的巴纳姆之后的城市规划中，有法律专家曾说建筑退让，需要地方政府接收土地。1922 年，根据俄亥俄州欧几里得村最高法院的裁决，分区法得到支持（对保障公众卫生、安全和公共福利的城市力量的认同），在确定区域分区制的合法性后，率先发挥设计控制的作用。

3.2.3 新城

1940年，巴罗报告（Barlow Report）公布并被大众接受，该报告内容包括对伦敦近郊的高密度区域进行再开发，并提议将人口分散。1944年，阿伯克龙比制定了大伦敦规划（Great London Plan），旨在扩大伦敦市区、控制人口过密和实现战后复兴。该规划为形成合理的人口密度，对人口过密的混乱地区进行再开发，并在郊外建设新城，以容纳剩余人口和工业。规划为4个环状区域，即中心市区（伦敦郡）、郊区、宽度约10千米的城市绿化带、周边田园区域，在各地区中规定了人口密度和人口的再次配置。1946年，受到《新城法》制定的影响，又加入了努力实现"雇佣的自给自足并取得平衡的城市"的目标。另外，为疏散约100万人口，开始在周边田园区域中建设8座新城，以此容纳40万人。初期的新城吸收了田园城市的理念，形成了以邻里住区论为基础的城市结构，通过集中数个以小学、教会、社区中心、购物中心为主的邻里社区（副中心）构建新城。日本也根据《新居住城市开发法》规定，以向三大城市圈供应住宅为目标，不懈地推动建设。千里新城（1957年）、高藏寺新城（1960年）、多摩新城（1963年）等均以该规划理念为原型建设而成。但是，大部分日本新城被定位为面向市内工作人群的巨大住宅区，在本质上与意图通过工作居住就近方式疏散人口的英国新城截然不同。

3.2.4 后现代

在追求功能主义、社会实用性、均质性等的近代建筑（现代主义）之后，查尔斯·詹克斯（Charles Jencks，1939 — ）提倡彰显个性的装饰设计和突出民族特色的建筑物，他将这股潮流定义为"后现代主义"，20世纪70年代中期以后更加普及。从CIAM失败后的20世纪60年代以来，20～30岁的年轻建筑师一直对"现代主义"持反对意见，他们中的代表如英国的建筑电讯派、意大利的极致工作室、建筑伸缩派等，他们开始发布步行城市（1964年）和插件城市（1964年，图3.15）这样的空间不受制约的全新城市形态（空想城市）。

另外，将生产和技术能力作为主轴的"现代"原理与排除无用的功能主义相结合，并在过程中舍弃无用的元素，对包括历史的和大众的广泛价值一一进行了全新解释，这样就出现了与现代舒适性并不矛盾的空间（例如在装饰建筑的装修中加入全新内涵和现代化的空间）。但是，在与装饰建筑共存中，存在基于现代阐释的装饰偏离正确轨道的危险性。

图3.15　插件城市

近代城市规划理论的发展历程，详见图 3.16。

第4章 区域规划和城市总体规划

4.1 区域规划中的城市规划定位

4.1.1 区域规划的层级结构

所谓区域规划，是指以一定范围（区域）为对象的非物质以及物质规划，根据对象区域的大小和规划内容，可分为国土规划、广域圈规划、城市规划（市、镇、村规划）、地区规划、城市设施规划等多种规划。这些规划如表 4.1 中所述，按照一定规模来确定规划内容（层级），当然对象区域并非各自独立存在，各个区域规划间存在多重关系。

表 4.1 主要的区域规划等级和规划案例

规划等级	对象区域	规划案例（相关法律等）
国土规划级别	全国	国土形成规划（《国土形成规划法》）
广域圈规划等级	超过都、道、府、县范围	首都范围完善规划（《首都范围完善法》）等 区域类、地方类的广域范围规划 广域地方规划（《国土形成规划法》）
都道府县规划等级	都、道、府、县	都道府县综合规划（《地方自治法》等） 广域市、镇、村范围规划（《广域行政范围规划策定纲要》）
城市规划级别（市、镇、村）	市、镇、村	市、镇、村综合规划（《地方自治法》） 城市规划区域总体规划（《城市规划法》） 市、镇、村总体规划（《城市规划法》）
地区规划级别（街、区等）	市、镇、村内的特定区域	各种地区规划（《城市规划法》） 景观规划（《景观法》）

一般而言，大规模规划称为“上位规划”，小规模则称为“下位规划”。在制定各个规划时，通常需要进行上位规划和下位规划的反馈工作且留意规划的整合性。特别是上位规划的有关论据，从原则上来讲，下位规划不得与上位规划相抵触。

区域规划的内容大致分为经济规划、社会规划、空间规划，城市规划的上位规划——国土规划、广域圈规划、都道府县规划等大体称为非物质规划，注重经济规划和社会规划。构建土地使用、交通、环境、防灾等生活空间的物质规划即“空间规划”，大多数是城市规划和下位规划，多以区域规划和设施规划等形式存在，具体来说是依据市、镇、村综合规划（城市综合规划）的城市总体规划。

4.1.2 国土规划

城市规划的上位规划即国土规划中有国土形成规划（《国土形成规划法》，2005 年由 1950 年开始施行的《国土综合开发规划法》修订而来）和国土利用规划（全国规划，《国土利用规划法》，1974 年）等规划。特别是国土形成规划，从 1962 年经内阁会议决定后至 2008 年 7 月，大约经历了 46 年（期间经过 5 次修订），对于承载着日本国土规划的“全国综合开发规划（简称全综）”而言，是修订后的最新国土规划（表 4.2）。

表 4.2 全综一览表

名称	全国综合开发规划（全综）	新全国综合开发规划（新全综）	第三次全国综合开发规划（三全综）	第四次全国综合开发规划（四全综）	21 世纪国土总体设计
内阁会议通过时间	1962.10	1969.5	1977.11	1987.6	1998.3
背景	①高速经济发展 ②过大城市问题，收入差距拉大 ③收入倍增规划（太平洋地带构想）	①高速经济增长 ②人口、产业的大城市集中 ③信息化、国际化、技术革新发展	①稳定经济发展 ②出现人口、产业的地方分散征兆 ③国土、资源、能源等有限性问题突显	①人口及诸多功能极端化地集中在东京 ②因产业结构的快速变化，地方范围的雇用问题愈加严重	①地球时代（地球环境问题、大竞争、与亚洲各国的交流） ②人口减少、老龄化时代 ③高速信息化时代
目标年度基本目标	1970 年 区域间平衡发展	1985 年 创造丰富环境	1987 年左右 整顿人口居住的综合环境	2000 年 多极分散型国土构建	2010 — 2015 年 多轴型国土结构的基础建设
开发方式等	据点开发构想	大规模规划构想	定居构想	交流网络构想	参加与协作

1962 年的“全综”和 1969 年的“新全综”是日本经济高速发展的开发导向型规划。贯通太平洋沿岸的新干线和贯穿日本列岛南北的道路等新型国土架构建设都是这一时期完成的。从“三全综”（1977 年）到“四全综”（1987 年）期间，经济的高速发展带来了相应的负面效应，但是面对应该解决的环境公害问题，与目前为止的国土规划相比，采取了完全不同的思路 。而被称为“五全综”的“21 世纪的国土总体设计”（1998 年），则是为了应对 21 世纪以后少子老龄化社会和高速信息化时代而进行的国土建设，其超越了区域特有性，以全国共同发展为目标，但规划中仍有很多遗漏。

“全综”制定的目的是为了调整区域差距，平衡国土发展。为此，国家在全国各地的产业据点实施了大规模的交通网络规划。但是，交通网的建设未能使大城市的力量与地方形成回路，反而产生了“吸管现象”，增加了以东京为中心的大城市的吸引力，进一步加剧了城市巨大化的现象。年轻人都集中在大城市，各地实行的大规模规划也逐渐停止，由于填海造地等原因出现了大面积土地荒置的情况。原本是抱着解决差距这一目的的“全综”，反而扩大了差距。

2008 年 7 月，内阁会议决定通过新国土规划——国土形成规划（全国规划），其理念是进入成熟型社会后，实现具有鲜明区域特色的自立发展型社会，保护地球环境，进一步促进科学技术立国，发展安全、安心的生活方式。

具体而言，是以之后 10 年的国土建设为主体，将国土规划分为“全国规划”和“广域地方规划”两部分。全国规划是由国家制定并实施，广域地方规划则将全国（除北海道和冲绳）分为 8 个区域（广域地方规划区域），委托各区域地方自治团体等机构进行规划（图 4.1）。

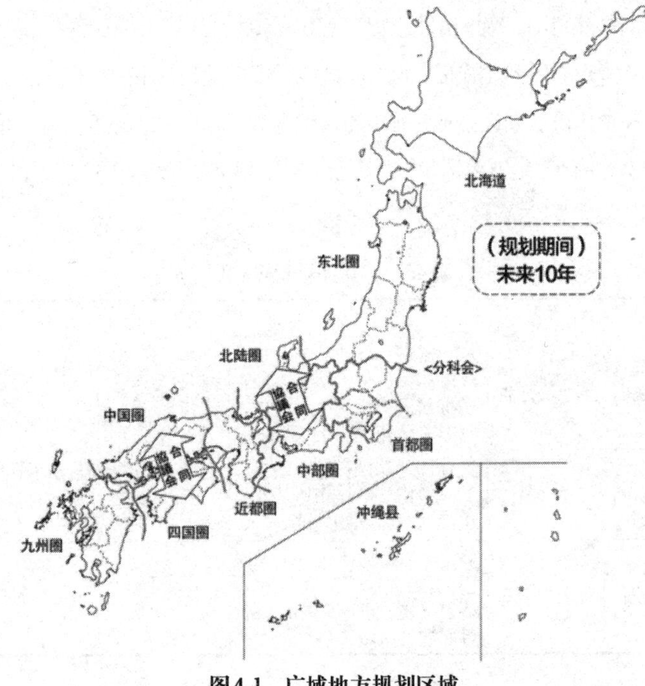

图4.1　广域地方规划区域

广域地方规划区域：

· 首都圈：茨城县、枥木县、群马县、琦玉县、千叶县、东京、神奈川县、山梨县；

· 近都圈：滋贺县、京都府、大阪府、兵库县、奈良县、和歌山县；

· 中部圈：长野县、岐阜县、静冈县、爱知县、三重县；

· 东北圈：青森县、岩手县、宫城县、秋田县、山形县、福岛县、新潟县；

· 北陆圈：富山县、石川县、福井县；

· 中国圈：鸟取县、岛根县、冈山县、广岛县、山口县；

· 四国圈：德岛县、香川县、爱媛县、高知县；

· 九州圈：福冈县、佐贺县、长崎县、熊本县、大分县、宫崎县、鹿儿岛县。

4.1.3 广域圈规划

随着铁路、公路等交通体系完善，汽车大众化发展，信息化推进，区域的生活圈和社会、经济活动正在扩大至市镇村和都道府县的范围以外。广域圈规划是为了使居民进行良好的生活及经济活动、实现市镇村和都道府县以外相关的数个自治体一体化而进行的建设规划。

广域圈规划是从范围、特性出发，大多是由国家和都道府县以及政令指定城市（包含相关市镇村）负责规划内容。前面讲到的广域地方规划就是其中的典型，包括首都圈、近畿圈、中部圈各种建设规划，主要有河川流域圈规划、海湾沿岸的建设规划等。另外，国土交通省正在实行的“新地方生活圈”“模范定居圈规划”，总务省的“广域市镇村圈规划”等都是其中的代表（表 4.3）。

表 4.3 广域圈规划的案例

事例	担当省厅	区域特色	区域规模	中心城市要点
新地方生活圈规划	国土交通省	城市区域和周边农村一体化的居民日常生活区，为了确保居民的基础生活条件，需要一体化完善的区域	区域半径 20 ~ 30 千米，人口 15 ~ 30 万人为标准	DID 人口在 1.5 万人以上，以零售业、服务业等从业人员为主
广域市镇村圈规划	总务省	大体满足居民日常生活上的一般需要的城市以及农山渔村一体化的地区	区域人口以 10 万人以上为标准	具备了满足日常生活需要的城市设施、功能的中心市街
模范定居圈规划	国土交通省	城市和农山渔村一体化区域内，综合完善了自然、生活、生产环境，同时又具备一体性必要的区域	—	—

4.1.4 都道府县规划

包括市镇村在内的大范围地方自治体的都道府县规划，结合了国土规划和城市规划（市镇村综合规划）。都道府县规划以长期规划、总体规划、综合规划而命名，一般情况下主要体现都道府县的长期方针。因此，相对比城市规划中谈到的生活空间这种物质规划，反而与国土规划和大范围规划这样的社会、经济政策即非物质规划相似的内容比较多。县规划阐述了与县政全局相关的未来发展方向，揭示了有效利用各个县特性的重点政策等（非物质规划），其具体开展地区和空间规划（物质规划）等则委托于市镇村规划（图 4.2）。

都道府县的长官即知事由国家委任，其对该地区中的土地使用规划、城市规划、港湾规划等，以及对国土使用、开发、完善等规制及管理等具有决定权限和认可权限，其权限非常大。而且，日本的多数国民，对家乡都怀有很强的归属感，特别是预算（自给收入）严格的小规模市镇村，十分认可知事权限。为此，都道府县规划的作用可谓非常重要。

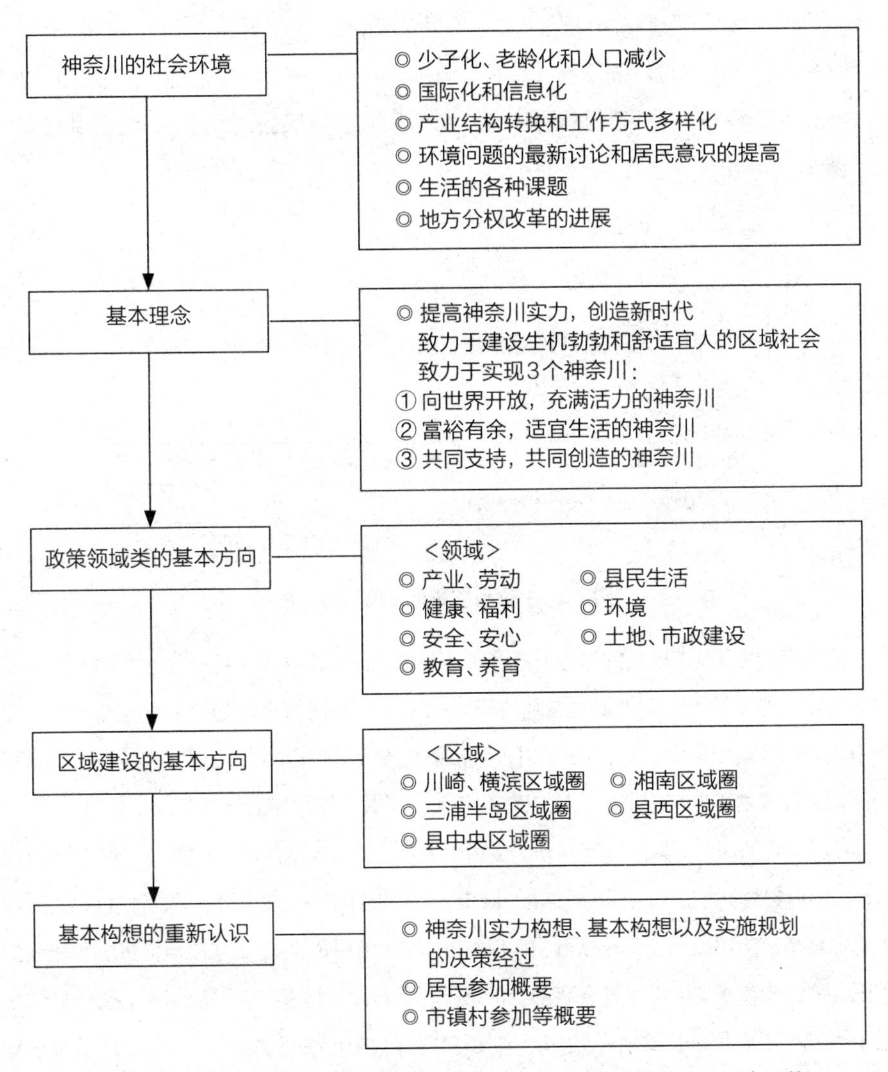

图4.2　都道府县规划的内容示例（神奈川县实力构想、基本构想，2007年7月）

4.1.5 城市规划(市镇村规划)

城市规划的对象范围大体是各个市镇村内。从1975年开始约30年的时间内，日本的市镇村数量为3200个左右，2004年的“平成大合并”后，变成了1786个（783个市，810个镇，193个村）市镇村（截至2008年10月）。换言之，这1786个最小的行政单位包含了所有的国土，在那里生活的人也属于其中某一个市镇村。因此，最接近人们的行政机构是市镇村，人们不仅在那里居住、就业，也直接受到市镇村规划的影响。

城市规划阐明了市镇村根据地方自治法规而制定的人口、居住、经济、交通、保健、福利、环境、文化、教育、能源等市镇村行政机关所有相关领域的发展方向，在城市综合规划、城市基本构想等方面占据重要位置，承担着作为实际生活空间而应有的物质规划作用（图4.3）。

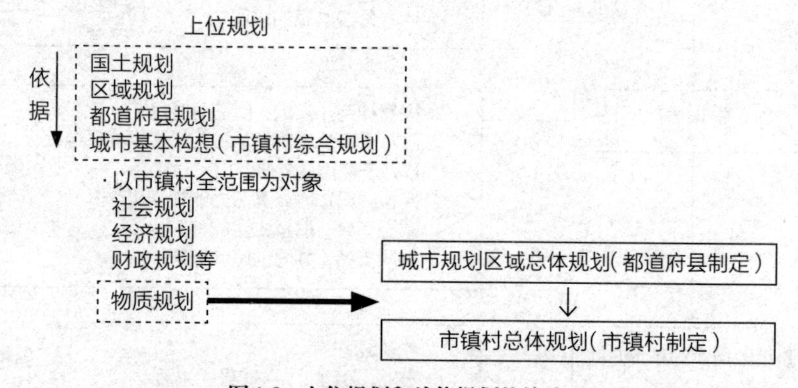

图4.3 上位规划和总体规划的关系

近些年，现行城市规划的思考方式和规定等围绕着“城市状况到底发生了怎样的变化”这一主题，进行了多次令人眼花缭乱的修订：以1968年《城市规划法》为起点，于1980年引入了地区规划制度，于1992年引入了市镇村等级的规定制度，2000年设立了城市规划区域总体规划和准城市规划区域，2002年引入了城市规划提案制度。

《城市规划法》的具体城市规划的适用范围是“城市规划区域”（《城市规划法》第5条）。城市规划区域是指作为一体化的城市，在需要综合完善、开发、保护的区域，进行中心城市街道的建设和接下来新开发、保护的市镇村级别中准备规划性地推进城市建设的范围。因此，城市规划区域既有现有的全部市镇村的行政区域，又有市镇村内的部分地区(仅限中心城市街道和新开发地等）。此外，还有跨越数个市镇村的情况，即“广域城市规划区域”。城市规划的范围，从原则上来讲限定于城市规划区域，但在城市规划区域外，“准城市规划区域”和 1 公顷以上的大规模开发作为特例也会得到认可。

城市规划区域内分为两种区域：已经形成了城市街道的区域、大概在 10 年内可实现城市化的“城市化区域”以及抑制城市化的“城市化调整区域”。区分这两种区域则称为“区域区分”，划分界线则称为“划线”（图 4.4）。

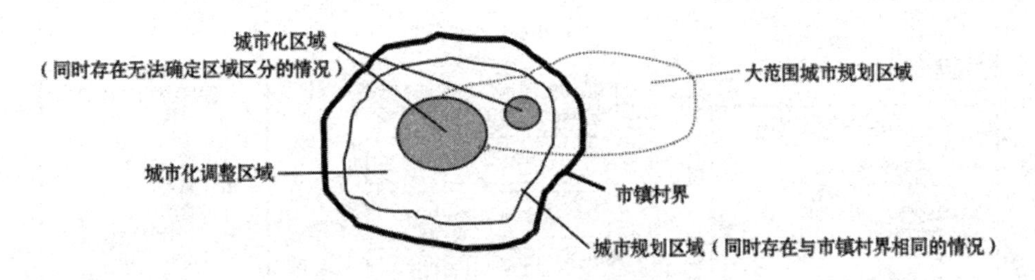

图4.4　市镇村界和城市规划区域等的关系

如前所述，目前日本的城市总体规划有都道府县制定的“城市规划区域总体规划”（2000 年修订，《城市规划法》第 6 条第 2 款：城市规划区域的完善、开发以及保护方针）和市镇村制定的“市镇村（城市规划）总体规划”（1992 年修订《城市规划法》第 18 条第 2 款：市镇村城市规划的相关基本方针）。

根据 2000 年的《城市规划法》修订版，都道府县需“制定城市规划区域的完善、开发以及保护方针”，以 20 年为目标实现城市化风貌。此项规划称为“城市规划区域总体规划”，也可称为是市镇村（城市规划）总体规划的相互补充规划。

城市规划区域总体规划中规定的主要事项是：①城市规划的目标；②区域区分（划线部分）的有无和进行区域区分的城市化区域规模；③土地使用、城市建设的完善以及城市街道开发项目相关的城市规划方针等。使用区域规划等手法，在进一步反映居民意见的同时，实现具体城镇建设的市镇村总体规划，力求遵行架构规范，即城市规划区域总体规划规范。从这点而言，一般来说城市规划区域总体规划是市镇村总体规划的上位规划（图 4.5）。

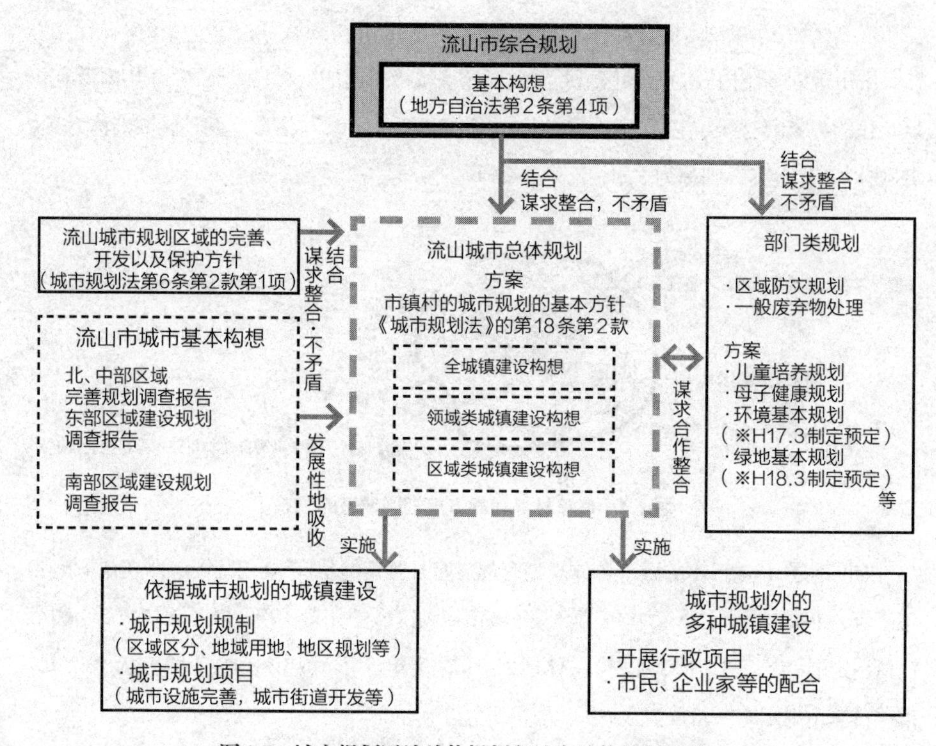

图4.5　城市规划区域总体规划和城市总体规划的关系

4.1.6　地区级规划

地区级规划是指以市镇村内特定区域为对象，具有一定广泛性的某一方面规划。地区级的代表规划有“地区规划”“土地规划整理项目”“景观规划区域”“建筑协议”等。这些规划按照不同目的而分开使用，是大体按照居民和地权者等的一致意见，引导符合各个地区特性的城镇建设项目和规划等。

特别是地区规划（《城市规划法》第12条第4款），包含了该地区内用地面积的最低限度和建筑物的用途规定，还有容积率的最高、最低限度和建筑密度限制，更有建筑物高度的最高限度、最低限度，墙面位置、外墙后退、建筑物颜色和材质等形态、构思的相关规定等内容。

地区规划中除了一般地区规划，还定义了引导容积型、容积的适当分配、用途类容积型、街道引导型、立体道路制度等区域特性和目的类这6种类型的规划。这些规划类型可以单一使用，但多数情况下，为符合当地城镇建设的特性，是根据地区实际情况复合使用的。

4.2 市镇村总体规划（城市总体规划）

4.2.1 城市规划和总体规划的关系

城市规划是以市镇村为对象，涉及土地使用规划、交通规划、公园绿地规划、环境规划、防灾规划等多个领域的规划。其实现方式大致分为两种：受法律限制的不符合城市目标的土地使用和开发行为的制度性城市规划限制，以及各种公共团体和企业组织等出资开发、需要都道府县等认可的城市规划项目。

一般而言，城市规划是由市镇村制定并以此为依据建设未来城市风貌（城市综合规划、城市长期规划等）的物质规划，对此做出具体指示的是总体规划。总体规划以 20 年为周期设定目标，通过观察社会经济变化，设定昼夜人口动态以及相应的土地使用，分别制定交通、绿地、环境等领域规划和其相互关联性。

如果规划缺乏可行性就失去了意义，为了得到与城市规划直接相关的居民和相关机构的认同，必须在总体规划制定初期就敦促居民等方面参与，建立能够反馈意见的机构。居民据此参与总体规划审阅，就容易理解总体规划的重要性。因此，为了让居民了解市镇村整体和各项规划的关联性，总体规划在使用通俗易懂的语言的同时，也尽量将总体图、分项图以及综合图等方案图用有效的表现形式加以呈现（图 4.6）。

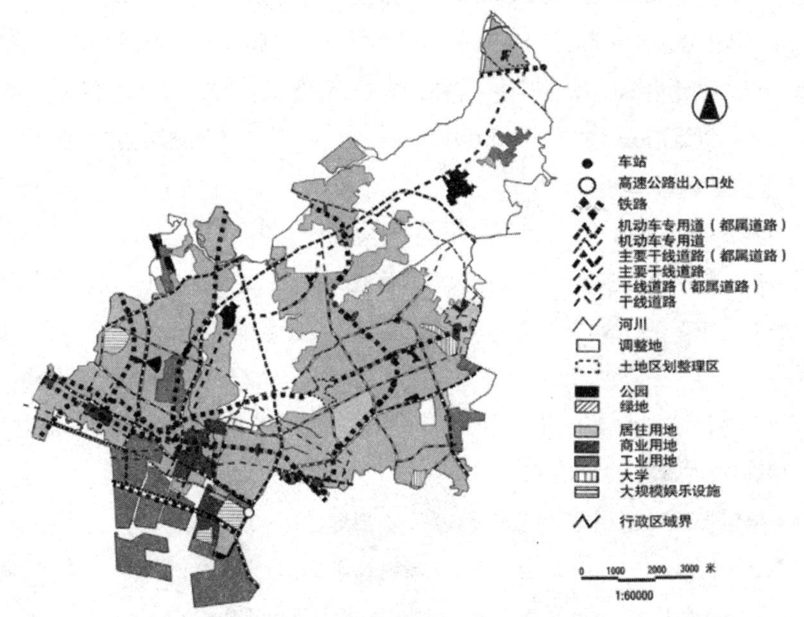

图4.6 城市规划区域总体规划示例/船桥市城市规划区域总体规划

如前所述，根据2000年的《城市规划法》修订版，目前的总体规划有2个，即根据1992年法律修订颁布的“市镇村城市规划相关的基本方针”（《城市规划法》第18条第2款，称为市镇村总体规划）和根据2000年修订颁布的“城市规划区域的完善、开发以及保护方针”（同法第6条第2款，称为城市规划区域总体规划，表4.4）。

表4.4 城市规划区域总体规划和市镇村总体规划的比较

项目	城市规划区域总体规划	市镇村总体规划
规划目标年	20年，城市街道开发等规划是10年	
规划目标	城市规划的基本理念，人口、产业等方向	城镇建设理念和城镇的未来风貌
主要内容	· 决定区域分区的有无和方针 · 土地使用，城市设施的完善，城市街道开发等城市规划方针 · 自然环境建设或者保护方针	· 整体构想 · 各项方针 · 各区构想 · 实现对策（市民参加等）
制定主体	都道府县和市镇村	市镇村

4.2.2 总体规划的制定

城市总体规划的制定程序，根据制定主体市镇村的情况不同而不同，大致按照“现状认识”“规划目标设定”“空间构成规划”以及“规划实现对策”等程序制定。

简而言之，总体规划是筹划对象城市的“空间结构”。为此，了解该城市的“现状”，通过把握现状以及市民和政策等信息来确定“将来目标”，创造目标得以实现的空间结构，然后，进一步讨论制定建设空间结构的具体化策略，通过一系列工作后整理所得的内容就是城市总体规划。在此，我们根据总体规划制定程序大致阐述一般城市总体规划的制定内容（表4.5）。

1）现状认识

（1）规划区域的设定

总体规划制定之初必须要做的是了解规划区域的现状。城市规划总体规划的规划对象区域一般是《城市规划法》第5条中规定的“城市规划区域”，区域现状是将城市规划区域作为中心内容进行了解。尤其要掌握该城市人流和物流聚集的核心区（某个设施群和特定区域），以及该核心区内相关空间的圈域，明确该城市中心街道和城区结构是非常重要的。

（2）城市规划调查

为了解包含了核心区和圈域的区域现状，需要通过各种统计数据、地图、航空照片、实地调查、问卷调查、意见听取会调查、文献调查等城市规划调查制作数据库。尤其是为了切实地进行未来预测，尽可能地预先获得相关数据是非常重要的。

表 4.5 城市总体规划立案程序

程 序	项 目	主要项目
1）现状认识	（1）设定规划区域	城市规划区域、关联区域
	（2）进行现状调查 城市规划调查 ① 自然状况调查 ② 环境状况调查 ③ 社会、经济调查 ④ 空间状况调查 ⑤ 防灾状况调查 ⑥ 风土、历史调查	 ·地形、地质、气候、水系、植被、地基、景观 ·绿地、公害、生活环境、生态系、水质 ·人口、家族、产业、卫生、教育、收入、福利 ·土地使用、交通、人、物流、城市设施、景观 ·灾害、开放空间、建筑密度、建筑老化程度 ·文化遗产和景观保存与保护，城市街道的变迁
	（3）现状分析、评估	·时间周期分析、筛选分析、多变量解析、指数化分析等
2）规划目标设定	（1）设定规划目标年	·长期、中期、短期规划
	（2）未来预测 ① 从现状分析、评估进行预测 ② 从社会、经济等动向进行预测	·人口预测，土地、交通预测，环境预测 ·成长预测，景观预测，价值观、生活方式预测
	（3）目标设定 ① 未来预测的目标 ② 市民需要的目标 ③ 上位规划的目标 ④ 各类规划的目标	 ·城市规模，功能，特性，生活、环境目标 ·高质量生活，市民权利、义务，市民服务 ·整合性 ·住宅规划、绿地规划、区域防灾规划
3）空间结构规划	（1）规划目标的空间结构 ① 土地使用规划 ② 城市交通规划 ③ 公园、绿地规划 ④ 城市环境规划 ⑤ 城市防灾规划 ⑥ 景观、城市设计规划	 ·空间要求和需求、用途、设施配置 ·公路、铁路、停车场配置，步行者活动线 ·空间配置、公园绿地系统规模及配置、绿地保护 ·环境管理、环境容量、环境收支 ·防灾据点规模、配置，建筑物更新，避难路线 ·街道、色彩、建筑物高度、规模、视点、眺望
	（2）讨论开发以及保护区域	·城市更新区域，保存、保护区域
4）规划的实现对策	（1）规划评估 ① 市民、团体、专家等的评估 ② 各类规划的评估 ③ 行政、财政的评估	 ·意见听取会，专门委员会，民间组织（NGO）、非营利组织（NPO）参与 ·与地区规划、再开发规划的整合性 ·财政规划、城市经营、辅助项目
	（2）规划可行化 ① 给予城市规划地方审议会的提示 ② 项目化对策的讨论 ③ 规划管理系统的制定	 ·上位、下位规划等整合、落实讨论 ·法律制度等的讨论 ·开发控制、监督、规划支援系统

城市规划调查中，以下内容是基础调查：

① 掌握城市基础的物理环境调查——主要由地图和实地调查获得。包括：

· 自然状况调查：地形（国土地理院地形图等）、气象（科学年表等）、植被（植被图等）等；

· 环境状况调查：环境污染（环境厅等）、绿地分布（分布图等）、生态类（环境厅等）等。

② 掌握城市活动的调查——主要由统计数据和实地调查获得。包括：

· 社会、经济调查：人口（国势调查等）、产业（各种产业统计等）、教育（学校基本调查等）等；

· 空间状况调查：土地使用（土地使用调查等）、交通（OD 出行量调查等）、福利（医疗设施调查等）等；

· 防灾状况调查：灾害（灾害统计等）、建筑物老化程度（建筑物老化程度调查等）、密度（人口统计等）等。

③ 掌握城市文化环境的调查——主要由问卷调查、意见听取会和文献调查等方式获得。包括：

文化遗产（文化遗产统计等）、城市街道变迁（历年地形图等）、景观（风景名胜地图等）、古书（地方志等）等风土、历史调查。

（3）现状分析、评估

在上述调查中获得的数据，称为一次数据（原数据），在制定规划时很少可以直接使用。通常，为了使一次数据能在规划制定时使用，需要将其加工成各种容易理解的信息，这个过程称为分析、解析，即高次数据化。大多数情况下，一次数据是通过以下几个方法进行分析的：

① 时间周期分析：按时间点（年、季度、月等）观察变化规律。

② 筛选分析：观察该项目整体占有比例。

③ 多变量解析：类似筛选法，通过区域间比较而掌握差距。

④ 指数化分析：类似多变量解析，统筹多个数据（变量）并用一个指数（指数化）表示，使用这一数据可以观察变化倾向和区域对比等。

具体使用哪种或哪几种分析方法，需结合“规划目标设定”，进行不断地反馈，最终选择适合的分析方法。

进一步来说，正确评估这里得到的分析结果是很重要的。对于数据收集和分析，如果具备一定的经验就会相对容易，因此，如何解读、评价结果取决于筹划者的能力。综合把握多种分析结果，进行互不矛盾的现状分析，否则，将来实行规划时就有可能出现偏差。

2）规划目标设定

（1）设定规划目标年

通过充分认识规划区域的现状，就能清楚认识到城市、区域规划工作中的重点和存在的问题。城市规划是力求进一步评价重点和问题，改善短期内能够完成的工作以及解决经济、法律、行政、居民意见等方面需要长期花费时间的问题。因此，规划制定时需要设定长期、中期、短期和规划目标年。

综上所述，城市规划是物质规划，如果不考虑可行性就有可能失去意义。因此，从可行性的角度考虑，城市规划中的长期规划（将 15 年以后的事情纳入考虑范围），可以将 10 年作为目标年。以此类推，中期规划目标年是 5 年，而短期规划目标年是 3 年。但是，随着时间推移，社会、经济状况和人们的价值观等都有可能发生很大的变化，因此，应每 3 ~ 5 年就修订和重新审视规划。

（2）未来预测

为了进行规划的“目标设定”，需要从客观数据中获得用以预测未来的内容。常用的预测方法以以下两种最具代表性：

① 从现状分析、评估进行预测：根据城市规划调查收集的反映规划区域现状的数据及其分析结果，预测该地区今后人口、土地、交通、环境等状况的变化趋势。

② 从社会、经济等动向进行预测：不仅仅是规划区域，灵活运用舆论调查、消费动向调查、各种白皮书数据、分析结果等对国家整体的经济、国民价值观、生活方式等的变化趋势进行预测。

通过这些方法进行未来预测时，需要完全排除规划主体（规划制定者）的主观愿望和意志，保持客观性。否则，按照规划主体意志进行目标设定时，可能会产生过多偏差。

（3）目标设定

城市总体规划制定时，最重要的是规划目标设定。城市规划应正确认识现状，以此预测未来，即使将来未能达到预期目标。

比如，在人口持续减少的地区，即使对目前为止的数据进行各种分析，人口增长的对策（规划）也是出不来的。规划是根据规划主体（城市规划多数是政府）的意愿而制定并实行的。以人口为例，规划主体有意增长人口，那么即使现阶段是人口是下降的，也会在规划中制定促进人口增长的方法。这才是规划的目标设定（人口增长）。

换言之，该城市、区域会实现怎样的规模、功能、环境、空间是由规划目标设定的，判断这些是纸上谈兵还是具有很高可行性的依据是对目前现状的认识以及对未来的客观预测。

目标制定时，需要从多个侧面进行讨论，如以下几种情况：

① 未来预测的目标：根据现状认识和未来预测，设定规划区域的人口、家庭数量等城市规模目标、产业结构等城市功能和特性目标及生活和环境的目标水准等。这一规划目标是立足于现状而制定的，可以说是最具可靠性的。

② 市民需要的目标：考虑到市民（居民）追求城市、区域的安全性、便利性、舒适性等高质量生活，根据市民需要而制定的目标。

③ 上位规划的目标：城市并不是孤立的，城市总体规划是在该市镇村的综合规划意图上成立的。为此，要实现综合规划和周边市镇村规划等的联动，必须进一步制定能够与上位规划实现整合的目标。但也不是说城市总体规划必须无条件地遵从城市综合规划的意图。城市规划提出优秀提案时，也可将此纳入综合规划。

④ 各类规划的目标：与城市总体规划相同，还有决定住宅规模和质量的居住基本规划、确保和保护绿地的绿地基本规划，更有规定了环境、福利、防灾等标准的各种区域规划。设定规划目标时，也需要考虑这些规划的目标。

3）空间结构规划

（1）规划目标的空间结构

按照既定的规划目标，规划并表现实际城市和区域的空间称为空间结构。空间结构的规划主要有以下 7 项，规划内容将在本章后文以及第 5 章中详细描述。每个规划都很重要，特别是土地使用规划是城市规划的主干部分，需要以此为中心并尽量保证各个规划之间能够有效地相互整合。

① 土地使用规划：讨论建筑物和城市设施等的适当配置。

② 城市交通规划：讨论顺畅的交通体系（公路、铁路、停车场等）。

③ 公园、绿地规划：讨论促进舒适生活的公园、绿地的规模、配置。

④ 城市环境规划：讨论排除环境负荷，保护和创造良好环境等。

⑤ 城市防灾规划：讨论防灾据点规模、配置，避难线路和建筑物更新。

⑥ 居住区规划：讨论居住区环境完善，住宅供给，社区意识形成等。

⑦ 景观、城市设计规划：讨论保护、创造街道以及景观完善。

(2) 讨论开发以及保护区域

以土地使用为主的空间结构规划，规划区域内所有地区均为实施对象，但与《城市规划法》中涉及的城市化区域和城市化调整区域不同，应区分实施开发的区域和尽力保护的区域。特别在城市化区域中，有不少具备城市、地区认同感的宝贵空间，须避免因开发而失去这些空间。而且，保护价值很高的空间需要一定程度的担保时，应当考虑使用法律规定的地区规划制度（《城市规划法》）和建筑协议（《建筑标准法》）。

4) 规划的实施对策

(1) 规划评估

城市规划的最终阶段是对制定的空间结构规划（草案）从各个方面进行评估，这是为了完成更高标准的最终方案而必须进行的工作。

一般来说，总体规划是由有识人士、政府、居民和顾问等共同进行评估。比如，组建总体规划讨论委员会制作草案，通过意见听取会、说明会及报纸杂志等媒体公示，由居民、各种市民团体、产业团体、专业人士、相关行政部门等进行讨论，尽可能地修正、补充草案，使其在财政规划和城市经营方面也具有稳妥性、合理性。通过这样反复的努力以赢得更多的支持，最终制定出可行性最高的方案。

原案从以下三个层面进行评估：

① 市民、团体、专家等的评估：评估是否达成生活高质量化、产业繁荣化的目标。

② 各类规划的评估：评估与各种规划的整合性。

③ 行政、财政的评估：评估城市规划实行时是否具备健全的财政措施以及法律上的合理性。

(2) 规划可行化

城市总体规划是城市的未来风貌，其本身不具备法律约束力。但是，地方自治体（都道府县、市镇村）在法律上有义务策划、制定城市规划，这样的城市总体规划可以说承担着有力的指导方针作用。

城市规划区域总体规划的最终方案由城市规划、土木、建筑、园林等专业人士以及具备行政经验的人员等构成的组织将其作为都道府县城市规划审议会上城市规划的一环而征求意见，并由都道府县决定。

城市总体规划因其本身不具备法律执行力，为了保证其可行性，须将一部分内容纳入包含了地方条例的法定规划中。换言之，在城市规划中制定法相关法律法规，从城市规划区域开始，包括城市化区域、城市化调整区域、区域用地制、城市街道开发项目、地区规划等各个方面。而且，单纯的《城市规划法》并不能涵盖城市、环境等所有项目，必须充分利用《建筑标准法》等城市规划相关法律制度，以此提高其可行性。

通过这样的过程，应将随时掌控项目进展的规划管理系统也纳入城市规划的内容。特别是环境保护和防灾规划，因其随时代发展而变化因素较多，应该适当地开发控制和监管系统，根据经济状况，对必要项目先行构建，尽可能避免推迟的开发（包含保护）支援系统等。

自古以来，城市都被称作有生命力的机体，其形态日新月异。因此，城市规划也应全面、灵活地顺应时代变化。

4.3 土地使用规划

土地使用规划是为了适当且合理地有效利用土地而拟定的规划方案，可以说是城市基本规划中最重要的部分。通过规划规范土地使用，根据具体用途和密度来实现规划内容。如图 4.7 所示，土地的用途分类涉及很多方面，包括用于实现城市交通规划的交通用地，用于实现公园绿地规划的公园绿地等，供给、处理设备和河川、运河等城市设施用地，这些会在其他章节进行说明，本节重点阐述土地使用规划的构成原理和土地使用规划方案应当注意的要点。

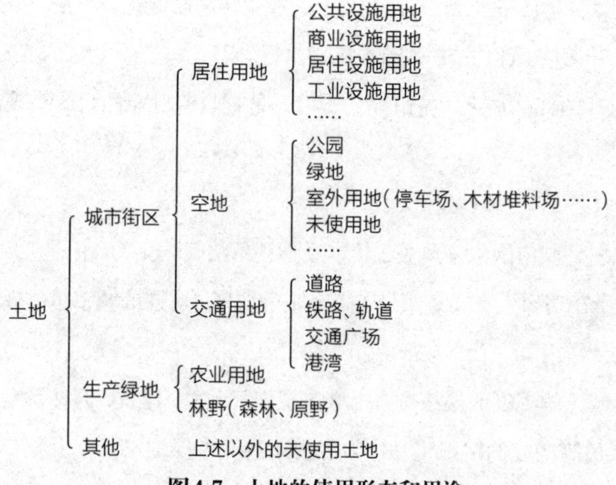

图4.7 土地的使用形态和用途

日本国土中城市规划所涉及的范围，原则上仅限于城市规划区域以及准城市规划区域，其大致状况如表 4.6 所示，大约只占到了国土面积的三成。

表 4.6　城市规划区域的指定状况（截至 2007 年 3 月 31 日）

分类＼指标	城市数量				城市规划区域数	面积（平方千米）	目前人口（万人）	2005 年人口集中地区	
	市	镇	村	合计				面积（平方千米）	人口（万人）
城市规划区域（A）	777	596	42	1415	1260	99873	11875	12449	8443
划定区域	437	206	14	657	287	51657	9737	10991	7875
全国市镇村数（B）	783	827	195	1805	—	377930	12705	—	—
A/B（%）	99.2	72.1	21.5	78.4	—	26.4	93.5	—	—

4.3.1　城市的人口集中和土地使用

二战后，城市的人口集中度呈现出明显上升的趋势，1920 年仅为 18.0%，然而至 1955 年超过了乡下人口达到了 56.1%，2005 年达到了 86.3%。随着市区人口的集中增长，市区人口密度（人口 / 平方千米）从 1960 年的 720 人 / 平方千米，1980 年的 869 人 / 平方千米，发展到 2000 年的 933 人 / 平方千米。从另一个角度来看，人口集中地区的面积扩大，也就降低了人口密度，从而推进了城市面积的扩大（表 4.7）。

表 4.7　人口、面积、人口集中地区的历年变化状况

年份＼指标	人口				全国（千人）	面积				人口集中地区			
	市区		乡村			市区		乡村		人口		面积	
	（千人）	比例(%)	（千人）	比例(%)		（平方千米）	比例(%)	（平方千米）	比例(%)	（平方千米）	比例(%)	（平方千米）	比例(%)
1920	10097	18.0	45866	82.0	55963	1375	0.4	380433	99.6	—		—	
1925	12897	21.6	46840	78.4	59737	2182	0.6	379629	99.4				
1930	15444	24.0	49006	76.0	64450	2951	0.8	379314	99.2				
1935	22666	32.7	46588	67.3	69254	5095	1.3	377451	98.7				
1940	27578	37.7	45537	62.3	73114	8852	2.3	373693	97.7				
1945	20022	27.8	51976	72.2	71998	14548	3.9	362750	96.1				
1950	31366	37.3	52749	62.7	84115	20031	5.3	356926	94.7				
1955	50532	56.1	39544	43.9	90077	67980	18.0	307871	81.6				
1960	59678	63.3	34622	36.7	94302	82904	22.0	292801	77.6	40830	43.3	3865	1.03
1965	67356	67.9	31853	32.1	99209	88873	23.5	287269	76.1	47261	47.6	4605	1.23
1970	75429	72.1	29237	27.9	104665	95383	25.3	280694	74.4	55997	53.5	6444	1.71
1975	84967	75.9	26972	24.1	111940	102410	27.1	273963	72.6	63823	57.0	8275	2.19
1980	89187	76.2	27873	23.8	117060	102651	27.2	273897	72.5	69935	59.7	10015	2.26
1985	92889	76.7	28160	23.3	121049	103052	27.3	273626	72.7	73344	60.6	10571	2.80
1990	95644	77.4	27968	22.6	123611	103882	27.5	272522	72.1	78152	63.2	11732	3.11
1995	98009	78.1	27561	21.9	125570	105092	27.8	271458	71.8	81255	64.7	12255	3.24
2000	98865	78.7	27061	21.3	126926	105999	28.1	270781	71.7	82810	66.2	12457	3.30
2005	110253	86.3	17503	13.7	127756	181792	48.1	195025	51.6	84331	66.0	12560	3.32

4.3.2 土地使用的结构原理

创造理想城市并不容易，进一步维持与发展就更加困难。城市正朝着适宜居住、生活便利的方向持续发展。影响城市变化因素有很多，为了见证土地使用的具体面貌，关于结构原理，使用了有代表性的案例进行概念说明。

1）芝加哥学派分析

真正将近代大城市作为研究对象的社会学研究开始于20世纪初，其主要成果来自于1883年创建的芝加哥大学社会学的研究者们。

芝加哥的横穿铁路以及联系密西西比河水系和五大湖的运河，使其于19世纪中期前后快速发展起来，大规模的资本和大量移民的劳动力流入，形成一座混合了许多种族和阶层一起生活的城市，被称为“社会实验室”，各种城市问题也随处可见。

美国从19世纪后半期开始渐渐出现了经济不景气，大量失业人员不断涌现。在这种状况下，芝加哥也出现了贫困和种族差异等问题。对于社会学家而言，这些便是不断出现的意义深远的话题。芝加哥学派（社会学）的特点是，为了深入了解具体的社会问题，在与当事者面谈进行调查的过程中还与其共同生活，同时提出了观察的调查方法，以及实态分析的模式。

（1）伯吉斯的同心圆地带模式

社会学家伯吉斯根据其1925年发表的论文《城市的发展》（*The Growth of the City: An Introduction to a Research Project*），以芝加哥的实证研究为基础，提倡将城市内的土地使用分布采用同心圆地带模式（图4.8），芝加哥学派率先开始此项城市研究。同心圆（范围）以中心商务区域（CBD:Central Business District）为中心，由五重不同用途的区域构成，同种用途分布于同心圆的同一层上，至中心区（CBD）的距离是决定土地使用的因素，收入越高越则选择距中心区越远的住宅。而且，等待城市中心发展、扩大的过渡带（zone of transition）变成了一大特点。

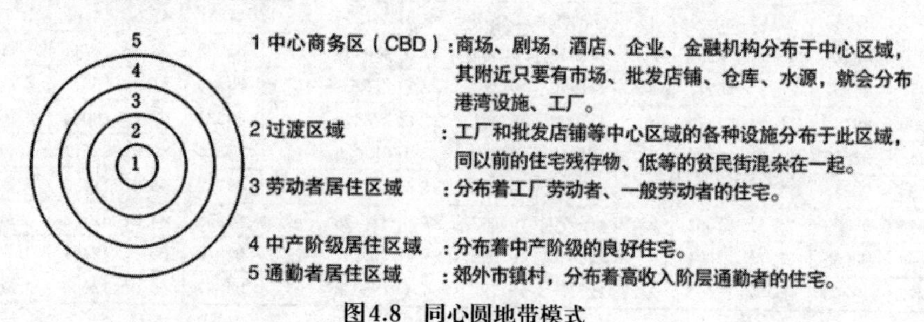

图4.8 同心圆地带模式

(2) 霍伊特的扇形模式

经济学家霍伊特于 1939 年根据其发表的《美国城市居住邻里的结构和增长》(*The Structure and Growth of Residential Neighborhoods in American Cities*)，提出了土地使用分布的扇形 (Sector) 模式 (图 4.9)。初期形成的土地使用随着城市发展，其铁路、道路和海岸线也会随着人工建筑增多而向外扩展，形成了扇形的土地使用模式。根据对美国 142 个城市的房地产账目进行分析，可以明显看出高级居住区的分布以扇形向一定方向扩大。城市的成长会向同一方向发展同种用途，而布局的形成也会受到方向的制约。这一模式反映出不同用途的土地间存在着背离倾向(高级居住区域和批发、零售、轻工业区域等)。

(3) 哈里斯和厄尔曼的多核心模式

地理学家哈里斯 (Chauncy Dennison Harris, 1914 — 2003) 和厄尔曼 (Edward Louis Ullman, 1912 — 1976) 于 1945 年提出了城市内土地使用的多核心状分布。将土地使用进行 9 等分以实现其多样化，这样形成的城市中心不止一个，拥有城市开始建设时存在的核心以及随着城市发展出现的多个中心(Sub Center)。相同功能的活动在空间上集中，会获得经济效益，相互妨碍功能的活动应隔开，也可根据对应的要求而安排位置。这样根据城市本来的状况和历史因素，就形成了用途叠加和背离的多核心模式 (图 4.10)。

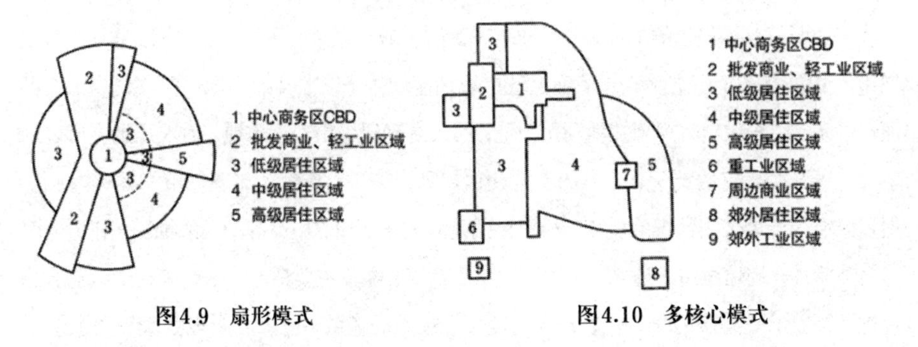

图4.9　扇形模式

图4.10　多核心模式

2) 从区位论看土地使用原理

(1) 杜能的孤立国

促使城市变化的人们的需求和变化的原因转换为“地价”这个概念，并于 19 世纪开始尝试用于分析土地。约翰·海因里希·冯·杜能 (Johann Heinrich von Thünen, 1783 — 1850) 于 1826 年发表的《孤立国同农业和国民经济的关系》(*Der isolierte Staat in Beziehung auf Landwirschaft und Nationalonalökonomie*) 是农业布局论的代表。获得单位面积最高地租 (土地本身产生的利益 = 利润) 的耕作法在最终代替其他耕作法的前提下，比较和考察不同的农业经营组织的黑麦耕法，从与市场距离的关系导出耕作法的变换点。模型是与世界隔绝的孤立国，由完全同质的土壤构成的平原全部都适合耕作等 7 个前提条件只不过是模拟的。农场经营者通过自身实际地精密记录，导入更加符合现实的数据进行详细分析，发现个布局论是可以用来配置土地使用的，时至今日仍是可以应用的原理。

(2) 韦伯的工业区位论

艾尔弗德·韦伯（Alfred Weber, 1868 — 1958）在 1922 年发表的《工业布局论》（*Über den Standort der Industrien*）中为工业区位理论建立了完整的理论体系。所阐述的以经济理论为基础所得出的空间特性成为近代区位论的起源。这一理论首先要满足如下前提条件：①原料供给地的位置固定，并具备无限供应力；②消费地的位置固定，并有持续的需求；③劳动力供应地的分布固定，具备无限供应力。并指出区位因子决定生产场所，将企业吸引到生产费用最小、节约费用最大的地点。对于生产费用造成影响的因素包括运输费用（原料运输 + 产品运输）和劳动费用（考虑工资标准的区域差异），两者之和的最小点为最佳区位点。

4.3.3 城市规划制定中土地使用规划的定位

实现城市总体规划的依据是法定城市规划［《城市规划法（法第 100 号）》］。法定城市规划具有一定职责。第一是确定城市规划区域统一、综合的土地使用规划；第二是通过规范、引导做到有规划性地利用土地；第三是确保城市建设用地，力求推进城市规划事业。一开始确定的统一、综合的土地使用规划，实际上是为了实现城市一体化对城市规划区域内土地使用状况的规划。最重要的是对未来人口、用途等动向的推测，利用地形等自然条件，构建适用的通勤、上学等日常生活圈，配置主要道路、铁路等交通设施，综合地判断社会、经济的一体化发展，制定城市规划的区域。追求城市规划区域与上位规划协调一致的同时，根据构成城市各部分之间的土地使用关系，拟定完善的城市设施规划。城市规划区域内的土地使用规制，具体来说就是实现区域划分的城市化控制和作为用途区域、城市化区域的土地用途分配等。图 4.11 所示的城市规划制定中的一般流程图，揭示了城市规划与土地使用规划之间的关联性。根据基础调查，提炼了城市安全性、适宜性、便利性等关键点，同时分析、预测人口和产业变化的动向对城市街区的变化需求，力求制定出能够与上位规划、相关规划之间进行有效整合，并实现良好的城市环境的城市规划。

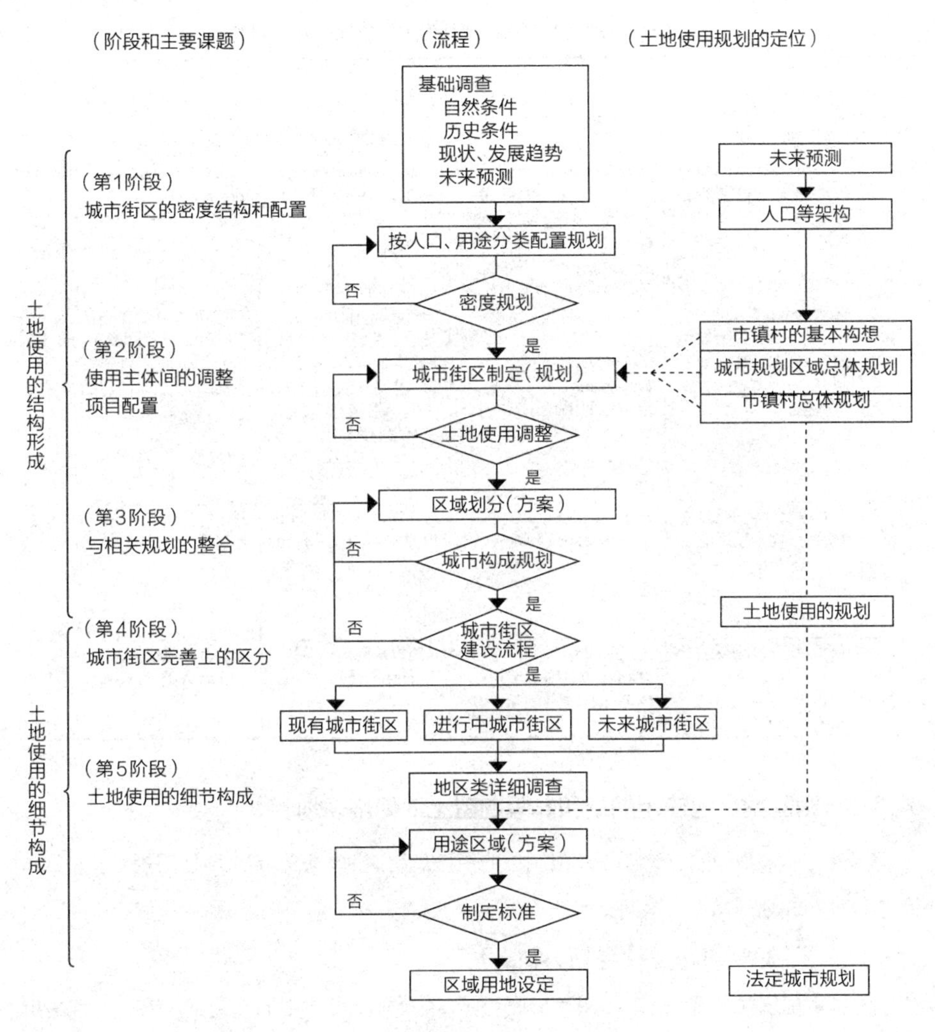

图4.11　城市规划制定的一般流程

4.3.4　国外的土地使用规划

国外的土地使用规划也是城市规划制度的根本。如表 4.8 所示，美国没有统一的城市规划制度，各自治州制定各自的规划制度，也有还未制定综合规划的城市。英国、德国、法国则将国家的城市规划法作为根本法，与综合土地使用规划即总体规划相结合，构成了具体规制的两个阶段规划系统。

表 4.8 各国以土地使用规划为主体的城市规划制度

项目＼国家	美国	英国	德国	法国
规划种类	·综合规划 （Comprehensive Plan） 不具备限制力的城市长期土地使用、开发方向性的调整型规划 ·分区规划规定 (Zoning Regulation) 在与土地使用和开发行为有关的规定中具备限制力，各地方政府通过条例制定	·区域空间战略 (Regional Spatial Strategies) 对由郡（County）和多种主体构成的“区域规划主体”进行制定。包含城市圈中开发和城市功能配置等的综合性空间规划 ·地方规划架构 (Local Development Framework) 由市镇村 (District) 进行制定。上位规划的目标以地区单位方式表示的具体规划	·土地使用规划 (Flachennutzungs plan) 涵盖市镇村全范围的不具备限制力的土地使用总体规划 ·地区详细规划 (Bebauungsplan) 基于土地使用规划（F 规划）而制定，关于市镇村内地区级别的详细土地、建筑物使用规划，具有限制力	·区域统筹规划 （SCOT:Schéma de Cohérence Territoriale） 制定大范围的土地使用方针，实行一贯制管理，不具备限制力 ·地方城市规划 (PLU:Plan Local d'Urbanisme) 各个地方政府针对全领域，直接规定土地使用的详细规划，具备限制力
规划规定的原则	贯彻是否适合分区规划的规制，奖金型运用	基于上述规划，根据视察员（Inspector）判断的规划许可制	对于地区详细规划（B 规划）贯彻是否适合的规划规制，另有不具备地区详细规划的区域规划规制	对于地方城市规划（PLU）贯彻是否适合的规划规制
依据法律	《标准城市规划权限授予法》 （*The Standard City Planning Enabling Act*）	《城市农村规划法》 （*Town and Country Planning Act*）	《建设法典》 （*Baugesetzbuch*）	《城市规划法典》 （*Code de l'urbanisme*）

4.3.5 限制型土地使用规划和非限制型土地使用规划

国外有非限制型的总体规划和限制型的用途规制这两个阶段的土地使用规划，而日本的土地使用规划同样也有这两个阶段。

1）非限制型（城市总体规划的制定）

《城市规划法》第 18 条第 2 款中规定的“市镇村城市规划的相关基本方针”就是市镇村总体规划，城市规划区域的自治体有义务制定该项规划。其内容主要包括城市建设目标、未来城市风貌、城市建设方针（土地使用、城市建设等状态、城市环境建设方针），体现综合性实现对策的“整体构想”以及阐述基于“整体构想”的各区域城镇建设目标、未来城市街区风貌、完善内容和实现方法的“区域构想”来反映居民意见和意向。市镇村总体规划是没有限制力的，但其反映了对于城市整体目标的居民意向，是在开发规划拟定时，为了保证整合性而必须拟定的一项规划。

2）限制型（区域用地制度）

《城市规划法》第 8 条至第 10 条规定的“区域用地”是授予了具体用途和密度的土

地使用规划。城市存在由于放任土地使用而导致的功能混乱现象，从而造成居住环境恶化，并且妨碍了产业的顺利发展。

通过秩序井然的土地使用，作为整顿城市并保护环境的机制制定了实行建筑物用途限制和形态限制的“用途区域制”。

用途区域制在其前身《城市街区建筑法》（1919 年制定）中，被分为居住、商业、工业、未制定区域（无法分类的混杂区域），在《建筑标准法》（1950 年制定）中，被分为居住、商业、准工业、工业 4 类，将未指定区域作为准工业成为正式的用途区域之一。在 1970 年《建筑标准法》修订之际，力求用途区域细分化，分类增加到了 8 类。更通过于 1992 年进行的《城市规划法》以及《建筑标准法》的部分修正，将居住区用途细分为 7 类。用途区域目前被分为 12 类。

用途区域与建筑物的形态限制密切相关，规定了容积率、建筑密度、外墙的后退距离、用地最小面积、建筑物的绝对高度限制、建筑物高度的斜线限制（道路高度限制、邻地高度限制、北侧高度限制）等。

而且，《城市规划法》第 9 条第 13 款中将“在用途区域内的一定地区中增加符合该地区特性的土地使用，实现环境保护等特别目的”的地区规定为“特殊用途区域”。另外，用途区域中没有规定的，为了保持区域内良好环境的地区，称为“特殊用途限制区域”。

用途区域制以外的地区还设置有：特例容积率适用区、高层居住引导区、限制高度区、高度开发区、特定街区、城市再生特别区、防火与准防火区、特定防灾街特定防灾街区建设区、景观区、景观区、风景名胜区、停车场规划建设区、临港区、历史风貌特别保护区、绿地保护区、特别绿地保护区、绿化区、物流区、生产型绿地区、传统建筑群保护区、航空噪声危害防护区、航空噪声危害防护特别区。结合城市现状，将需要的内容制定成为城市规划。其中的“防火与准防火区”与用途区域所指定的区域大致相同，其他类型的区域会按照城市的特殊情况指定。

这些“其他特别用途区”被指定后就具备法律限制力。如“风景名胜区”和“停车场规划建设区”，是按照地方公共团体条例，制定具体内容和规制的区域；而“高度利用区”和“特定街区”，是以改善城市街区环境为目的，城市再开发、建设时，对开发区域进行有效管制。

3）地区级别的土地使用规划（地区规划制度）

除了城市级别的规划制度和政府管控外，作为城市建设的引导系统，在 1980 年制定地区规划制度。“地区规划”是针对需要实现一体化以及保护的地区，综合、统一地规定了必要事项。为了规定和引导基于地区规划的开发活动能够有序开展，促进形成良好街区环境，在以街区为单位的小规模范围内，拟定与生活密切相关的空间规划。而且，同样适用于城市化调整区域。地区规划中的城市规划是按照地区规划等的种类、名称、位置、区域以及区域面积以外的情况，为达到地区规划目标，对该地区完善、开发以及保护的相关方针（图4.12）以及为完善规划地区的设施（供居住者使用的道路、公园及其他设施）和建筑物（建筑物及其他人工构筑物）等的土地使用相关规划。地区完善规划是能够运用弹性容积率的特例，根据区域特点制定最终的（作为未来目标的）“目标容积率”，并结合区域内公共设施的完善情况制定当前的“暂时容积率”等。通过预估城市的阶段性的完善情况（道路宽度等），可以在地区内指定两种容积率。另外，可以在区域内进行划分使容积率变化（“容积率的适当分配”），非住宅建筑物容积率扩大（住宅容积率的优待）， 规定建筑红线位置、建筑物高度的最高限制，道路和建筑物等用地共用区域（和道路一体的建筑物的建筑界线）。每个特例都是为了促进土地使用而规定的。

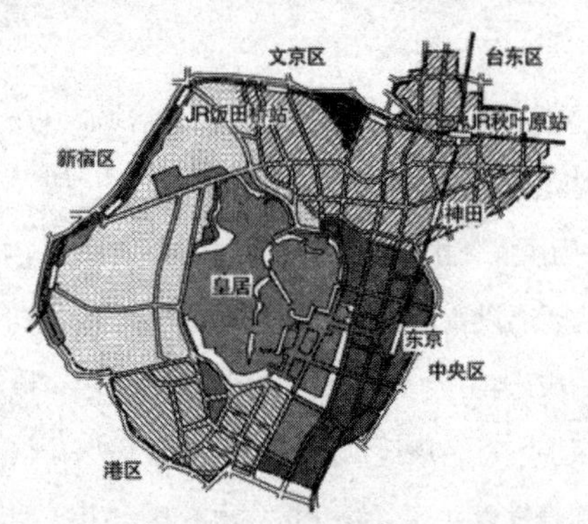

城市街区划分	方针
居住类复合城市街区	·维持、创建被绿地包围的丰富环境和美丽街道 ·重点确保住宅和生活相关设施的建设，推进商业、业务设施与这些设施共存，调和空间余地，形成绿地丰富、充满魅力的城市街区
新下镇型复合城市街区	·吸引不同人群，创造像神田一样新型平民区的亲切感和热闹景象 ·使中小企业、商店和住宅和谐共存，促进形成充满活力和热闹景象的城市街区 ·提高防灾性，推进小路完善，确保身边的开放空间
办公类复合城市街区	·为了避免就业人口增加，在控制办公功能在数量上集中和扩大的同时，作为日本经济面向世界的区域，还要推进高能化的土地的适合运用和复合利用 ·特别强化办公功能区域中商业、办公、文化、交流、信息、住宿等多种功能聚集和充实，在夜间和休息日也能够充满活力。另外，还要力求维持和确保开发区域以及周边区域的居住功能
官公厅复合城市街区	·作为承担国家中枢功能的区域，朝着环境良好、绿地丰富、充满亲切感、繁荣热闹的方向发展 ·因为是融合行政功能的城市街区，朝着文化教育设施、商业办公设施、住宅协调的方向发展
学园共存型复合城市街区	·朝着绿地丰富、充满文化气息的城镇方向发展 ·教育、医疗设教育、医疗设施充足，区域氛围活跃，完善配套住宅，保护并开发绿地
大规模绿地	·保护和灵活使用维持城市环境的重要资源 ·推进大规模绿地和附近绿地、水源之间的连接，使周边区域内绿地充足，形成充满情趣的绿地空间，并促进网络化发展

图4.12 市镇村总体规划的土地利用方针（东京都千代田区）

4.4　城市交通规划

4.4.1　城市交通规划目标

交通是人与物（交通主体）发生场所移动的总称。城市中人们移动和运输物体时，需要根据目的选择适合的方式和机构（交通工具），为了让交通得以实现而有计划地建设与改善空间和设施（交通设施）即是城市交通规划的目的。

将连接城市内各地区的交通方式和设施按照形式划分，可分为步行、自行车、轮椅、机动车（私家车、摩托车、出租车、公交车、货车）、轨道车（电车、地铁、路面电车、单轨铁路、新交通系统）、船舶（渡轮、驳船、摆渡、水上出租车）等。也可以将这些交通方式分为私人交通和公共交通。还可以按照人流或者物流的交通主体进行分类，但人流交通存在多样性、复合性的倾向，而目前城市内物流基本上仅依靠汽车、卡车。

交通设施不仅包括道路（人行道、漫步道、自行车道、机动车道），铁路、轨道，运河、河川这样地点间的移动空间（连接设施），还需要有使这些空间相互连接的连接点（结点设施）——铁路车站、公交车终点站、停车场、公园、广场、港口等（表 4.9）。

表 4.9　交通方式和交通设施

交通方式	私人交通	步行、轮椅、自行车、摩托车、私家车
	公共交通	专线公交车、电车、地铁、路面电车、单轨电车、新交通系统、轮渡
交通设施	连接设施	人行道、漫步道、自行车道、机动车道、铁路、运河、河川
	结点设施	公园、广场、停车场、公交车终点站、货车终点站、铁路站、港口

城市交通规划的目标是城市内移动，能够满足快速（迅速性）、舒适（舒适性）、确定（准时性）、安全（安全性、防范性）、便捷（容易性）、实惠出行（经济性）、环保（善待环境）、抗灾（防灾性）这些要求，并且能够不断优化交通环境。城市中分布的交通网如同人体血管一样，是为整个城市输送着活力和能源的生命线。交通网的充实程度，大大影响了城市的功能和特性，所以城市交通规划是城市规划中非常重要的因素。

1）迅速性

尽可能快地到达目的地。除了欣赏周围风景等特别目的以外，能够实现不延迟而短时到达目的地，是交通设施追求的最重要事项之一。

2）舒适性

尽量避免因交通混杂或是受气候、气温等因素的影响，给人们带来身体的不适或耗费很大的精力，能够提供舒适的出行环境是很重要的。

3）准时性

季节和天气变化这些自然环境因素造成影响较小，且不会发生始料未及的延迟，保证在预定的时间内安全到达目的地。

4）安全性、防范性

尽量避免交通事故和伤害事故的发生。特别是高速公路的出行需要格外注意运载大量乘客的公共交通工具。另外，为了避免存在“死角”，在交通设施内采取防止犯罪行为发生的措施是很重要的。

5）容易性

根据使用者的特性配备操作简单无障碍的设施。特别针对“交通弱势”的残障人士、孩子、老人、轮椅使用者等人群实行特别照顾。

6）经济性

城市交通是人们日常所必需的，有时还会出现很高的使用频次，尽量减少出行产生的经济负担是不可缺少的。

7）善待环境

交通工具运行中所产生的噪声、震动、尾气排放等问题会对人口密集的空间造成影响，甚至会成为城市公害的发生源，因而制定排除、减轻这些恶劣影响的对策是很重要的。同时这些对策对于地球环境、生物生息环境的保护，能源的节约等方面也起到了积极的作用。另外，保护交通设施周边居民的隐私也是不容忽视的。

8）防灾性

日本经常因为受到台风和地震等一些自然灾害的影响，造成难以预料的情况。如果交通工具和设施在这些灾害中出现功能不完善的情况，就会给受灾者的避难和救援造成阻碍。特别是不确定使用人数的公共交通工具和干线道路网，需要具备完善的防灾性能。在 1995 年发生的阪神、淡路大地震，就因没有做好防御灾害机制，从而导致了惨痛教训。因此，在无法避免灾害发生的前提下，城市交通网应尽量设置不同种类的交通工具，即便是同样的交通工具可以设置迂回道路和多个可替换路径，从而提高交通防灾性是很重要的。应在城市规划中指定地震灾害发生时，优先进行障碍物清除和紧急修补的道路（紧急疏散道路），以确保紧急输送道路的畅通和受灾者的救援、救护活动的顺利开展。

4.4.2　通行量调查方法

拟定城市交通规划时，需要调查现有的通行量，并在此基础上预测未来的通行量。关于测定城市通行量的调查中具有代表性的有断面通行量调查、起讫点调查、个人出行调查以及物资流动调查，下文将对于上述调查方法进行阐述。

而且，在每隔 5 年实施的全国范围的“国情调查”中，对于市区镇村居民的通勤和上学路上所花费的时间进行调查（每 10 年开展的大调查中还加上了通勤和上学时的交通工具），虽然统计市区镇村的数据工作量很大，但是能够反映出全国同时段内的人流数据。

1）断面交通量调查

在交通路线上设置观测点（出入口），调查员每隔一段时间段计算通过的行人和汽车等的交通数据，以把握该地点的交通量。设定多个观测点，根据观测对象的类别和行进方向进行不同的计算和预测，就能确定特定路线和地区单位的通行量，但无法获得出发和到达地点的信息。

2）起讫点调查（OD 调查：origin-destination survey）

这项调查是通过对居民和交通工具使用者进行问卷调查而进行的，通过询问交通出发地和目的地等信息，把握通行量及其目的的方法。在日本，有代表性的起讫点调查基本是以 5 年为一个周期，在全国范围内进行的。另外为了掌握汽车一天内行驶情况，还要进行道路交通统计调查（道路交通信息调查）。

3）个人出行调查（PT 调查：person trip survey）

起讫点调查中，根据居民一个人一天的交通行动（出发地、目的地、使用交通工具、交通目的等）所做的问卷调查而掌握到的信息称为个人出行调查。

这个调查名称中“出行（trip）”是指一个人因为某种交通目的而到达目的地时所发生的一系列交通行动（换乘多个交通工具等），当一个交通目的结束时发生的一系列行动算作“1 次出行（trip）”，如“从家出发步行到车站—乘坐公交车—换乘电车—步行抵达上班地点”，这样的出勤行为即是 1 次出行（图 4.13）。如果接下来又从公司出发乘坐营运车去拜访客户，即是另 1 次出行，再从客户处回到公司，也算是 1 次出行，傍晚下班后返程回家中，又发生 1 次出行，因此一天之中发生了 4 次出行。

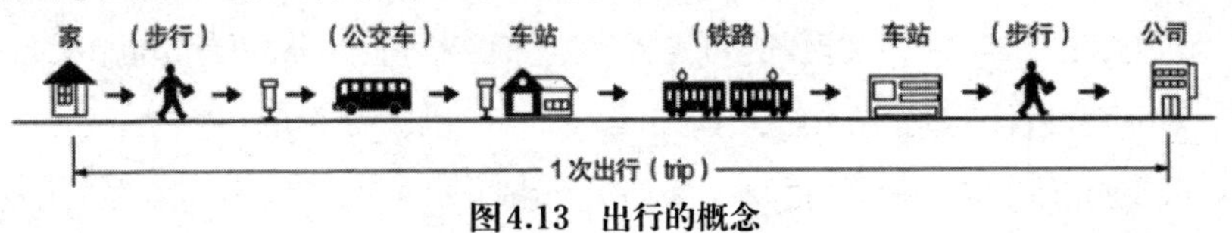

图 4.13　出行的概念

到目前为止，日本的个人出行调查基本在城市圈范围内实施，调查员拜访受访者，并利用问卷调查记录回答信息，如出发地、出发时间、目的地、到达时间、一系列的交通行为中所使用的交通工具、换乘顺序和时间、出行目的、回答者信息（年龄、性别、住址、职业、私家车所有状况等）等项目。

4）物资流动调查

个人出行调查是以人流为对象，而用来确定物流信息的调查则称为物资流动调查。这项调查是将与物体移动相关的企业和商店作为调查对象来进行问卷调查的，确定搬入、搬出物资的种类和数量，物资的发送地、发往地，运输手段以及该企业的属性（所在地、行业类别、规模等）。相对于人流的出行概念，物流调查是指出发和到达地点之间的物体移动，并以货运（freight）为单位进行统计。

4.4.3 城市交通规划的思路

1）轨道交通（铁路、地铁）

城市中没有比它更能在短时间内让大量人员准时移动的交通工具了。而像铁轨这样的交通设施会占据很长一段的城市空间，容易发生将社区和学校校区分割的现象。为了缓和铁路和交叉道路等造成的交通拥堵现象，开始积极地推进线路高架化和地下工程（连续立体交叉工程），在车站前的一定范围内连续建设几个道口的做法也有显著的成效。特别是通过住宅密集区域的线路，不用高架而是采取向地下延伸的措施，避免电车通行时的噪声和震动成为城市的环境问题。

采用高架式铁路运行时，为了避免地上露出的构筑物影响城市的景观，需要注意隔音壁等的设计。在地面上架设的线路和站台通常作为城市边缘和地面标识而被大众所认知，这也在构建标识性城市方面起着非常重要的作用。相对于地面建筑，修建在地下的路线和车站，虽然不会影响城市景观，但也无法在周围形成标识性建筑，也是这种方式的缺点所在。

2）新交通系统：单轨电车

这是行驶在专用道路的新型城市交通系统，与铁路、地铁相比，使用更加小型的车辆并在城市中比较狭小的限定地区内通行。因车型较小，所以乘车核载人数少、行驶距离短，但能通过无人自动驾驶技术实现高难度控制以及不间断行驶。另外，为了适应在城市街区行驶，采用了橡胶材质的轮胎来控制震动和噪声，也因此被广泛使用。

在现有城市街区有限的空间内铺设轨道时，大部分地区采用了空中高架的方式，拥有能够容纳这些设施宽度的道路是必要条件。目前在很多轨道交通的车站前，都出现了与新交通连接所需的空间不足的情况，所以需要多加考虑如何在有限的空间里使两者和谐融洽。并且，在一直开敞的道路上空突然增加了轨道空间，会导致城市景观的变化，所以应避免采用造成压迫感的设计和色彩。

新交通系统有着补充现有轨道交通的一大优点，但实施起来也面临着上述难题，很多情况下会延迟规划进度。而针对以上情况，在新建设街道的规划区施工时就不会存在特别大的问题，比如，连接神户的城市街区和人工港口岛及六甲岛的神户新交通“港口岛线”和“六甲岛线”，如环绕大阪南港港口城镇后延伸至地铁住吉公园站的“新线路（港口城镇线）”，连接着东京新桥站和临海副中心的“百合海鸥号”（图 4.14、图 4.15）等案例。

图4.14　百合海鸥号

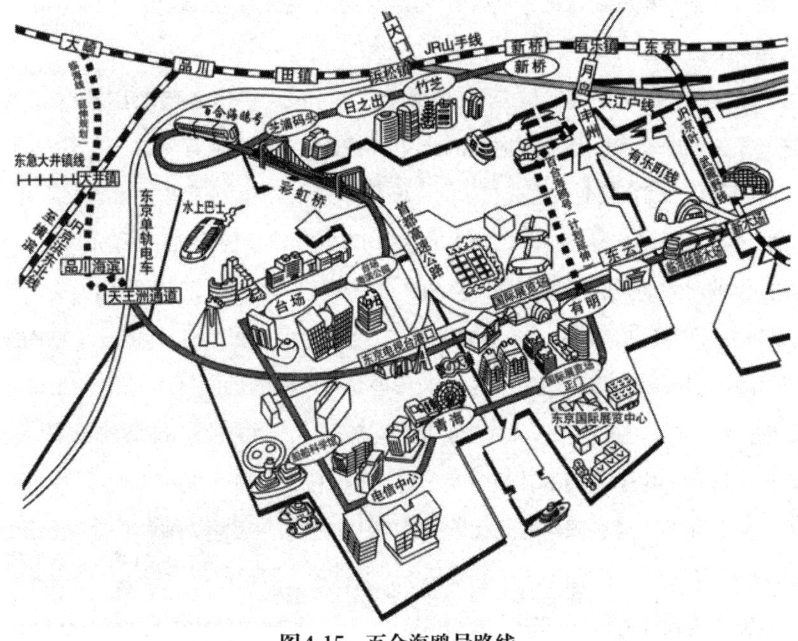

图4.15　百合海鸥号路线

3）路面电车、无轨电车、缆车

在实现汽车大众化的过程中机动车具有优先通行权。在狭窄的日本城市中，占据道路空间的路面电车在各地都面临着陷入报废的尴尬局面。但是，为了缓解地球环境问题和道路沿线的尾气排放危害，开始重新考虑启用电力这一绿色能源，一些城市打算重新启用不使用内燃机作为动力源的第二代新型路面电车作为交通工具，称作“轻轨”和“轻便铁路（Light Rail Transit，简称 LRT）”。

特别是在欧洲的城市中，兼顾了高速行驶、低噪声、低震动、低成本且超低底板使轮椅也能够乘坐的新型车辆很有人气，作为补充以往铁路、地铁和专线公交车的交通工具而备受关注。在日本的松山、高知、广岛、长崎、熊本等还留有路面电车的城市中，希望启用新型电车的呼声也很强烈。

4）专线公交车、社区公交车

专线公交车是能够网络状覆盖城市的公共交通工具，其缺点是陷入道路拥堵后无法准时运行。为了避免这一情况，在单侧可以同时并行两辆以上汽车的干线道路上，设置了公交车专用道和公交车优先道，保证其顺畅通行。如果不能大大提高公交车的优先性，就会导致因私家车增加，公交车无法准时运行，期待能够出台积极的应对措施。特别是从减少尾气排放和节约能源的角度来看，减少私家车的使用，鼓励乘坐公交车出行是一项让人期待的措施。

为了减轻在公交车站等待乘客的心理负担，显示或者广播公交车运行状况，或使用能够通知下一班公交车到达所需时间的公交车定位系统也是很有效的。另外，如果公交车运行间隔混乱，就容易变成排成长队的扎堆运行。因为前面公交车发生严重延迟，导致公交车站滞留了很多乘客，他们在依次排队上车时会出现严重的混乱局面，而在公交车站每次停靠的时间加长会导致更加严重的延迟。并且也会发生因为前面的公交车将滞留的乘客带走了，后面跟着的公交车乘客减少了，上下车也变得顺畅，就追上了前面的公交车。因此，引入避免出现无效率行驶的运行管理系统是很重要的。

最近，为了老人、孩子和残障人士即交通弱势群体能够方便、无障碍地出行，可以驶入狭窄住宅区域的中型车辆即转乘公交车登场了。它具备高速的系统反应，像出租车一样分布于人群附近，通过呼叫方式运营。另外，方便高龄者等顺利乘坐的“超低底板型（no-step）”公交车，配备了轮椅升降系统，推进了无障碍出行的发展，今后还需要发展与其相配套的人行道和公交车停放区域。

5）汽车、货车、出租车

“上门（door to door）”运送人和物品的汽车是城市中最为便利的交通工具，特别是物流行业基本上都使用汽车进行配送。因其便利性造成交通量不断增加，为了缓和交通拥堵，新设了绕行路线和停车场，拓宽现有道路、扩大交通容量的措施也快达到极限。因此，近年来为了平衡有限的交通容量，相关政策将重点转移到了加强控制交通需求上面，同时也从当初的如何解决交通拥堵问题，转为重视减少尾气排放和防止地球变暖的环境对策。

使道路畅通的方法中，既有整顿拥堵交通设置的“单行道”，又有配合上班、上学、回家的时间等变化增加某一时间段内车行道数量的“两用车道”。另外，还有根据驾驶员所缴的税金来控制通行量的“电子公路收费制度”，即进入极其拥堵的路段时，要求缴纳税金；而绕道选择比较通畅的路线时费用会打折。为了大幅减少车辆进入行驶缓慢路段，采取了根据车牌号等信息，控制进入市中心禁止区域的 “车牌规制”和“区域驾驶证制”，以及一辆车只有少数人乘坐时就会多收通行费或必须达到核定人数方可通行的“多人乘车道”等方法。

在市中心和繁华街道，为了有效利用散布在附近的小规模停车场，使用能够提示停车场位置和空位状况以及等待时间的停车引导系统是很有效的。

为了削减汽车数量，缓和城市交通的拥堵环境，采用了特定的多个使用者共用少数汽车的汽车共享措施。在日本，这一措施最早在市中心的商业区和办公区实施，近些年也引入到集中的居住区。这种方式的车辆使用需要网络和信息设备，同时也会受到汽油价格上涨的影响。一辆共用车辆可以减少十辆私家车，同时也能大幅减少停车场空间的需求。除此之外，在尽量少开车，缩短开车时间和行驶距离方面，使用者的成本意识提高了，也会为进一步降低环境负荷做出贡献。居民相互之间共同使用的附带效果也有助于提高社区活跃性。未来，为了在日本普及共享汽车，在城市街区的中心位置配备电动车充电设备也是很重要的。

6）渡口、水上巴士、水上出租车

水上交通适合于大量运输，但也会在台风等恶劣天气时出现停运和运行班次混乱的情况，目前在日本只安排了观光、休闲或者特别用途才使用的专用线路，很少有用于上班、上学的城市交通。但海外的大城市，比如纽约和温哥华等城市，作为连接河流以及被江河分隔的市中心和居住区之间的日常交通工具被广大市民所使用，这样的案例并不少见（图 4.16）。

图4.16 加拿大温哥华的繁忙渡口

重要的是如何将船舶出发与到达的渡口码头完善成为铁路和公交车等终点站，并保证交通工具之间顺畅地相互衔接和换乘。到岸、离岸虽然很花费时间，但最近引入了高速船确保行驶速度不亚于路面交通，在路面上无法进行绕道行驶时，船舶就成为非常有效的交通工具。特别是在1995年的阪神、淡路大地震发生之际，只要靠岸码头没有遭到破坏，船舶便是很好的抗震交通工具。无论从确保安全性还是其他的角度来看，在大城市中配备水上交通都是倍受期待的。

7）自行车

自行车除了陡峭地形外可以进入任何狭小的空间，是安全、轻便、经济、方便，男女老少都能使用且非常环保的交通工具。但是，大量自行车聚集在车站前和商业街上，如果没有规划性地预留足够的停放空间，就变成了妨碍行人通过的障碍物，也有可能影响街道景观。为了避免车站前的混乱情况，特别配备了付费、登记制的自行车停车场等，另外，为防止增加违规停放车辆的措施也是必要的。而且最近开始了减少自行车投入数量的新尝试，引入了会员制的租赁自行车，并且还开展了多会员共同使用自行车或电动自行车的共享系统的实验（日本大学理工部）。

8）汽车交通稳静化

如果仅单纯考虑汽车这一种交通工具，保证尽量高速行驶的交通环境就可以了。但是，为了追求汽车与行人的和谐共存，减轻影响道路周边区域的噪声、震动、尾气排放等不良因素，就需要考虑道路空间的线形形状和路面设计等问题，采取限速措施，并减少地区内的通行量。

居住区希望维持安静的生活环境，为了限制进入这一地区的来往交通，在地区内的道路结构中采用“尽端路”（cul-de-sac），平时禁止在干线道路的出入口通行这一措施是非常有效的。

在容易加速的直行道上进行不规则蛇形的道路改造，如美国明尼阿波利斯的尼科莱购物中心（图 4.17）。这里将市中心的中车道设置为公交车专用，在蛇形道路上宽敞的人行道上设置了长椅等公共设施，形成了能够让市民安全、悠闲地享受漫步时光，同时也能轻松购物的商业街。

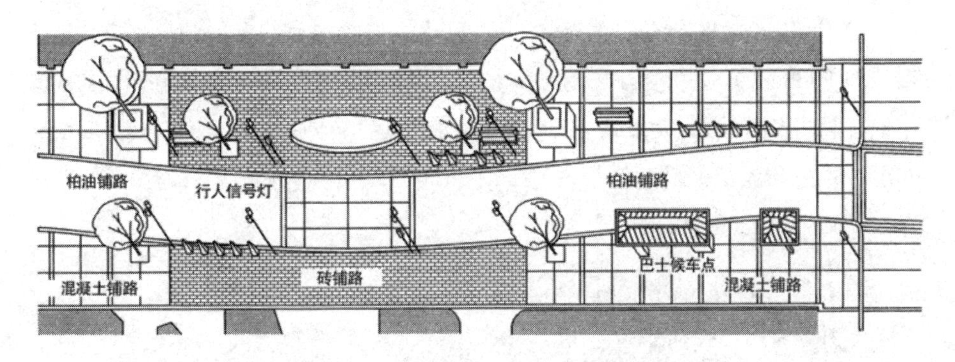

图4.17　明尼阿波利斯的尼科莱购物中心

居住区内的道路是人车共用型，不单设只供人或车通行的空间，为居民生活空间发挥作用的道路系统，有荷兰的“生活道路（woonerf）”。它没有明确区分车行道和人行道，在蜿蜒的道路上进一步设置弯道，在重要位置设置减速丘（hump，路面突出部分），或将一部分道路变窄，在路面和十字路口使用砖块并用花砖铺设人行道，这样通过各种设置限制通行车辆速度的同时，追求车辆与行人的和谐共存（图 4.18）。

9）完善步行空间

使步行者和轮椅使用者尽量不与机动车道发生交叉，并且安全、舒适地在城市中移动的步行空间是城市交通规划中非常重要的课题。

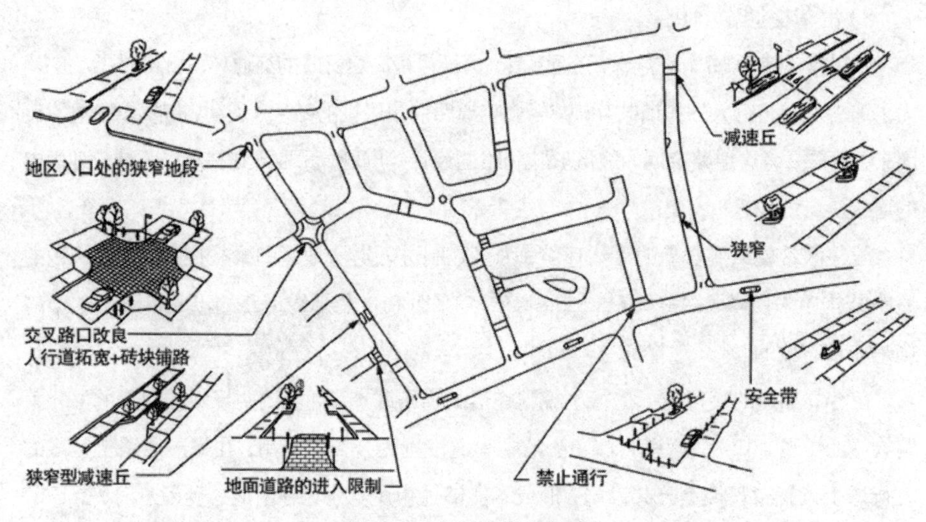

图4.18 交通稳静化案例

为了确保安全的步行空间，需要将行人与机动车的通行实现分离，其中一个方法就是雷德朋（Radburn）方式（图4.19）。这一方式主要用于居住区道路规划，在周边被干线道路包围的街区中设置“尽端路”或U形车道禁止机动车来往通行，在住宅的后面铺设和前面不同的行人专用道路网，提供了能够在公园、中小学、购物中心等日常生活设施安全步行的环境。

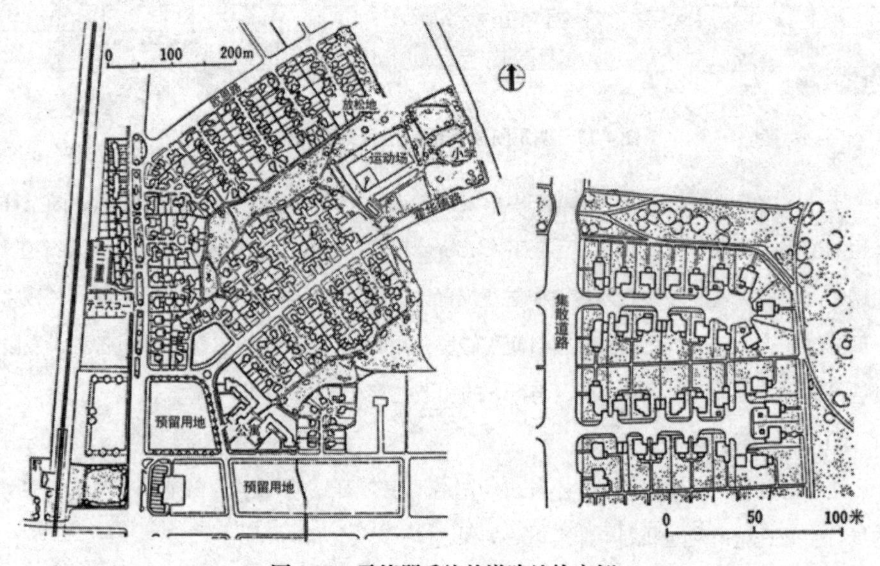

图4.19 雷德朋系统的道路结构案例

相对于雷德朋方式的平面分离，在来往行人拥挤的市中心则采用人、车上下立体分离型的步行空间这一重要措施。最常见的是，为了避免车站前出现错综复杂的路况，设置了行人专用的行人天桥，在车站广场的上空形成了人工通道以缓解交通混杂情况和确保行人的安全性。跨越车站广场延长至街道中央，形成了和市中心地区其他建筑的空中回廊相连的城市空间。无障碍设施方面比较好的是在空中回廊的通道中设置移动人行道，地面和回廊之间设置自动扶梯和升降电梯，关注老龄化社会的需要（图 4.20）。

图4.20　配备了空中回廊的千叶幕张新市中心

一般来说，平均 300 ~ 600 米的"步行距离"，会受到季节、气候、风力、是否带伞、气温、年龄、体力和身体状况以及携带物品大小、重量、数量，道路坡度和路面状态，周围风景等各种因素的影响。为了给人们提供能够舒适行走的步行空间，须根据人数提供充分的通行空间，并且沿途背景等因素不会给行人造成压迫感。在完善和管理方面，利用舒适的路面，缓冲绿地等元素遮掩不雅景观，激发步行的欲望。沿途配置可供休息的长椅等设施，建造小公园，为保障步行路径的安全，移除过密的植物，提供照明充足的路灯等，这些关于交通环境的考虑是非常重要的。

4.5 公园绿地规划

4.5.1 城市与绿地

1）绿地与开放空间的意义

战后经济效益优先的政策使得城市街区急速向人口、产业集中的城市化方向发展。其结果是减少和荒废了城市街区以及周边区域的绿地空间，牺牲了便利性，使得城市的生活环境不断恶化。如今，为了保护和改善城市环境，提出建设绿地和开放空间口号的自治体引起了人们的关注。另外，1995年的阪神、淡路大地震，认可了公园、绿地在防止火情蔓延方面的作用，许多城市从防灾的观点出发继续推进开放空间的建设。绿地和开放空间对于生活在人工环境中的市民来说是不可或缺的，其建设工作是城市规划中的重要课题之一。

城市区域中独立或组团的经过调查的林地、草地、田地、旱田、水滨等土地被称作绿地（原文为“绿被地”，按国内习惯统称“绿地”，与后文中公共空间的绿地内涵不同。——译注）。而且为了解土地的人为干涉程度，日本的专有概念以绿地所占比例的绿地覆盖率（绿地率）来表示。图4.21显示了东京市内绿地随时间变迁的分布，可以了解到绿地和开放空间大幅减少的情况。

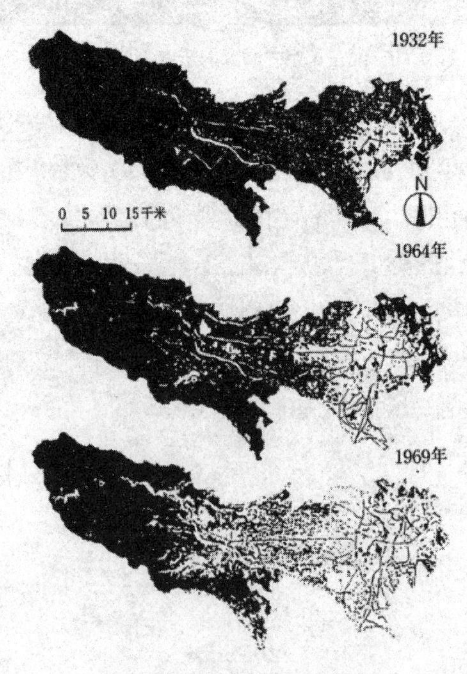

图4.21　东京绿地覆盖率变迁

2）开放空间的概念

开放空间（Open Space，德语：Freiflächen）的概念，具有“建设用地中的公园绿地、水面、道路以及城市规划中居住用地内的花园、庭园等”的广泛内涵。

英国 1906 年的《开放空间法》（Open Space Act）中，开放空间被定义为“无论是否有围合，1/20 以上面积没有被建筑物遮住，全部或者部分作为庭院进行设计，或供休闲、娱乐使用，或处于荒废状态的土地”，并不包含道路交通用地。在日本，同英国一样指非建筑用地中除去交通用地以外的区域（图 4.23）。

同时，开放空间中公共性和持续性强的空间也称作“绿地”，并单独使用。

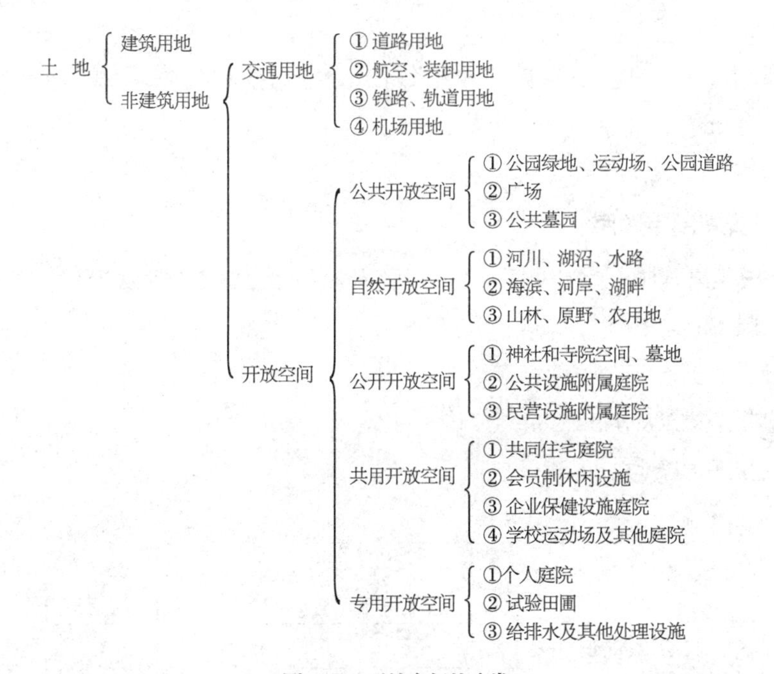

图 4.23　开放空间的分类

3）开放空间的功能

开放空间在市民生活中不可或缺，承担着很多重要作用。开放空间按照功能效果分为物理效果和心理效果，存在效果和使用效果，固有效果和对比效果，广泛效果和局部效果等。此处针对存在效果和使用效果进行阐述。

（1）存在效果

以下三条基于人们期望开放空间的存在本身对城市功能和城市环境等产生更多的效果，所以被称为存在绿地。

① 保护功能：保护自然和文化遗产，保障光照、通风，防止公害，防止火势蔓延，缓冲爆炸等事故，防止山体塌方，形成城市景观，保护环境等功能，是灾害发生时的临时避难所。

② 城市街区的形态制约：对城市发展形态的制约、引导和防止城市街区扩张的效果。

③ 造景功能：开放空间的存在构成了景观并营造舒适性环境，能够与建筑物相配合提升城市整体的视觉效果。

(2) 使用效果

以下两条根据使用开放空间而带来的效果，被称为使用绿地。

① 生产功能：农林业有着生产的功能。森林和农用地在土地使用分类上，称为生产绿地。

② 休闲功能：公园、运动场、高尔夫球场、动植物园等具有运动、休闲等功能，也可作为社区活动场所。

4.5.2 规划制定顺序

公园绿地规划的制定流程见图4.22。一系列的规划制定过程，按照以下顺序：

① 制定城市未来构想；

② 设定公园绿地规划的目标；

③ 基础调查以及分析、评估；

④ 制定公园绿地规划；

⑤ 规划实施。

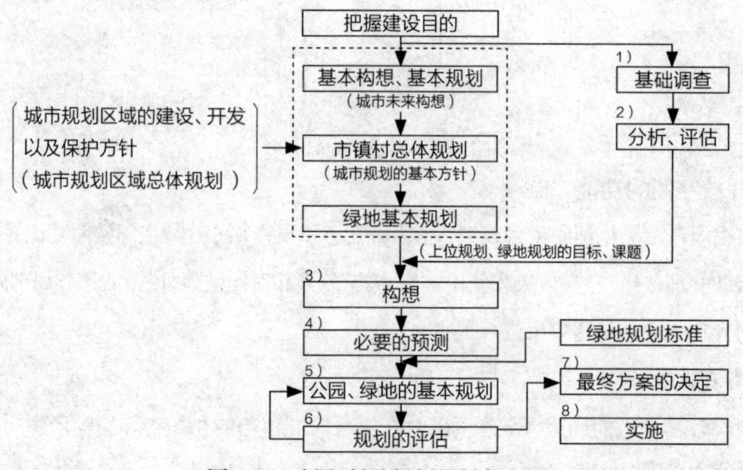

图4.22 公园、绿地规划的制定流程

以下为各阶段的详细说明。

1）城市构想

公园绿地规划制定时，首先需要根据相当于城市发展战略的"城市综合规划（基本构想、总体规划）"和 1992 年的《城市规划法（修订案）》，充分地把握、讨论"市镇村总体规划"，并进行整合，从而决定未来的城市构想。

2）目标设定

按照未来城市构想，更加具体地制定实现的设施和环境标准。在这一阶段，关于公园、绿地规划数量的目标，应与指导性的上位规划进行整合，并按需要进行量化考核。

3）目标标准

在设定公园与绿地规划的目标标准时所使用的指导性上位综合规划，大致分为某个特定区域的综合规划和体现全国整体政策的规划。特定区域综合规划包含"绿地总体规划"（1977 年）、"城市绿地推进规划"（1985 年），以及统括两个规划的"绿地基本规划"（全名为"市镇村绿地保护与绿化推进相关基本规划"）（1994 年）。全国整体政策规划包括收编"城市公园建设五年规划"（1972 年）的"社会资本建设重点规划"（2003 年）。尤其是，"绿地总体规划"是从"环境保护""休闲""防灾""景观"这四个角度出发，而"城市公园建设五年规划"致力于快速而规划性地推进城市公园等建设，并分别设定目标标准。一方面，根据《城市绿地保护法修正案》，在制度化的"绿地基本规划"中，应与该城市规划区域所属的"市镇村总体规划"相适应，与"城市规划区域总体规划"保持整合统一，另一方面，为了独创性地制定绿地保护、公园绿地建设规划，像以往一样千篇一律地设定目标标准就是很困难的。在这种背景下，要考虑各市镇村的自然、社会条件以及城市结构等各不相同，以及少子、老龄化因素可能会引起人均公园面积的相对增加。

此外，如果达到了"绿地基本规划"中的目标标准，根据以往的"绿地总体规划"和城市规划中央审议会公告（1995 年），该市镇村的城市化区域内绿地未来应达到城市街区面积 30% 以上，作为城市公园等设施需要建设的绿地面积未来应达到居民人均面积 20 平方米。同样，在"社会资本建设重点规划"中，重点领域有"生活""安全""环境""活力"。具体地阐述各个重点目标，例如，"生活"指标是城市区域内水和绿地的公共空间保有量从 2002 年的 12 平方米 / 人，到 2007 年增加到 13 平方米 / 人，"安全"指标是人口 20 万人以上应备有一处以上具有一定标准防灾功能的开放空间，这样的城市比例从 2002 年的约 9%

提高到 2007 年的约 25%，同时，城市中有助于创建和保护良好自然环境的公园与绿地，在 2007 年达到 2100 公顷。

4）调查分析

把握对象城市的现状，为了研究公园绿地的需求、规模、配置等问题进行以下调查：

① 自然条件调查：气象调查，地形调查，地质、土壤调查，植被调查，其他特性调查；

② 社会条件调查：人口、面积调查，土地使用调查，城市设施调查，城市街区开发调查，公害、灾害发生状况调查，土地权调查，法律适用调查，文化遗产调查；

③ 其他：绿地资源现状调查，户外休闲设施调查，景观调查，区域防灾规划规定的避难相关调查。

5）规划制定

充分把握该城市面临的问题，明确目标的基础上按照公园绿地规划的建设目的，制定各类使用构想并进行各种的需求预测，参考国家公示的规划标准和其他规划案例后制定规划。进一步评估该规划方案后，如有必要重新推敲基本规划方案，确定最终方案后付诸实施。

4.5.3 公园绿地的作用和分类

根据各种功能，制定了公园与绿地的相应标准。

1）城市公园的作用和分类

日本的城市公园作为行政制度开始于 1873 年的太政官公告第 16 号，设立了东京浅草公园、芝公园、深川公园、飞鸟山公园以及上野公园这 5 个公园。从此以后，城市公园作为城市居民不可或缺的设施而受到重视，随着近年来国民生活状况发生巨大变化，对如今的城市公园产生了新的需求。1992 年的城市规划中央审议会公告中提出，城市公园应满足以下功能：

① 保护身边的生活环境和城市自然环境；

② 维持并增进国民身心的健康发展；

③ 开展国民社区活动，终身学习、文化创作充实日常生活；

④ 保护国民生命、财产免受灾害，构建安全城市；

⑤ 激发对于家乡的骄傲和依恋之情，形成充满魅力和情趣的地区。

城市公园大致分为居住基础公园和城市基础公园。居住基础公园是每平方千米内日常生活不可或缺的设施，也就是邻近居住区应配备的公园，分为街区公园、邻近公园以及区域公园。城市基础公园是以城市为规划单位而配备的公园，因整体规模较大，能够作为防灾上的避难点。

除了上述公园外，还有防止灾害的缓冲绿地，保护和改善城市自然环境、提高城市景观的城市绿地，用于灾害发生时的避难线路，确保城市生活安全性、舒适性的绿带。（图 4.24、表 4.10）

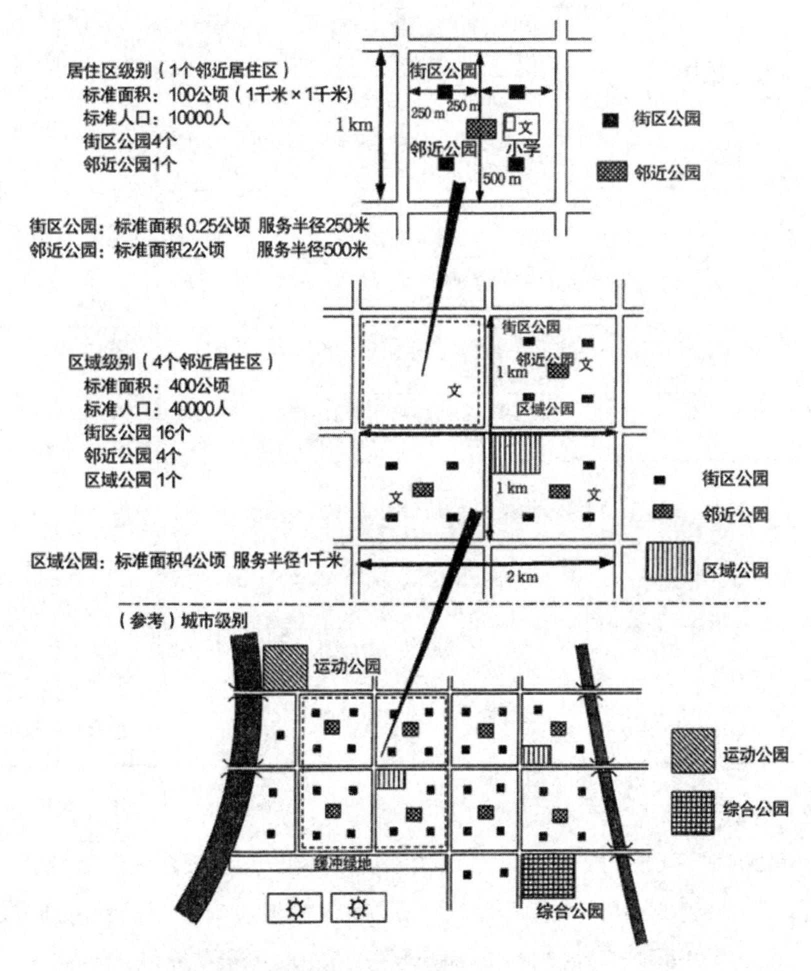

图4.24　城市公园的配置模型

表 4.10 城市公园的规划标准

种类		类别	内容	标准规模（公顷）	服务半径（米）
基础公园	居住区基础公园	街区公园	专门为街区居民使用而建造的公园	0.25	250
		邻近公园	主要为邻近居民使用而建造的公园	2.0	500
		区域公园	主要为步行圈居民使用而建造的公园	4.0	1000
		（特定区域公园）	城市规划区域外镇村的乡村公园	4.0	1000
	城市基础公园	综合公园	为整个城市居民休息、观赏、散步、游戏、运动等综合性使用而建造的公园	10 ~ 50	—
		运动公园	为整个城市居民主要作为运动用途而建造的公园	15 ~ 75	—
城市林地			主要为保护动植物栖息地或繁育地的树林等目的而建造的公园	—	—
广场公园			主要在商业、办公类的土地使用区域中，为了提升城市景观，便于周边设施使用者休息而建造的公园	—	—
特殊公园			风景名胜公园、动植物园、历史公园、墓园等特殊公园，为这些目的而配建的公园	—	—
大规模公园	大范围公园		为满足超过一个市镇村区域的大范围休闲需要而建造的公园	50 以上	—
	休闲型城市		根据综合性城市规划，以自然环境良好的区域为主体并以大规模公园为核心，配置了各种休闲设施	总体规模 1000	—
缓冲绿地			为了防止大气污染、噪音、振动、恶臭等公害，目的是缓和或者防止联和企业地带等灾害发生而建的绿地	—	—
城市绿地			主要为保护和改善城市的自然环境，提升城市景观而建造的绿地	0.10	—
绿带			邻近居住区或者连接邻近居住区设置的林带，以及步行或自行车路的附属绿地	宽度 10 ~ 20 米	—
国家公园			主要为超过一个都府县区域的大范围使用，由国家建设	约 300	—

2）公园绿地系统

除单独地建设上述公园和绿地之外，发掘各区域的绿地资源，整合城市土地使用规划，同时以公园系统为核心与绿化带等相结合，系统地进行建设、有机地连接而成的开放空间系统称为“公园绿地系统（Park System）”，实际是“公园绿地和道路系统（Parks Boulvards and Parkways System）”的简称。将过去分别建设的公园和道路融为一体，通过利用优良的城市基础（大规模公园、林荫大道、绿化道路等），引导有规划的城市街区开发，共同保护良好的自然环境。

公园绿地系统是工业革命的 19 世纪后期，以大量移民和农村人口流入造成人口高度集中和城市街区扩张的美国大城市为舞台，由景观设计师弗雷德里克·劳·奥姆斯特德（Frederick Law Olmsted，1822 — 1903）和查尔斯·艾略特（Charles Eliot，1859 — 1897）合作开发。其中，明尼阿波利斯（1883 年）、堪萨斯（1892 年）、波士顿（1893 年）等引入的公园绿地系统非常有名。

公园绿地系统针对城市的无秩序扩张进行有计划地引导和控制这种做法，在 20 世纪 20 年代的分区制成为建筑和用途管理的主要方法之前，经过半个世纪的实践是很有意义的。其结果就是孕育出根据基本规划的公共投资分配和收取，可称为城市规划基础的综合规划思维方式。

公园绿地系统模式，如图 4.25 所示有放射状、环状、楔状、格子状、放射环状等。这些模式中哪个最适用取决于城市的自然条件和社会条件，需要构建与土地使用规划等相互整合并能够实施的模式。

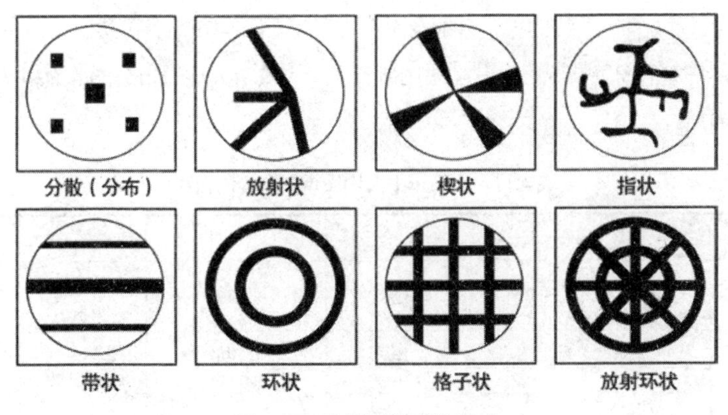

图 4.25　公园绿地系统模式

4.5.4　公园绿地的规划标准

本节阐述法律制度中规定的公园绿地的建设标准。

1）《城市规划法》的规划标准

在《城市规划法》第 33 条“开发许可标准”的细则中，原则上要求开发区域 3% 以上的面积设置为公园、绿地或广场。另外，面积 5 公顷以上的开发项目，应配置一处面积达到 300 平方米的公园，且公园绿地合计面积为开发区域 3% 以上。

2)《城市公园法》的规划标准

《城市公园法》实施令第 1 条规定“一个市镇村区域内，居民人均城市公园用地面积标准达到 10 平方米，该市镇村街区范围内，街区居民的城市公园人均用地面积标准达到 5 平方米以上”。另外，在城市规划中央审议会公园绿地部会 1992 年的报告中指出，从长期的观点来看需要设定人均 20 平方米的目标。城市公园的规划标准，如表 4.11 中所示。

3)《土地区划整理法》的规划标准

《土地区划整理法》实施规则第 9 条的技术标准中，规定开发区域内居住人口的城市公园人均面积为 3 平方米以上，且开发区域内公园合计面积达到 3% 以上。

4.5.5 公园绿地的未来发展方向

以上已阐述了日本公园与绿地规划方面存在的很多问题和课题。

1) 城市公园的配置情况

本书第 4.5.4 节中阐述的关于公园与绿地的基本标准，在与各国进行比较的同时，必须掌握目前日本的配置情况。如表 4.11 中所示各国大城市人均城市公园的面积，相比之下日本城市的配置是相当低的。

表 4.11 大城市中人均城市公园等的面积

国外				日本		
国家名	城市名	人均面积（平方米 / 人）	调查年度	城市名	人均面积（平方米 / 人）	调查年度
美国	华盛顿	45.7	1976	札幌市	10.9	2008
	纽约	23.0	1989	仙台市	12.4	2008
	芝加哥	23.9	1984	琦玉市	5.0	2008
	洛杉矶	21.5	1984	千叶市	8.9	2008
英国	伦敦	25.6	1982	东京特区	3.0	2008
法国	巴黎	11.6	1989	横滨市	4.7	2008
德国	波恩	37.4	1984	川崎市	3.7	2008
	莱比锡	51.1	1988	新潟市	8.7	2008
捷克	布拉格	39.2	1988	静冈市	5.6	2008
波兰	华沙	25.3	1984	浜松市	7.9	2008
新西兰	基督城	72.6	1984	名古屋市	6.9	2008
加拿大	温哥华	30.2	1988	京都市	4.2	2008
韩国	首尔	17.4	1988	大阪市	3.5	2008
肯尼亚	奈洛比	22.1	1984	堺市	8.1	2008
				神户市	16.7	2008
				广岛市	8.3	2008
				北九州市	11.5	2008
				福冈市	8.7	2008
				政府规定城市平均	6.3	2008
				全国平均	9.4	2008

2）今后城市公园等的配置方向

在 1995 年 7 月 19 日关于“今后城市公园等的配置和管理应如何进行”的城市规划中央审议会报告（《城市审议报告第 25 号》）中，作为今后城市公园等的配置方向，列举了以下 4 项：

① 安全、安心城市建设的应对措施；

② 长寿、福利社会的发展措施；

③ 保护、改善城市环境与自然共生的发展措施；

④ 休闲、充满个性和活力的城市、乡村建设的发展措施。

此外，在阪神、淡路大地震时，发生了前所未有的惨剧，暴露了现代城市的脆弱性，同时也从中吸取了很大教训。早期提倡的“城市空间三成绿地论”，在六大城市中最重视公园绿地建设的神户市（人均公园面积 15.2 平方米），避难时街区公园是使用最多的，而且 1000 平方米的城市公园防止火灾蔓延效果也得到认可。结果是以生活圈为中心，作为推进加强防灾建设，安心居住的城镇建设构想，提出了有助于防灾的公园绿地系统配置模式（城市级别）。

4.6　城市环境规划

4.6.1　城市与环境政策

从人们可以高密度地集中居住这一方面来看，城市是有优势的，但过度集中（过密）会引发各种环境问题、城市问题。比如，19 世纪初期进行工业革命的英国工业城市中，因为过度地密集居住，加上从工厂排出的有害烟雾和污水等问题，工人阶级的居住环境达到了最糟糕的状态。为了改善这一状况，以《公众卫生法》（*Public Health Act*）为首的几个法律先后出台，其目的在于努力恢复城市环境。

日本在 20 世纪五六十年代重化学工业中心的产业结构进入经济高速发展的同时，大气污染、水质污浊、土壤污染、噪声、震动、地基下沉、恶臭（典型七大公害）这一系列公害问题变得愈加严重。为此，1976 年《公害对策基本法》，1968 年《噪声防治法》以及《大气污染防治法》，1970 年《水质污浊防治法》，1976 年《震动规制法》等相继制定。1971 年，负责环境方面的行政工作的环境厅也开始行动，将上述典型的七大公害为首的城市居住环境问题作为重点，推进城市建设工作。

一方面，在 1972 年罗马俱乐部发表了《发展界限》，就地球资源有限性发出警告，同年联合国在瑞典的斯德哥尔摩召开了“人类环境会议”。这项会议的成果是 10 年后即 1982 年制定了《联合国环境规划》（UNEP），于 1987 年由联合国世界环境与发展委员会（WCED），发表了“可持续发展 (sustainable development)”这一全球规模的开发理念。5 年后于 1992 年在巴西里约热内卢召开的“联合国环境与发展大会”上，世界各国领导人聚在一起经过商议，达成了实现可持续发展的具体行动规划，如《21 世纪议程》等。

面对保护地球环境的世界大潮流，于 1993 年在日本制定了体现新型环境政策框架的《环境基本法》。在此基础上于 1994 年，环境厅制定了《环境纲要》，建设省（相当于中国的住房和城乡建设部）于 1994 年制定了《环境政策大纲》；加上以往的环境污染防治（日本称之为“公害对策”）包括地球环境保护、与生物共存、能源循环等内容，从更加综合性的环境恢复视点出发，让城市朝着预定方向开展各项工作。

4.6.2 城市环境规划的内容

1）自然环境的保护

海洋、河川、湖沼岸边和树林地等，都是需要保护的在城市中仅有的自然环境，因此更要努力追求人类与动植物之间的和谐共存。特别是在微生物容易生存繁殖的水面和沿岸空间，是生物产卵保育的重要场所，需要高度重视。在（海、河等）浅滩地方，水中含有的营养成分如氮、磷等吸附于芦苇等一些植物、贝类、微生物上，具有净化水质的功能。而且，城市中保留下来的河川等水体空间，因高温而蒸发的水蒸气可以降低气温，防止城市热岛效应发生。

比如，千叶县习志野市的“谷津河滩”通过《拉姆萨尔公约》的保护，为候鸟休息、喂食提供宝贵的空间场所。近年来，为了保护河川，在其周围建造了三面混凝土围墙，侧壁采用石材以保护生物和景观多样性，根据不同场地条件尽量配备与自然河川接近的“多自然（或者近自然）型河川”（图 4.26）。

谷津河滩

关注生态系统的河川

图4.26 自然环境保护案例

2）环境补救和环境改善

目前为止，日本的环境资源开发政策，只针对人类的发展所制定即对区域居民的生活和健康有利的政策，而动植物和景观等自然环境是政策以外的对象。但是，近些年来随着城市的发展，在有可能造成破坏自然环境的恶劣后果之前，就应进行环境补救(mitigation)，由开发者自行采取缓和措施。

环境补救是 20 世纪 70 年代后半期美国制定的环境政策，大致分为回避、最小化、赔偿这三个方法。回避是指不进行项目全部或者部分开发行为，避免不良后果；最小化是通过降低开发行为的力度和范围，从而将影响控制在最小限度；赔偿是指重新创造和提供与受损环境同等的价值，以此补偿造成的恶劣影响。

比如，道路拓宽和铺设使动植物生态系统遭受影响时，可以采取路径改变成地下化，或者根据道路情况在被切断的动物生息地设置横穿隧道，或者转移产卵点的水池等缓和措施。为了促进道路环境的建设，国家辅助这样的生态建设项目。

城市沿岸的海域，是为了确保港湾扩大和产业用地而存在的，对于生物栖息而言那是重要的浅水和河滩，其中很多被填埋了，明治时代以后就急剧减少。但是，出于经济效应目的，采取了优先发展沿岸区域自然资源的政策。名古屋港的藤前河滩，当初为了建设名古屋市的垃圾处理场而进行了填埋，为了补救填埋造成的环境污染便建造了人工河滩。但是，这一替代环境补救的生态恢复效果并不能让人满意，此后便不再进行河滩填埋的工程。为了更进一步修复已经失去的沿岸区域的自然环境，建造人工海滨和人工礁岸等确保微生物、鱼、贝类、野鸟等获得应有的避难所，这些尝试在全国范围内持续推进（图 4.27）。港湾的建设政策，不再如以往那样单纯追求物流效率，而是为地区居民创造舒适的滨海空间，旨在建设与自然环境共存的生态港湾（环境共存港湾）。

图4.27　葛西海滨公园的人工海滨

3）节能和再利用

如果在较大范围的高密度人口和设施集中的城市环境中合理利用能源和资源，就能有效运用各种设施单体，对生活环境和自然环境产生各种积极的效果。例如，区域冷暖系统利用垃圾焚烧场的高温集热排热；将雨水储水槽作为蓄热槽应用；通过停车场或滞留区域的道路交通信息系统实现交通分流与协调；屋顶设置太阳能装置，利用太阳能节能减排，有助于大气净化以及缓和热岛现象等（表 4.12）。

特别是在屋顶上等地方进行绿化，日本大城市的自治体还为此制定了相关条例和制度。例如东京，民用地 1000 平方米（公共用地 250 平方米）以上范围内实行新建和增改建时，包括屋顶在内的用地上有义务采取绿化工程（《东京自然保护和恢复的相关条例》于 2001 年 4 月修订）。绿化面积，通常是屋顶面积的 20% 以上，按照综合设计制度的区域力求达到 30% 以上（此时绿化面积相当的容积率比例增加）。

4）水循环利用

构建综合性控制、再利用，并有效杜绝浪费的城市项目水循环系统。

雨水储存于具有调节池功能及防洪效果的蓄水设施中，可在公园与绿地洒水等场合使用。另外，城市中道路铺设尽量采用透水性较强的铺设材料，涵养地下水源并减少大雨对河川造成的冲击。

有效处理河川水和污水，积极建设中水道，灵活应用于厕所清洁用水、室外洒水、冷却水等。积极推进污水、污泥处理，可将其加工成积肥和砖块并作为资源加以利用。

表 4.12　节能、再利用系统的科学性和可行性提案

节能、再利用系统 \ 预期效果		省能源，省资源		外部能源网的协调			城市环境				地球环境		城市功能维持		提高城市舒适度		主要效果
		节省能源	节省资源	负荷平均化	提高区域内自给率	能源来源多样化	最终废弃物减量	降低 NO_X	降低 SO_X	防止热岛效应	降低 CO_2	保护臭氧层	灾害对策	生活保障的扩充	提升城市景观	城市内自然保护	
1. 高温排热型区域冷暖气系统	（1）热电联动型区域冷暖气系统	○	○	○	○	○		○			○					○	节能效果，城市环境保护
	（2）发电厂抽气蒸汽型区域冷暖气系统	○	○			○					○					○	节能效果，降低环境负荷
	（3）垃圾焚烧热型区域冷暖气系统	○	○			○	○				○					○	节能效果，降低 CO_2 的产生
2. 低温排热型区域冷暖气系统		○	○					○	○	○	○					○	提高机器效率，有效利用水资源
3. 热泵技术	（1）电动式热泵技术	○	○	○				○	○	○	○					○	提高机器效率，电力负荷平均化
	（2）吸收式热泵技术	○	○	○				○	○	○	○	○				○	节能效果，保护臭氧层
4. 蓄热、热传输系统	（1）多用途水槽 / 热源水渠	○	○	○	○			○	○	○	○		○		○	○	缩小水槽容量，电力负荷平均化
	（2）冰水传输系统	○															管道尺寸，传送动力降低
	（3）共同利用热传输	○						○	○	○	○		○	○	○	○	生命线扩张性，灾害应对
5. 小规模分散电源	（1）燃料电池	○	○	○	○	○		○	○	○	○		○	○		○	系统效率高，能源来源多样化
	（2）太阳电池、自然能源利用发电	○	○	○	○	○		○	○	○	○		○	○		○	降低环境影响，能源来源多样化
	（3）利用垃圾排热的再供电系统		○	○	○	○										○	提高发电效率，降低环境负荷
6. 垃圾处理、利用系统	（1）垃圾真空运输系统	○	○				○	○	○	○	○			○	○		省力化，提高再利用
	（2）废弃物燃料化，再生资源化系统	○	○			○	○	○	○						○	○	节省资源，最终废弃物减量化
	（3）办公用纸再利用系统	○	○				○									○	节省资源，最终废弃物减量化
7. 大气污染对策	（1）土壤空气净化系统							○	○							○	降低环境负荷
	（2）垃圾焚烧炉再焚烧							○	○							○	降低 NO_X,CO 产生量
8. 交通系统	（1）新交通系统	○	○					○			○					○	降低环境负荷
	（2）压缩天然气汽车系统							○	○							○	减少 NO_X 产生量
	（3）电动汽车系统							○	○							○	降低环境负荷
	（4）道路交通信息提供系统	○									○					○	交通顺畅，降低环境负荷
9. 城市管理系统	（1）城市信息、控制、管理系统	○											○				灾害对策，省力化

4.7 城市防灾规划

4.7.1 城市灾害

城市的灾害[1]有火灾、风灾、水灾（建筑浸水和损坏）、雪灾、地震灾害（构筑物的倒塌、损坏）、泥石流灾害等，其原因不仅仅是地震、海啸、台风、暴风雨、暴雨、暴雪、洪水、满潮、雪崩、火山喷发等自然现象，还有起火、危险储藏物泄露、爆炸等人为原因引起的灾害。威胁到城市中人们生命财产的灾害，其发生原因是由多种要素构成，发生的场合也很多，为了保护城市免受灾害，并将受害控制在最小限度，需要综合性地考虑防灾规划。特别是地震灾害很难预知，火灾等次生灾害也很容易在城市内集中、扩大，所以在城市防灾中最应该关注这一问题。

以1995年发生的阪神、淡路大地震为教训，日本的防灾策略进行了大幅修改。其中最大的转变是不仅要通过技术能力的提高来防止灾害的发生，更要将灾害发生时如何应对的“减灾对策”[2]作为重点。也就是说在一定程度上有必要谋求预防对策，但在不能完全征服自然且无法预期灾害发生的前提下，如何安全避难或将受灾程度降到最低，如何进行受灾后的恢复和复兴等综合的体系构建成为考虑的重要因素。

因此，以地震灾害为中心，按照灾害发生的时间经过整理了必须注意的事项内容，具体分为4个阶段：①将受害情况控制在最小限度的预防措施（灾害扩大防止规划）；②灾害发生后为保证人员安全的避难规划（避难、引导规划）；③稳定灾情，伤员救助、救援规划（救援规划）；④支援受灾地恢复、重建的规划（灾害重建规划）。

4.7.2 防止灾害扩大规划

为了防止扩大受害范围，将城市分为几块区域（防灾区），需要采用预防措施将火灾或浸水的受害区域控制在最小限度。这一思路在日本自古就有，代表性的案例如，为防止火势蔓延在江户设置了“灭火地”和“灭火堤坝”；为了应对浓尾平野上发生的水害，以岐阜县大垣市为中心发展起来的“防水堤坝”等。

---

1 灾害：《灾害对策基本法》（第2条）中，定义为“暴风、暴雨、暴雪、洪水、满潮、地震、海啸、火山喷发等异常自然现象以及大规模火灾或者爆炸及其他受害程度与上述类似的政令中规定的原因引起的破坏”。

2 减灾对策：1998年3月制定的新全国综合开发规划“21世纪国土总体设计”中作为全面提高国土安全性的的方针，阐述了4个项目：①重视减灾对策，②重视个人和沟通作用的防灾性，③建立应对各种灾害对策和充实危机管理体制，④完善恢复与重建的对策。

1）火灾蔓延预防对策

为了防止火灾蔓延，利用主干道、运河、河川、铁路、公园与绿地这些空间，设置“城市防火区”，建筑群则采用耐火设计，并以绿化沿路、沿河形成“延烧阻隔带”以此提高防灾效果。延烧阻隔带的宽度[1]大约需要 20 米以上，其包围的城市防火地区的大小是以中小学校区（约 1 平方千米）为标准而设定的（图 4.28）。

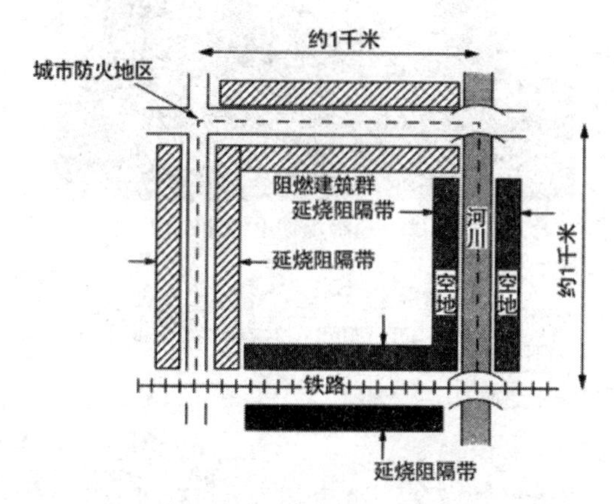

图4.28　城市防火地区的概念

通过延烧阻隔带设置防火区，防止区域内发生的火灾蔓延到邻近区域的同时，也能防止区域外的火源蔓延至本区。特别是在采取消防灭火后仍然无法扑灭的大规模火灾的情况下，延烧阻隔燃带起着“终止火情”，防止受灾地区扩大的作用。

2）水灾预防措施

因台风和暴雨而发生的浸水等受害情况的相应对策大致分为两种：一是河川改造建设分水渠和排水渠；二是为避免雨水暴增的紧急排水，强化蓄水、引流等功能。

防止因堤坝塌陷为河流两岸居民生活带来的不便，修建了确保堤坝用地有效的“高规格堤坝（通称超级堤坝）”（图 4.29），提高加固河川沿岸背后的整体用地，将堤坝和城市街道进行一体化建设，与以往的“缓倾斜型堤坝”相比，安全性和亲水性突出的同时，还减少了河川区域用地的征地面积，对开发主体有整体优势（图 4.30）。

城市的保水功能提高，一般雨水先暂时贮留，降雨停止后再慢慢让水渗透至地下，然后向河川排水。城市中建造的校园和公园，如果采用适合的泥土做好预备工作，对于雨水

1　延烧阻隔带的宽度：建设省城市局城市防灾对策室，在《城市防灾规划与设计介绍》中，规定了“避难路为宽度20米以上的道路（绿道、行人专用道路的宽度是15米以上），沿途两侧的建筑物采用防止燃烧的设计”。另外，东京城市规划局在“无须逃生的城镇建设”中，规定了将延烧阻隔带16米以上的城市规划道路作为主体。

渗透是非常有利的。另外，最近在道路建设等方面，渐渐普及了容易使雨水渗透至地下的“透水性铺装”。

图4.29　超级堤坝上的建筑物

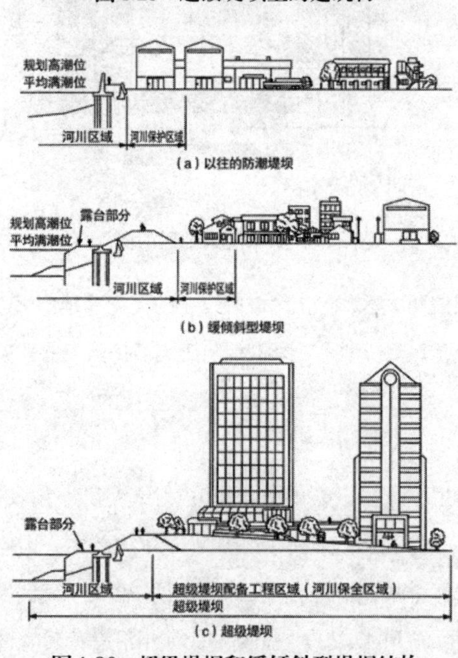

图4.30　超级堤坝和缓倾斜型堤坝结构

（引自东京的宣传册）

在进行大规模居住区建设时，设置了专用蓄水池，但如果没有多余用地，建造时就可以考虑平时作为公园或停车场，下大雨时就发挥蓄水池的功能。比如，东京都中野区的“哲学堂公园集体住房”，在每到大雨就会出现洪水泛滥的秒正寺河沿岸上建造蓄水池，并在沿岸上部的人工地基上建造11层的高层住房。地下1层部分是公园和住房的柱子，河水水位超过越流堤时就可以流入并储存在公园的水体（图4.31）。

图4.31　哲学堂公园集体住房

同时满足排水和蓄水的功能，能够提高城市抗涝安全度的“地下河流”建设工程在围绕着东京区域外围的城道环状七号线进行地下施工。利用了杉并区的梅里公园内用地，开凿了具有蓄水池功能的直径 28 米、深度 60 米的最大深坑，并以这里为起点朝着东京湾深度约 40 米的位置上继续挖掘内径 12.5 米的隧道，将城市中 10 条河流收集和储蓄的雨水，用泵排入大海（图 4.32）。

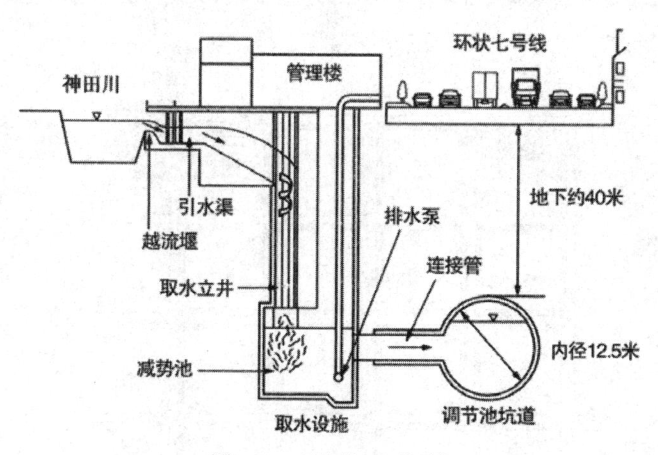

图4.32　环七的地下河川

4.7.3　场地避难与引导规划

灾害发生时，将人们引导至安全场所的避难规划作为高危、老化木建筑密集的城市街道等区域中最为重要的防灾规划。当灾害发生后，避难者可以疏散暂时停留于集合的场所（暂时避难地），经避难引导最终到达安全场所（大型避难地），因此完善避难路线，为顺利引导人们避难而提供避难信息的工作是很有必要的。

1）避难地配置

（1）临时避难地

当距离大型避难场地较远时，为了引导避难者安全到达避难地，在日常生活圈设置暂时的集合场所（暂时避难地）。集合在此地的人群由自治会人员或警察带领前往大型避难场地。临时避难地需要考虑区域生活圈（约100公顷以下），服务半径在500米左右，通常是中小学校的操场、邻近公园、居住区区广场等，能够确保集合避难者安全的空间。

（2）大型避难场所

需按照服务半径小于2千米设置大型避难场所（图4.33）。大型避难场所的规模，预计避难者（区域内昼间人口和夜间人口数量）人均最低为1平方米，尽可能确保在2平方米以上，但即便是人数少的时候所需要的最低面积也要达到10公顷以上（期望值是25公顷以上）。这是为了确保避难者处于大型避难场所时即使周边发生火灾也能够避免受到热辐射等伤害。但是，处于密集城市街道等地的大型避难场所不能确保10公顷以上的面积时，需要周围的建筑物具备抗震阻燃特性。当建筑高度达7米时，避难地边界120米范围内应要求抗震阻燃性，并且尽量要避开容易发生浸水危害的低地，特别是地基高度在平均满潮位以下的地方设避难地时，需要填土加高和加固地基。

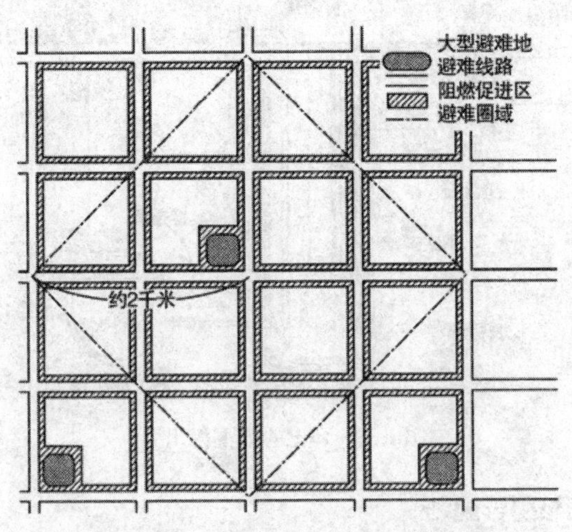

图4.33　大型避难地、避难线路设置

2）避难线路的建设

避难线路是指直接到达大型避难场地或者相对安全的场所时所使用的宽幅道路。通常，配置4条车道以上的干线道路或者2条车道的辅助干线道路，作为灾害发生时具备安全功能的避难道路，路宽最窄也需要达到 15 米以上（步行、自行车专用道，绿道等是 10 米以上）。其根据是：在沿途掉落物两侧各 1 米共计 2 米阻塞；路上停车、放置的汽车单侧 2 米阻塞的情况下，保证消防车能够通过的宽度为 4 米，所以避难时需要的宽度为 7 米。

避难线路的配置要求无论哪条道路被切断，网状配备的多条线路都能够到达目的地。这时从避难圈区域内任何地方出发都能在 500 米以内到达避难路线。而且，避难者为了安全避难，力求选择沿途为抗震耐火建筑物的道路。阻燃的范围，如建筑物高度是 7 米，那么从道路边缘两侧 30 米的距离就是火灾避难线路。

4.7.4　救援规划

为了防止扩大灾情，居民迅速且冷静地应对灾害的防灾活动是非常必要的。为了保证居民自发救助受灾人员，在区域生活圈（小学校区）配备救灾活动所需的器材和消防设备也是很重要的。同时在地震后火灾可能多发的地方，很难确保日常的消防栓或防火水槽中具备充足的水量，希望平时就能够加强河流、运河、池、渠、海、湖、井等城市中水空间的建设工作。

当大地震发生且灾害波及范围较广时，很难依靠外部救援，所以在每个半径大约 2 千米的生活圈内建设能够自主防灾、救援的环境场地是非常重要的。以此为中心的区域就是防灾据点。防灾据点具有收集、传达灾害信息的基本功能，救助区域内受灾者的救援功能，作为避难所收容避难者的功能，储备防灾用品和特殊食品并在灾害发生时收集和递送的功能，对市民防灾意识的启发、教育功能等，囊括了全部城市防灾的各种功能。考虑到这些设施平时的有效利用率，很多情况下也在社区中心、公民馆等地和福利设施同时设置。

4.7.5　灾害恢复规划

恢复受灾城市时，首先必须恢复维持人们生活的给排水、煤气、电力、道路、铁路等生命线。特别是极为重要且难以运输的水源，饮用水自不待言，清洁、洗浴等需要大量生活用水的场所，对于受害者而言是最为实际的。确保生活用水、火灾发生时的灭火用水，城市中储存的有用的自然水也是非常重要的。

假设道路被瓦砾堵塞，铁路中断不能使用地面交通时，就需要注重使用海、湖沼、运河、河川等水上交通工具。而且，暂时能够收集灾害产生的瓦砾和沙土并进行处理的空间是灾害恢复的重要环节。东京隅田川河畔的隅田公园、横滨港的山下公园都是关东大震灾发生时产生的瓦砾填埋后所建造的公园。

4.8 居住用地规划

4.8.1 住房问题与住房政策

日本是发达国家中最先进行城市化发展的国家，而且战后半世纪出现了城市激进化发展的现象，诸多城市问题日趋明显。特别是居住中面对着被欧美各国揶揄的“兔子屋”这样未解决的课题。战后的住房项目政策从1955年，日本住宅公团[现在的城市再生机构(UR)组成前的特殊法人之一]设立了公共资金的公团住房建设以及20世纪经济高速发展后收入增长而出现的民间自主建设，到1965年，住房虽然在数量上增加了家庭户数，但质量上不仅各个住宅楼未达标准，而且整个居住环境都没有达到先进国家的标准水平。1992年6月，日本经济审议会向当时的宫泽首相提交了新经济规划“生活大国五年计划——以和地球社会共存为目标”后，由内阁议会通过。其主旨是以企业为中心的日本社会在向以居民为中心的富裕经济社会发展，作为主要目标阐述了“至1996年年劳动时间降至1800小时”，“以大城市内劳动者平均年收入的5倍为标准，提供优质住宅”。可以说为了实现个人丰富的生活，一部分企业的管理时间还原为个人的自由时间，而且按照与个人经济水平相适应的市场价格，提供优质的住房并将这一切通过政策方式予以实现。需要同时从城市规划的观点，看待住房乃至整体居住环境。急速的城市化现象引发了地价高涨，特别是大城市的市中心位置被经济上合算的办公设施所占领，住房则转向地价便宜的郊外，由此出现了市中心空城现象，同时通勤圈扩大，造成郊外居住者远途上下班。

另一方面，市中心居住者虽然具有上班和住处较近的地理优势，但是噪声、大气污染、交通堵塞、绿地不足、老龄化以及地价上涨等原因造成了居住用地转向其他用途，导致了现有社区的崩溃，缺少了居住环境应有的条件。住房政策本应与引导合理利用土地以及地价的土地政策同时制定，但日本的地价原则上由市场规律决定，从公共、公益性的观点出发，并不是控制地价的有效手段，也是导致福利很好的住房政策无法实行的重要因素。

城市规划中，日本近代城市的建立期即明治时期存在“道路、桥梁、河川是本(主体)，给水、住房、排水是末(从属)”的产业基础建设优先主义和“建筑自由”的原则下过分宽容地权者权利的风气，从公共、公益的福利角度来看，住房环境建设作为城市规划中心的思考方式与欧美各国相比是不足的。特别是约60%的住房项目是民间自主建设的，有优质住房的规划建设，也有提供良好居住环境的开发商，但建设用地细分后的小型开发，以及道路等基础建设不完善地区的个别建筑行为很难形成街区。

另外，住房更替周期的30多年和美国、英国等70年到120多年的耐用年限相比，是非常短命的，不利于形成房屋储备。在欧美先进国家，具有自治意识的市民形成了近代市民社会，或城市社会建立后通过社会契约形成了近代城市，相比之下，在受到欧美各个强国外部压力下形成的日本近代城市社会和市民社会，在公共、公益和福利意识都未成熟的状态下先形成了区域社会，使得本应成为住房政策推进前提的形成和保护居住环境的因素，变得非常脆弱。

1995年6月在政府咨询委员会的住房宅地审议会上，答复了“面向21世纪的住房、宅基地政策基本体系的相关内容”。其内容是从确保数量为前提的公有住房为主体供给、支援的旧有体系，转化为以确保质量为前提的住房市场中心体系。住房政策如下：

① 通过市场功能来满足国民多样性的居住生活需求；

② 住房储备房的保留和利用；

③ 政策目标从确保住户的数量和规模,发展为居住环境、用地、居住费用支出等多元结构;

④ 推进福利、医疗制度、土地政策、城市规划和建筑制度等合作，大幅度综合性地实施政策；

⑤ 以地方公共团体为主体制定“住房总体规划”，根据区域实际情况实施综合政策。

而且，在1996年3月制定“第七期住宅五年计划”中，制定了以下居住环境目标：

1）基本目标

① 完善优质的住房储备建设；

② 推进安全、舒适的城市居住地和居住环境建设；

③ 实现生机勃勃的长寿社会环境建设；

④ 提升区域活力的住房、居住环境建设。

2）居住水平目标

引导居住水平（4人家庭的集合住房91平方米，独立住房123平方米），2000年能够确保全国半数的家庭，达到该水平。2000年后，全国城市圈半数家庭尽早达到该水平。最低居住水平（4人家庭50平方米），以大城市内租房家庭为重点，努力解决未达到标准水平以下的状况。而且，致力于改善无障碍功能、隔音和隔热功能、耐久性等问题。

3）住宅建设户数

规划期间达到约730万户（表4.13）。为了实现以上政策，制定推进规划，完善融资制度、税务制度、项目实施等，特别是与老龄化社会的福利政策相结合是很重要的，项目规划中关注老人生活的公共租赁住房项目以及同时设置护理中心和公营住房，住房或者城市街道的无障碍设施规划也在持续发展中。

表 4.13 第七期住房建设五年计划

（单位：千户）

类别		第七期五年计划（1996 — 2000 年度）	（参考）第六期五年计划	
			规划	实际
总建设户数		7300	7300	7623
公共资金的住房建设户数	公营住宅（包含改造住房等）	202	265	234
	高龄者优良租赁住房	18	—	—
	特别优良租赁住房	205	50	99
	公库住房	2325	2440	3139
	公团住房	105	140	108
	公共补贴民间住房	120	150	87
	其他住房	350	455	350
	调整户数	200	200	—
	总计	3525	3700	4017

此后，于 2001 年 3 月制定了“第八期住宅建设五年计划”（目标年 2005 年）。但日本人口、家庭数量减少，储备量保持充足，所以从量的充足转向质的保证，这一彻底的住房政策转变是必要的。

“住宅建设五年计划”依据的法律《住房建设规划法》在 2006 年废止，同年 6 月制定的《居住生活基本法》内容包括：① 优质的住房供给是居住生活的基础，② 形成良好的居住环境，③ 保护、增进为居住目的的住房购买者的利益，④ 确保安稳居住。在这 4 个理念基础上推进了旨在形成优质住房储备的政策。

4.8.2 住房规划构想的作用

住房规划构想将住房政策作为解决住房问题的中心，有机地结合城市规划、社会福利政策、地区振兴、教育、文化振兴等居住环境有关的各项政策，制定为推进良好社区形成的基本方针。另外，创建住房环境形成相关的具体住房项目规划、城市规划、各种福利规划、制度等要与规划构想中的方针相互整合实施。

但是，因为规划构想并不像详细规划等那样直接联动，对于各个构想、措施，有可能止步于理念层面（图 4.34）。也就是说，整体居住环境并不是个别规划和措施实现后达到的效果，是由与住房环境相关的多种规划、措施等综合而形成的，住房规划构想目标的综合性限制在现实中的个别规划、措施中很难保障。

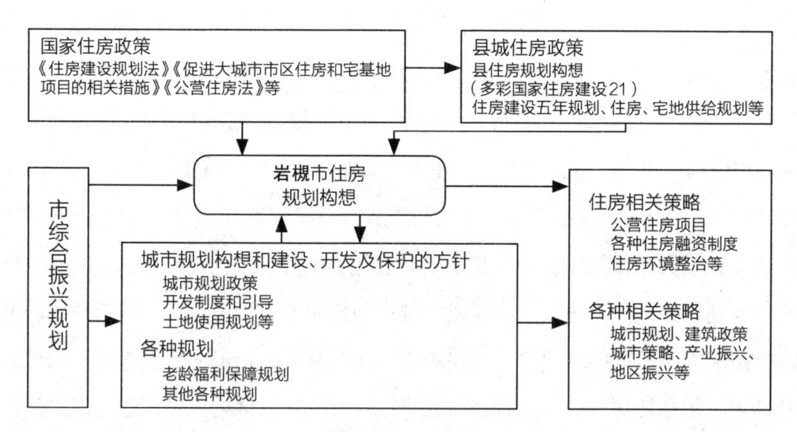

图4.34 住房规划构想案例(岩槻市)

住房规划构想方案由以下内容构成:

① 住房规划构想的目的。

② 现状分析: 城市概况、人口、家庭状况、市民生活状态、居住意识等。

③ 住宅政策的课题: 整治现有城市街区，创建新住房城市街区，应对老龄化社会，提高住房质量，居民参与建设。

④ 住宅政策的理念: 历史、文化以及城市和田园的协调，职场和住房邻近等。

⑤ 基本政策实施: 中心城区住房引导，适应老龄化的城镇建设，提供公有租赁住房，市民、企业相互协作等。

⑥ 住宅、宅基地提供计划: 居住规模的目标，居住环境改善的目标，需要公共援助的困难住户，所需宅基地的推算，住房相关的土地利用规划，重点供给地区。

⑦ 政策开展规划: 官、民各主体的作用，重点措施。

另外，作为实现住房规划构想的手段，与住房环境形成的相关物质规划之间实现相互整合是非常重要的，需要与城市规划之间进行紧密协作。进一步而言，保障各个居住区规划实现的工作方式会直接关系到良好居住环境的形成。

4.8.3 居住区规划的目的和意义

城市问题中住房问题的解决方法，可以说像近代城市规划一样是从 19 世纪下半叶开始的中心课题。近代城市规划先驱的英国最初的城市规划法即《公众卫生法》(*Public Health Act*, 1848 年)，为了应对城市居住环境的恶化而制定，勒 · 柯布西耶 (Le

Corbusier，1887 — 1965）等人组成的近代建筑国际会议（CIAM）在《雅典宪章》（1928年）中阐述了城市规划的理念，得出的结论是“城市规划的重点有居住、工作、休息（自由时间）、交通4个功能”，“城市规划的基本核心是生活细胞（居住）以及融入具有细胞效果的单位居住民众。将这个单位居住作为出发点，形成了城市中居住、工作场所、各种休闲设施相互联系的关系。因此，个人利益从属于集体利益”。以居住为出发点的城市规划理念在现代城市规划中具有重要的基础作用，城市规划通过制度，将协调个体和集体之间合理利用土地，使居住区规划成为城市规划中最重要的部分。城市规划区域内外几乎所有用地中虽然都能够建设居住用地，但在现有城市街道中已经存在的居住区应该解决其环境恶化和房屋老化等问题，在近郊新开发的居住区内人们因通勤造成经济与时间成本增大，故应考虑包含解决经济、时间等损失问题的整体城市规划。迎接老龄化社会来临的21世纪，进行无障碍城镇建设的同时，需要通过加强联动区域社会实现方便家庭护理的住房以及促进老年人社区意识的形成，以及达到职住邻近或适应家居办公（SOHO）等新型就业形态的居住区规划。

居住区规划以社区单位构成为原则，需要同单位人口的日常生活所需公共、公益设施的基本标准相结合（表4.14）。将社区作为基本单位，是以美国佩里的邻里住区理论（1929年，参见第3.1.8节）为基本思想，以学龄儿童的上学步行圈作为社区的空间单位，根据干线道路进行区域划分。这一想法在规划方式上很优秀，社区社会架构与物理性住区架构相整合的这一构思，即使今天都没能超越它的规划理论。

另一方面，佩里的邻里住区理论针对当时美国的城市社会结构问题，努力恢复崩溃的市中心社区制度的白人中产阶级搬迁至郊外，因此被批评为对人种、社会阶层间的隔离，这一点作为规划理论成立的社会背景应该注意。在日本像东京，分制居住在高港居住区和商业人士居住区的不同社会阶层，高港居住区的户型住房，与商业人士居住区的长屋、町屋形成的密集居住形态之间存在着差异，但没有必要像欧美社会那样在居住区规划中特别考虑人种、社会阶层以及宗教性问题。

表 4.14　居住区规划和设计的审核项目

土地使用上的审核 规划设计在数据上合理性的判断		○人口、人口密度　○户数、户数密度　○建筑总面积（住房、其他） ○建筑密度　○容积率　○用地分配比例（宅基地全部、街道、通道、广场、绿地、停车场、其他）
城市灾害		○大地震、大雨等非常时期的安全性（避难设施、避难道路、排水）　○主干道上车辆的公害对策（噪声、震动、尾气排放）　○垃圾处理　○消防车、急救车通道 ○风灾对策　○电波危害对策
交通	道路系统 道路宽度 道路线形 行人交通 机动车交通 新交通系统 自行车道	○有无通过的可能性　○区划道路的交叉系统　○行人分散（换乘系统是否良好） ○服务动线　○周边的使用动线 ○干道、服务道路宽度是否适合 ○线形是否合适　○服务道路系统（尽端路等）　○尽端路（cul-de-sac）的掉头方式等 ○安全性（相向行车，避让区、照明）　○线形、宽度、坡度　○城市家具、水体、种植等的配置　○眺望　○关注幼儿、老人等 ○设施的使用便利性 ○安全性（交叉点间隔、视野）　○停车场设置（动线、停车形式、噪声、尾气排放对策） ○是否考虑到汇车道　○汇车道的灵活性　○从当前系统的转换　○与机动车通行的交叉　○与人混行交通　○自行车停放点的考虑　○路面配建的景观
设施	需求设施 售卖设施 人的考虑 停车场 医疗设施 集会点 游乐区、公园 开放空间	○服务距离是否良好　○分区规划是否良好 ○配置　○规模（行业结构、性别）　○服务（与使用者活动线分离，后庭处理） ○动线明显性、方便性、安全性　○其他设施（特别与公园、游乐场的连接） ○夜间出行的考虑 ○商城设计　○氛围 ○需要估算　○动线 ○应急考虑　○医疗系统（集中、分散）　○研究（行人动线、车辆可否进入） ○体系、分布、管理系统　○规模　○种类　○研究（关注老人与其他设施的关系） ○体系、分布　○位置（与日照、道路及危险因素的关系，到达距离，家长监视范围，造成的安全性）　○规模　○设施内容　○设计 ○分配（有效的空地比例，相对楼栋区块的比例，空地的汇总）　○景观设计、种植规划是否合适
居住环境	一般 高层住房 停车场	○楼栋间的私密性（视线距离、声音，针对学校方面的考虑）　○住户看到的风景 ○地区内的日照 ○地上空间配置　○屋顶空间设置　○楼栋间的联络通行　○住户认同（楼栋类型、丰富性、规模） ○数量以及分布　○寻找便利性　○与楼栋的关系　○容纳方法　○访问者用 ○服务车与住宅楼的接近程度

居住区规划中完善了社区意识形成的物质环境，同时追求社区意识也是很重要的。与现有街区的成熟社区相比，应该特别考虑在新开发的居住区中有助于形成社区的物质环境进行规划，而不希望看到仅在经济原则下无规划地分割、分售用地后形成的居住区（图 4.35）。

图4.35 无城市规划而形成的密集居住区（中野区野方5丁目附近）

作为郊外居住区，在二战前已经被开发且至今都维持着良好居住环境的东京大田区的田园调布是涉泽荣一（1840 — 1931）以美国的郊外居住区为模型而建造的小区，于1923 年 8 月开始动工（图 4.36）的同心圆放射设计和宽敞的马路，用地的景观效果颇为理想。虽然存在不利于土地销售的区划分配，且忽略了经济利益，但得到了不存在经济利益关系的自治会活动的大力帮助。除此之外，还在制定建筑协议、保护良好居住环境方面得到了居民的协助和配合，所以能够做到持续地维持和保护居住环境。

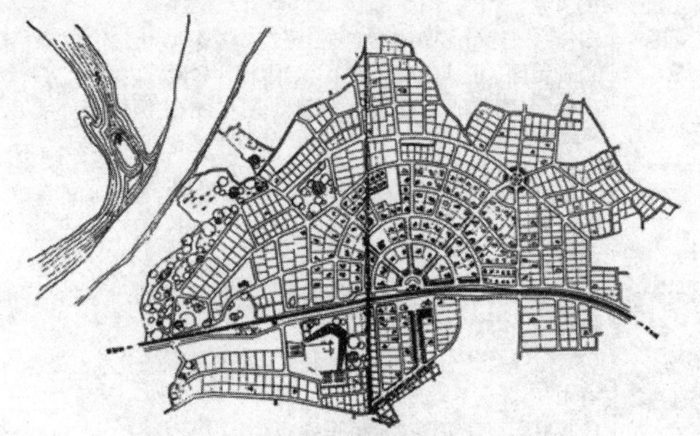

图4.36 田园调布的整体规划（1924年）

4.8.4 居住区的开发形态

开发形态从现有城市街区中多户的建筑行为发展到在郊外等地进行大规模居住区开发，有着多种多样的形式，其中场地选址、开发目标、开发主体、开发手法都有所不同。而且，开发时住房规划构想与城市规划方针有必要相互整合。

① 开发目标：公有或者民间住房项目主体进行的居住区开发，不良居住区的修复、改良或者城市街区再开发，新城市街区形成等等。

② 开发主体：公团[1]、公社、自治体（公营）、民间开发者、合作社等。

③ 开发方式：开发许可制度中的民间开发，依《建筑标准法》中的住房建设进行综合性的设计开发，土地区划整理项目，新住房城市街区开发项目，城市街区再开发项目，公营、公团、公社的城市街区住房建设项目，居住区改良项目等。

④ 开发形态：区划整理的城市街区内小规模开发、郊外集合居住区开发（低层、中层、高层、混合）。

⑤ 新城开发：城市再开发的城市街区内复合开发、城市街区公寓开发、防灾据点开发、居住区改良。

⑥ 形成和保护良好居住区环境的制度：建筑协议、地区规划制度、开发指导纲要、景观条例、绿化协议等。

4.8.5 居住区规划的方法

规划方法因开发形态不同而不同，针对二战后日本的急速城市化发展，住房供给措施的“新城开发”作为大规模居住区开发的方式有助于大城市人口的稳定发展。原本新城作为“职住一体的新城市”，如英国的大伦敦规划（参见第2.4.2节与3.2.3节），不可否认的是加重了市中心办公功能的布局和通勤困难的局面。但是，新城规划是按照总体规划而进行的大规模规划性居住区开发，成为阐述居住区规划方法的参考模型。

在人口明显集中的城市街区，以追求大规模优质居住区为目标的《新住房城市街区开发法》制定于1963年，最初适用于千里新城开发。而后应用于新住房街区开发项目的多摩新城（1965年），泉北新城（1965年），千叶北部新城（1967年），筑波研究学园

---

1 城市建设公团住房：1981年10月，日本住宅公团（1956年设立）继承了宅基地开发公团（1975年设立）的业务内容，1999年10月解散。同年，城市基础建设公团设立。2004年7月，与地区振兴建设公团地方城市开发建设部门合并，设立独立行政法人的“城市再生机构（UR）”。

城市（1968年），千叶海滨新城（1969年），横滨港北新城（1969年），北摄新城（1970年）等一千多个开发项目。1971年以后1000公顷以上的开发因土地取得、布局条件等障碍因素，不再使用。筑波研究学园城市（开发面积2696公顷）是为了分散首都功能而开发的唯一的职住一体化的新城，历经30多年的蜕变后终于成为便利舒适的现代城市。

千里新城是日本最初的大规模项目，位于距离大阪市的北部约15千米处的千里丘陵，是目标人口达15万人的"郊外通勤城市"。当初的规划构想继承了第二次世界大战前日本居住区规划理论所积累的成果，同时根据以日笠端（1920 — 1997）的"共同居住区理论（1957年）"为基础的"最重视物质服务的设施以及居住区结构而形成的新居住城市建设"方针而制定的。共同居住区理论从中央线沿线车站进行调查，观察在日常生活行动中上班、上学的活动线路中购买频率较高的路线，再加上小学校区中配置了基础设施的邻近居住区，以商业中心为核心集合了邻近地区内几个单位的车站圈作为日常生活圈（参见第1.1.4节），并以郊外车站为中心形成了符合日本居住地实际情况的规划理论（图4.37）。

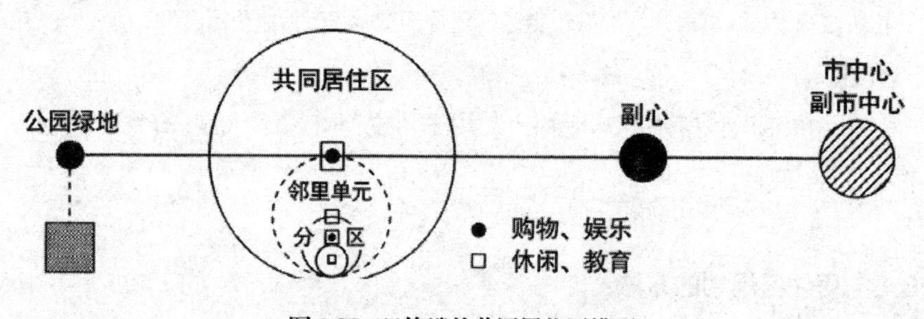

图4.37 日笠端的共同居住区模型

另一方面，千里新城（新居住城市）规划的项目阶段遵循以下方针：①非独立行政自治体，②拥有4～5万以上人口城市规模的居住区组团，③选定通勤圈内的适合开发地，④通过绿地与外部进行隔断，⑤居住城区是与邻里单元理论为模型的居住区组团组合而构成的，⑥假定每单位面积（公顷）100人以上，⑦通过合并土地区划整理项目以及一个居住区内宅基地经营项目，拟定项目开发事项。项目规划中规定作为居住区的基本单元的近邻居住区为6～10公顷，住户数量是2500～3500户，形成包括1所小学、1～2个邻近中心以及儿童公园的日常生活圈。3～5个邻里住区构成了上位住区，各个住区的中心配备了设有轨道站、公交车终点站、专卖店街道。中央地区设置全部居住区的百货商场、酒店等；作为北大阪的副市中心，更安排了其他所需要的业务设施（图4.38）。

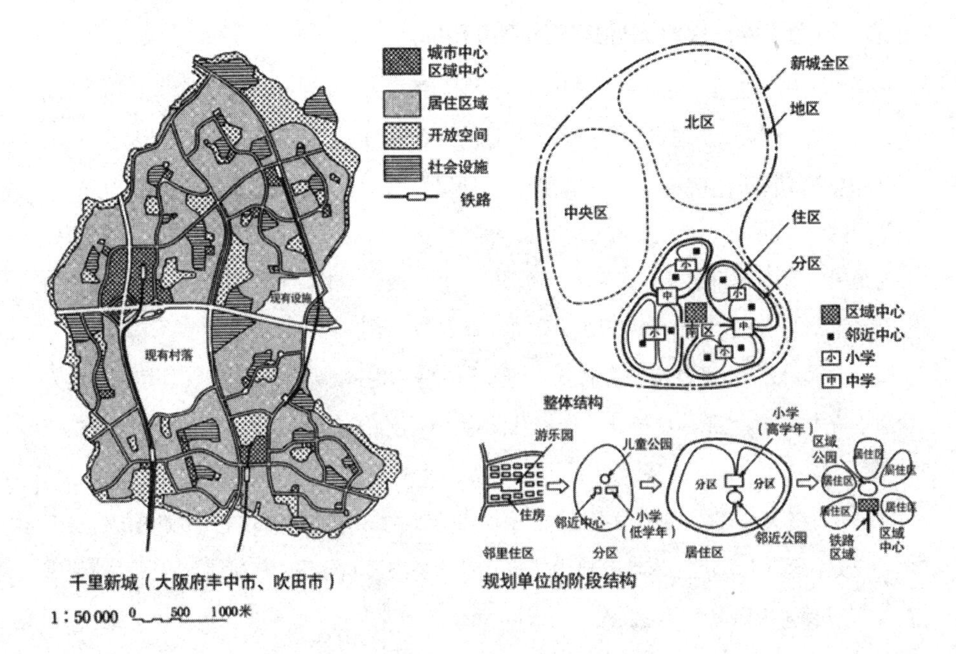

图4.38 千里新城整体规划

另外，对于20世纪50年代英国公共居住区开发中的“六种开发（Six development）”思想即对在郊外建造的公共居住区的美观性和社会性过于单调进行了批判，所以尝试着引入混合了独立住房和集合住房的居住结构，又混合了不同年龄、职业的居住者，力求构建平衡社区的想法，但多种住户形成的结构和各种年龄层的混合居住方式无法得到推广。而且，本来新城的目的是形成拉近职场和居住区距离的城市生活方式，结果未能成功地招揽办公室和工厂，导致无法实现这一举措。

在大城市近郊展开规划布局，睡城型大规模居住区配备了日常生活的便利设施，其开发作为日本住房项目措施的中心项目占据着重要地位。但是，由于大城市近郊的用地难以取得，未能完善地设置通往市中心的交通工具，民间开发主体的居住区、集合住房项目量的增大以及居住者希望回到市中心的需求等因素，以大量提供住房为前提的郊外通勤城市型开发项目也在近几年被叫停。如何调整集中于大城市的人口，这一问题作为二战后大城市问题的解决方案而被提出，但将工作与生活分开，仅在提供住房的郊外通勤城市的开发理念，可以说无法应对目前城市居住者的生活需求。

4.8.6 致力于构建良好居住环境的制度和项目

住房规划构想包含了建设良好住房环境而提出的方针，为了实现应对各种住房形态而提出的各种规划目标，完善制度和展开工作是很重要的，以下阐述了现行的几个案例。

1）追求高品质住房与居住区的制度和项目

① 区域优良商品房制度：应对区域住房情况的同时，促进优良的商品房项目，按照住房规划构想，针对项目的部分商品房，联合住房金融支援机构（旧住房金融公库）等项目融资优惠和地方公共团体的利息补助，致力于减轻住房购买者的经济负担。

② 城镇建设贡献型住房融资制度：为达到住房规划构想中良好的居住环境，与地方公共团体的城镇建设和区域建设工作相互配合，对于优良住房的项目规划，实行溢价贷款措施。

③ 阶段性优良居住区的建设规划制度：城市近郊火车站周边地区内需要完善的优良居住区，充分利用工厂空地、农地等建设住房并进行公共设施建设，有规划且阶段性地促进住房建设以及完善周边地区的设施。

④ 区域住宅规划（HOPE 规划）[建设省（旧）]：设定了特定区域，力求建设模范项目，市区镇村作为规划主体，制定了推进自然、传统、文化、产业等的地区性发展，并规划建设高品质住房。从1983年开始由建设省（2001年1月与国土厅等其他省厅合并，更名为国土交通省）执行，从1994年开始在住房规划构想中占据重要定位。“区域住宅规划（HOPE 规划）”包含了“建设环境适宜的住宅（Housing with Proper Environment）”以及对今后住房政策寄“希望”的含义。至1996年有294个市镇村和东京都的6区2市制定了规划措施。按照规划的住房建设实行了住房金融公库的优惠贷款政策。为了提高居民的公共意识，设置了表彰制度，致力于建设适合当地风土人情的街道（山形县最上郡金山镇，福岛县田村郡三春镇），力求振兴地方出产材料而建造的木造住房（秋田县秋田郡五城目镇，静冈县天龟市，爱知县东加茂郡足助镇）以及通过招商，努力营造充满活力的居住环境（茨城县筑波郡丰里镇，熊本县熊本市等）。除此之外，还不断摸索大城市中新城市型住房的存在方式，特别是考虑到现有城市街区的传统街道改建的规则制定（京都府京都市）以及针对推进共同改建和缔结建筑协议等方面派遣有关专家并提出意见（兵库县神户市），并对木质租赁公寓（木构造的租赁公寓）密集地的改善工作，尝试着根据各地区面临的问题，采取一系列应对措施（图4.39）。

图4.39　HOPE规划的住房建设案例（福岛县田村郡三春镇）
照片拍摄提供：饭岛信树

2）面向老年人与残疾人的项目

① 老年人项目规划［建设省（旧）、厚生省（旧）］：住房规划中加入面向老年人的住房政策是必须的。老龄化住房规划是为了支持老龄家庭在区域社会中自立、安全且舒适地享受家庭生活，根据市镇村区域老龄化住房规划，联合住房政策和福利政策，同时与厚生省（2001 年 1 月与劳动省合并，更名为厚生劳动省）协作推进关注老年人生活特性的保障性模范项目。

② 长寿住房建设模范项目［建设省（旧）］：追求住房政策和福利政策紧密结合的同时，通过完善针对老年人的租赁事项，综合性地进行适合老年人等安全且舒适居住的住房建设。

③ 老年人住房项目推进项目［建设省（旧）］：考虑老年人生活习惯，提供放心的日常服务，采用适合老年人的房租支付方式，提供特别措施的住宅项目。

3）关注环境问题的住房项目案例

城市居住街区与环境共存发展［建设省（旧）］：从防止地球变暖等世界观点来看，为了普及人与环境共存的综合性住房问题，致力于通过住房隔热结构、节能设备、用地内绿化建设等工作，建设能够减少环境负荷的模式化城市居住街区（图 4.40）。

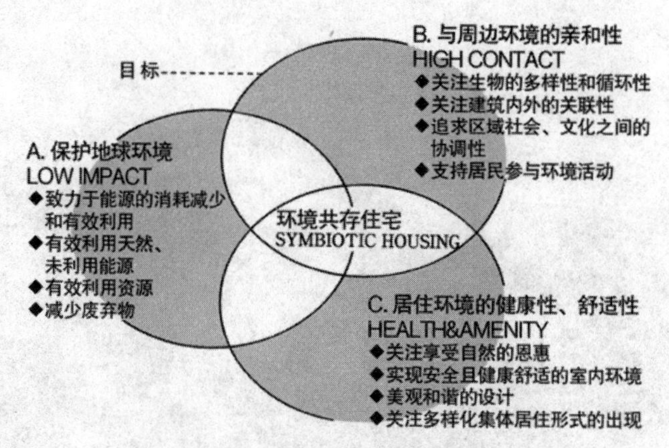

图4.40 环境共存型住房概念

以上所列举的制度以及建设模型案例，在实现住房规划构想时所阐述的综合性住房政策中，通过项目能够看到环境建设的直接效果。通过运用城市规划中的土地使用制度、区划整理和地区规划制度，建筑协议等制度以及各种项目方式而形成的多种住房用地开发形态和各种建设行为，营造居住区的良好环境，使其直接或者间接地朝着理想的方向发展。

第5章　景观规划与城市设计

5.1　城市与景观

5.1.1　作为容纳空间的城市景观

在日本，如今经常自嘲“经济一流，街道三流”。战后日本经济实现了突飞猛进的发展，生活变得丰富多彩，但城市的急速扩张影响了很多优秀的历史景观，导致城市环境日趋恶化。近几年来国民意识发生变化，追求从量的满足转变为质的提升，迎来建设人性化生活环境与街区环境的潮流，对生活空间的城市景观关注度明显提高。

图 5.1 是从凯旋门眺望，巴黎井井有条的城市景观。以巴黎为代表的西欧城市风景举世闻名，其整体环境的确能够让人感受到经过历史沉淀的城市文明。与日本的城市景观相比，不得不承认其中显而易见的历史差异。日本城市并不是力求扩张，而是致力于具有历史文化底蕴的城市景观建设，创造丰富且人性化的城市生活环境成为重要课题。

图5.1　巴黎的城市景观

5.1.2　景观的定义

英语文 Landscape，德文的 Landschaft，一般译为“景观”“风景”。“景观”的概念，相对于“风景”而言，二者都是人们看到的某个对象，其共同点是看到，但“景观”是人们对于某一地区地表上的综合认知图像。“风景”可以容纳在相框内，“景观”则无法收入相框。“风景”包含了很多文学性和艺术性的细节。而且 landscape 的“风景”与 landschaft 的“景域”有所不同。根据辻村太郎（1890 — 1983）所述，“景观”最初是植物学家三好学（1861 — 1939）对 landschaft 的翻译，“景域”是地理学者饭本信之（1895 — 1989）对 landschaft 等词语的解释。

“景观”这一词语可以将“景”和“观”分开解释。二者都有“景色”“风景”的意义，区别在于“景”是“周围实际存在的事物形态”，含有状态的意义，而“观”是对于“景”的“看法、掌握方式、思考方式”，含有认识的意义。

景观是视觉对象，根据“景”的对象和景观区域或视点，可以分为各种类型的景观。根据视觉对象，除了以城市建筑为主体的城市景观外，还可以分为道路和街道景观、桥梁和河川景观、港湾景观、自然景观等。根据景观范围可分为：城市景观、地域景观、田园景观以及自然景观。根据视点的动静状态，从固定视点观看称为场景景观，从移动视点观看连续变化的景观称为片断景观。本章中，主要对“城市景观”进行阐述。

5.2 城市的概念

麻省理工学院（M.I.T.）的城市规划教授凯文·林奇 1960 年出版了《城市意象》（*The Image of the City*）。其中，林奇提出可意向性（Image-ability）概念，即可观察对象具备的一种性能，能够大概率地使每个观察者产生强烈印象。同时提出，“一座城市大多数居民共同拥有的印象”称为公众印象，解析了城市的视觉印象的构成。

构成城市公众印象的要素，归纳为以下 5 个：

① 道路（Path，大街、步道、运河、铁路等）；

② 边界（Edge，边缘、海岸、河川、铁路通道、开发区边界、墙壁等）；

③ 区域（District，区域、地块等）；

④ 结点（Node，道路交叉点、广场、节点等）；

⑤ 标志物（Landmark，建筑、招牌、塔、商店、山丘等）。

林奇用将这些要素标记在概念图上进行分析的方法，在波士顿、泽西岛、洛杉矶这 3 个城市开展了印象调查（图 5.2）。

林奇提倡的独特概念图法应用于此后在世界各地进行的城市印象调查，对于把握城市空间以及城市设计发挥着重要作用。

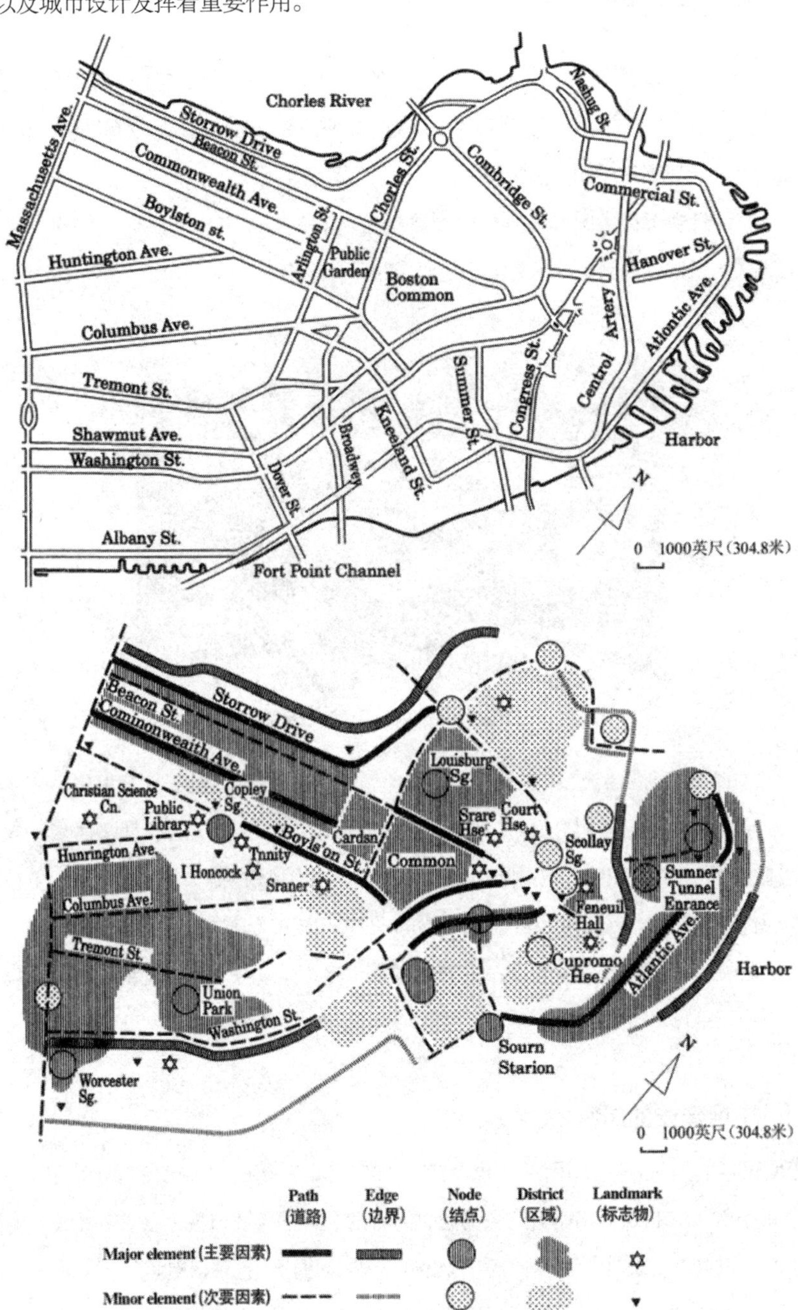

图5.2　波士顿的视觉形态

5.3 景观建设的发展

对于老城区建造新型建筑物的反对最强烈的时期在 20 世纪 60 年代，对于东京建造高楼是否有损皇宫的景观，发生了著名的“丸之内、东京海上大厦景观之争”（1966 年）。在京都，随着京都塔建设的开展，历史景观保护问题受到关注，以此为契机，1972 年制定了《京都城市景观保护条例》。近期，围绕着“京都宾馆”和“JR 京都新站大楼”（图 5.3）的高度展开的景观问题讨论，又为景观建设发展添上了新的一笔。

图5.3　JR 京都新站大楼

在这样的景观问题暗流中，包含着日本法律制度问题和近代建筑理论问题等。由于法律制度中建筑规范的统一化，目前很多地区原有的城市景观已经遭到破坏。地区历史、文化、传统、风土等被忽视，相比追求国际化建筑师理念、装饰风格、区域性、象征性，更重视经济性的现代建筑理论。更应深思无视废弃建筑，不关心城市景观发展的日本现象。

为了避免未来城市景观朝着混乱的方向发展，制定景观规划（景观纲要）和景观导则等工作是不可或缺的。

5.3.1 景观建设的历程

查阅日本的景观建设历程，以明治初期的“银座砖瓦街建设（1872 年）”和“《东京市区修正条例》的制定（1888 年）”为首，大正时代“旧《城市规划法》、《城市街区建筑法》（1919 年）的公布”及由此而设立的“自然风景区、景观区制度”，关东大地震后的“帝都复兴规划（1924 年）”和昭和时代的“战后复兴城市规划（1946 年）”，可以说都是历史上由国家颁布的国策性景观政策。市民和地方自治体在城市景观建设上的努力，主要在战后经济高速发展的 20 世纪 60 年代可以见到一些成果。1960 年以来的景观建设历程详见表 5.1。

表 5.1 城市景观建设历程

年份	法律法规、政策	历史环境保护	城市景观建设与引导	城镇建设动态
1950	颁布《建筑基本法》，制定《文化遗产保护法》			
1954	颁布《土地区划整理法》			
1960				
1961	设立“特别街区制度”			
1963	引入“容积地区制度”	妻笼资料保护协会		
1964		（财）镰仓风景保护协会的成立		
1965		丸之内风景之争		城市景观策略审议会（横滨市）
1966	颁布《古都历史风貌保护特别措施法（古都保护法）》	高山上三之町街保护协会		城市景观建设委员会（冈山市）
1967	设立文化厅			
1968	颁布新《城市规划法》，区域用地制度	《金泽市传统环境保护条例》 《仓敷市传统景观保护条例》		
1969	颁布《城市再开发法》	（财）日本国民托拉斯成立		
1970	规定“建筑协定”“容积率制”“高度开发区”		《冈山市景观规划纲要》	
1971	规定“综合设计制度”	《柳川市传统景观保护条例》		城市设计团队成立（横滨市）
1972	城市公园整治紧急措施法	《京都市城区景观保护条例》 《高山市城区景观保护条例》		横滨道路公园 旭川购物公园
1973	《城市绿地保护法（绿化协定）》	《妻笼驿站保护条例》	《仙台市杜之都环境整合条例》	
1974		仓敷常春藤广场		横滨樟树广场
1975				
1976	“传统建筑群保护区（传统建筑区）”制度			
1978	传统文化城市环境保护区（国土厅）		《神户市城市景观条例》	横滨马车道商厦 横滨伊势佐木商厦
1979				仙台一番丁商厦
1980	设立“区域规划制度”			广场公园制度
1981			广岛景观基本规划	神户市民广场，《神户市城镇建设条例》，补充城镇建设的基本思考方式
1982	城市景观建设示范项目（建设省） 历史地区环境修缮道路项目（建设省）		神户市城市景观建设基本规划	
1983	地区住宅规划（“HOPE 规划”推进事业（建设省） 创设“城市街道住宅综合设计制度”			《世田谷区道路建设条例》 横滨开港广场
1984			名古屋市城市景观条例	

续表 5.1

年份	法律法规、政策	历史环境保护	城市景观建设与引导	城镇建设动态
1985			仙台市城市景观基本规划	
1987			设立“城市景观建设示范城市”（建设省）	
1988	规定“再开发地区规划”制度		《西宫市城市景观条例》	
1990			《奈良市城市景观条例》	《汤布元镇城镇建设补充条例》
1993	街区环境整治项目（建设省）			
1995			《镰仓市城市景观条例》	《真鹤镇城镇建设条例》
1998	激发中心城区活力办法			
2001				国立公寓诉讼
2002	制定《城市再生特别措施法》			
2003	美丽国家建设政策大纲（国土交通省）		引入天空率制度	
2004	颁布“景观绿三法”			
2005	“重要文化景观”评定制度			评选“近江八幡的水乡”
2007		《京都市眺望景观创建条例》		
2008	制定《历史城镇建设法》			

首先，1964年在镰仓市发生了反对开发的市民运动，成为景观建设的代表性事件。以此为契机，1966年颁布了《古都历史风貌保护特别措施法》（通称《古都保护法》），促进了古都历史遗产保护工作的发展。而对于《古都保护法》中不包含的一般城市历史街道、村落景观道，在1975年颁布了“传统建筑群保护区”（通称“传统建筑区”）制度。这是为修正《文化遗产保护法》而设立的，1996年12月共评定了44个地区，此后每年都在稳步增加。在这样的背景下，京都、高山、金泽、仓敷、妻笼等地兴起了街区保护运动，并制定了相应的历史环境保护条例。金泽、仓敷于1968年制定了《金泽市传统环境保护条例》《仓敷市传统景观保护条例》，京都、高山则于1972年制定了《京都市城区景观保护条例》《高山市城区景观保护条例》，妻笼于1971年在“不卖、不借、不损坏”的3大原则下，采纳居民保护妻笼驿站的《居民共约》，于1973年制定了《妻笼驿站保护条例》。

这种历史景观保护（“保护景观”）组织，已经积极地致力于城市景观的建设（“创造景观”），可称之为景观规划先驱的是横滨市、冈山市和神户市。横滨市于1965年启动了“城市景观策略审议会”推进城市设计，并于1971年全国的自治体中创建了首个城市设计团队。团队拟定了让横滨重获新生的城市建设战略“六大项目”，即“市中心强化项目”“金泽地区的填筑地项目”“港北新镇项目”“高速公路项目”“地下铁建设项目”以及“海湾大桥项目”的提案，并以创建步行城市空间为目标，完善了“樟树广场”“马车道”“马路公园”等，着眼于构建城市景观而备受日本国内的关注。旭川市的和平通购物公园也是几乎同时期的城市设计案例，对后期各城市购物中心的建设产生了很大影响。

冈山市于 1965 年设立了“城市景观建设委员会”，于 1970 年制定了《冈山市景观规划纲要》并实施了各种景观措施。国民收入倍增计划（1960 年）实施后，持续的高速经济增长期在 1973 年第一次石油危机后被画上了终止符，城市景观建设也不得不改变了发展方向。在这种改变的背景下，需要反省伴随着高速经济增长期的开发，丧失自然环境、破坏生活环境、地价高涨、城市型公害、社区崩溃这些各种各样的社会问题。因此，城市景观建设也力求质的转变，自治体除了保护历史景观之外还制定促进绿化的相关条例等，与法律制度联动执行的同时，也对完善相关法律进行了引导。

神户市在 1978 年，不仅以街道保护更以创造优良景观为目的，制定了《神户市城市景观条例》，主要框架为制定城市景观规划纲要、指定城市景观建设区、制定区域景观建设标准、景观建设指导等，由涵盖全面景观政策的综合性规划进行积极景观设计为策略，同时促进了后续各个城市的景观条例制定工作。继神户市之后，广岛市（1981 年）、北九州市（1984 年）、名古屋市（1984 年）陆续制定了城市景观规划纲要。

此后，1979 年第二次石油危机推动进一步实施稳定经济的政策，1980 年修订了《城市规划法》并制定“区域规划制度”。1981 年制定《构建活力城镇策略》，建设省对于城市景观的态度趋于明朗化，并于 1982 年策划了“城市景观建设示范项目”。这一系列的措施，阐述了城市景观建设、设计的指导方针，跟随国家的发展脚步，地方自治体也开展了政策制定工作。

最后，可称之为近年来景观建设的划时代成果，首次制定了景观的综合性法律“景观绿三法”（2004 年），今后有望进一步促进与自治体的景观政策部门之间的相互协作。

5.3.2 基于《景观法》的景观建设

“景观绿三法”是由《景观法》《城市绿地保护法》及修订法律以及“《景观法》实施过程中修订的相关法律”组成的，这里对《景观法》的概要进行介绍。

1）《景观条例》和《景观法》

自治体景观政策部门制定了以地方自治法为基础的自主条例即《景观条例和纲要》，致力于构建良好景观。《景观条例》的制定从 2003 年至今，27 个都道府县共制定了 30 个条例，450 个市镇村共制定了 494 个条例，共计 524 个条例。但是，《景观条例》是不具备实际有效限制力的“提醒条例”，公众期待出台超越提醒限制、具备强制力的基本法。在这样的背景下，《景观法》能够进一步促进和支持自治体的自主条例和景观政策部门之间相互协作，这也是制定《景观法》的目的之一。表5.2列举了《景观条例》与《景观法》规定内容的不同之处。《景观条例》的详细内容参见第5.6.4节中的城市设计政策。

表5.2 《景观条例》与《景观法》规定内容的概要

规定内容	景观条例	景观法
①规划制定	●景观建设方针、基本规划 ·行政区域整体按地域特性和景观特点，规定了景观特性、基本方针、政策方向，基本没有具体的实施规范、标准等	●景观规划 ·除管理规划区域外，制定景观建设方针、具体的行为规范等 ·制定手续、提案制度（2/3同意）
②建筑等的规范导则	●景观建设区或重点区 ●景观建设标准、指导方针 ●大型建筑的备案制度 ·指定重要景观区 ·按照不同地区，设定景观建设标准、指导方针 ·一定规模的建筑工程需进行备案 ·对实施方法进行建议或指导	●景观规划区域 ·城市规划区域外也可以规定 ·致力于建筑和构筑物等的引导，梯田和山体一体化保护 ·备案，劝阻 ·向不听从劝阻的人提出变更命令（有处罚），接到后30日内进行申报
③城市规划	○景观区 ·城市规划区域中作为分类用地进行城市规划 ·制定了景观区条例各类相应的标准 ·认可标准：确认工程的高度、设计方案、色彩协调以及违和感等的确定标准	○景观区 ·城市规划区域中作为专门用地进行城市规划 ·可量化的条目（建筑高度和红线规定，用地面积的最小限度），通过验收建筑保证准确无误 ·建筑规范中，监管工作等必须进行认证
④重要建筑等的保存	●指定重要的景观建筑 ●修护、修缮建筑 ·指定重要的景观建筑 ·督促建筑等的指定	●重要景观建筑 ·指定重要的景观建筑 ·继承税特例和《建筑标准法》放宽等的特例措施 ●重要景观公共设施 ·指定景观上重要道路、河川等
⑤市民的定位与扶持	●景观协会的备案、扶持制度 ●景观建设市民协定 ·景观相关的市民团体、协议会备案 ·景观相关的修护、完善，景观顾问、专家的派遣、表彰制度 ·区域内土地所有者等达成构建身边城市景观的协议	●景观协会 ●景观协定 ·政府与居民、企业家等实施景观工程的协议 ·除了建筑和绿地，能够统一规划构筑物等（须得到区域内所有人员的一致同意，才可向第三方授予权力）
⑥审议会	●城市景观审议会 ·调查审议与景观相关的重要事项	●景观完善机构 ·指定重要景观建筑的管理、土地取得等工作的非营利组织（NPO）法人和公社

注：《景观条例》的条目等内容，神户市按照《神户市城市景观条例》的相关方针（2004年4月19日资料）以及国土交通省的“景观绿三法”的规定（2004年7月），并参考自治体的问卷调查整理而成。
本表引自筑学会编，《景观法和景观城镇建设》，文艺出版社，2005）

2)《景观法》的内容

《景观法》大致分为“基本部分”和“具体规定部分”。

基本部分规定了构建良好景观的基本理念，同时阐述了国家、地方公共团体、企业以及居民的责任和义务。具体规定部分，制定了强制性的景观规划规定，包括地区规划和建筑规定、景观规划区域、景观区等的制定，还规定了通过完善景观重要公共设施，缔结景观协定，设立景观机构而创建良好景观项目的辅助工作内容（图 5.4）。

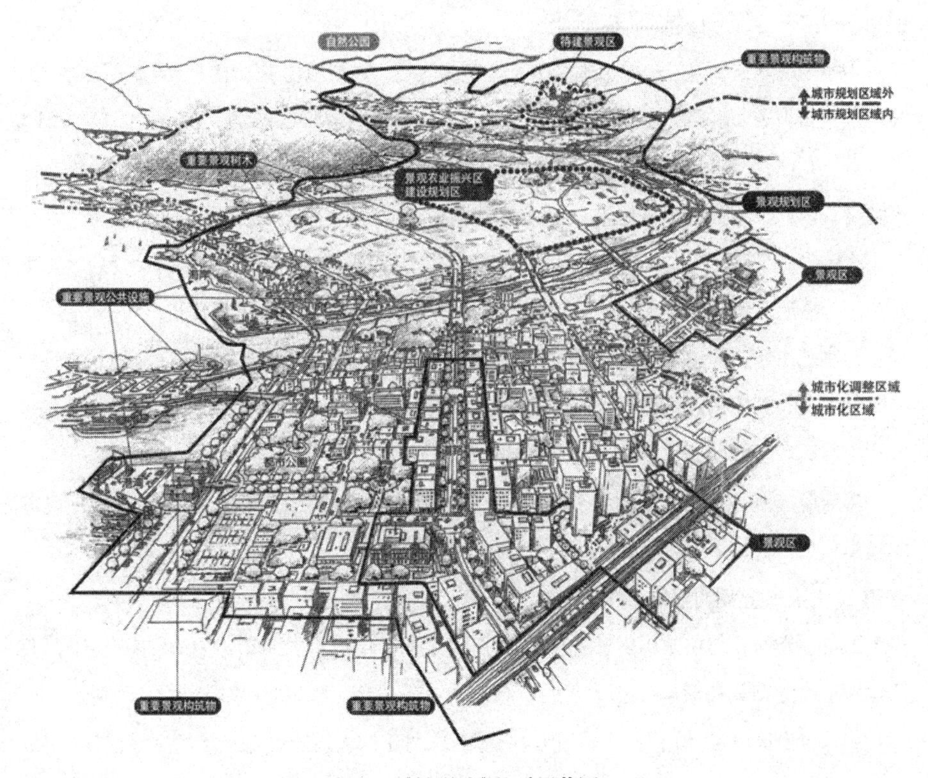

图5.4　《景观法》的适用范围

5.3.3　涉及景观建设的现行法律制度

风景和景观是与风土、历史、居民相互结合而形成的，但是近几年在开发或现代化发展的名义下遭受破坏,统一而无个性的城市变得突出。本节整理了日本景观问题的原因之一，即《城市规划法》和《建筑标准法》中全国千篇一律的各种景观制度以及城市景观规范、导则。此外，关于城市景观中建筑形态的内容，参见第 7 章。

1）景观建设的各项制度

（1）基于《城市规划法》《建筑标准法》等制度，制定城市景观规范、导则。

①传统建筑群保护区：市镇村失去了传统建筑群，城市规划区域即城市规划中的专门用地是为了保护能够实现这一价值的环境而制定的。通过市镇村条例，能够缓和与《建筑标准法》的形态规定的冲突问题。

②历史文化特别保护区：在历史文化特别保护区内，根据城市规划中的历史文化保存规划，指定关键保护区域。

③地区规划：市镇村是城市规划中所规定的区域，区域规划中规定了建筑高度、建筑红线位置、外形设计等限制。市镇村条例中的规定适用，也要依照《建筑标准法》上的限制规定。

④景观区：拥有特别出众的景观资源，在城市规划中，为了更加积极地建设良好景观而划定的区域，而且市镇村包含在市域规划范围中。

⑤风景名胜区：为了维护城市自然风景而划定的规划区域。按照都道府县及所属市域的条例，规定了建筑高度（8～15米），建筑密度（20%～40%）以及建筑红线。

⑥建筑协定：经过宅基地和商业街的产权人一致同意，为了舒适的居住环境和个性化的城镇建设，制定的建筑标准（用地、位置、结构、用途、形态、设计、建筑设备），是通过特定行政厅的认可，具有法律约束力的协定。

⑦高度控制区：在区域内为了维护城市街道环境，或者为了提高土地利用，制定建筑的最高或最低高度。

（2）大规模规划的规定、引导制度。

①特别街区：力求城市街道的改善，在街区建设或者建成的区域内确保有效空地，保证建筑适当的布局和形态，建设特别街区时，放宽一般容积率和斜线控制的特例制度。

②综合设计制度：在用地内建设公共空间等，对于改善城市街道环境的良好建筑规划，放宽容积率和高度限制的特例制度。

③开发区：区域内的城市街道防止小规模的中高层楼的乱建行为，力求合理高效地使用土地，更新城市功能并进一步促进再次开发，制定了容积率的最高、最低限度，建筑密度的最高限度，建筑面积的最低限度和建筑红线。

④放宽同一用地的限制：一块用地内综合性设计2个以上建筑的规划，通过特定行政厅的认定，适用容积率、建筑密度、斜线限制、建筑通路等相关规定时，将同一用地内的建筑视为一个整体的特例。

(3) 景观建设的其他相关制度。

①绿地保护区：随着《景观法》的制定，同时根据《城市绿地法》的修订，除“绿地保护区”外，还制定了“特殊绿地保护区”“绿化区”。“绿地保护区”防止无秩序城市扩张，是确保居民健康生活必要的区域。

②生产绿地区：在城市化范围内设置农田对营造良好生活环境有相当好的效果，被划分为公共设施类用地。因此也产生了生产责任、经营管理制度、售卖需求。

③绿地协议：根据《城市绿地法》，为确保良好的城市街道环境，地方全体居民一致同意设定的区域，在市镇村政府许可后，制定绿地保护和绿化的相关协议。

④户外广告规定：为了维护美观的自然环境、消除危险隐患而制定的必要规定标准。

⑤特殊容积率适用地区制度：在多个建筑用地间，可以转换城市规划区域内部分建筑用地的容积率，在日本称为“容积率转换”，在美国称为“开发权转换（TDR：Transferable Development Rights）”。如东京站内侧红砖车站复原工程，是众所周知的项目。

⑥城市再生区：在城市紧急再生建设区域内，谋求合理健康地高效利用土地并更新城市功能，按照地区特性高自由度地引导用途、高度、形态等建筑的制度。

2) 景观建设相关制度的规定、导则和项目

整理了前述 (1) 中景观相关的现行法律制度中主要的规定、导则和项目，内容如表 5.3 所示。

表 5.3　景观建设相关制度的规定、导则和项目

法律制度	规定项目	用地规模	建筑面积	建筑密度	容积率	高度	位置	形态	设计	色彩
景观法	景观区	○				○	○	○	○	○
城市规划法	限制高度区					○				
	高度开发区*		○	○	○		○			
	特定街区*			○	○	○	○			
	风景名胜区			○		○	○	○	○	○
	传统建筑群保护区					○	○	○	○	○
	历史文化特别保护区									○
	区域规划	○	○	○	○	○	○	○	○	○
建筑基本法	综合设计制度	○		○	○	○	○			
	缓和同一用地的制度			○	○	○	○			
	建筑协定	○	○	○	○	○	○	○	○	○

注：表中注*者为大规模规划的规定、导则。

5.4 景观分析与评价

5.4.1 以景观分析为目的的基本指标

本节对分析城市景观的视觉基本指标进行阐述。

1）视野

视野是景观分析最重要的指标之一，指“眼睛所能看到的空间范围”。根据眼球的运动分为：头部和眼球固定能够看到的范围称为“静态视野”，固定头部转动眼球能够看到的范围称为“动态视野”，固定头部只通过眼球运动而获得的中心视野范围称为“注视视野”（图5.5）。史蒂芬·卢西安·波利亚克（Stephen Lucian Polyak,1889 — 1955）提出了视网膜的黄斑中心凹水平视角80分，中心凹整体水平视角5度的范围内视力是最敏锐的，称为“中心视角”。在视野研究中，固定视点约25度以内的范围称为“中心视野”，25度到50度的范围称为“准周边视野”，其余外侧范围称为“周边视野”，它们的功能各不相同。H.F.布兰德（H.F.Brandt）提出，相对于中心视野的精密分化和识别功能，周边视野具有定位、形态、运动、强度认知功能。

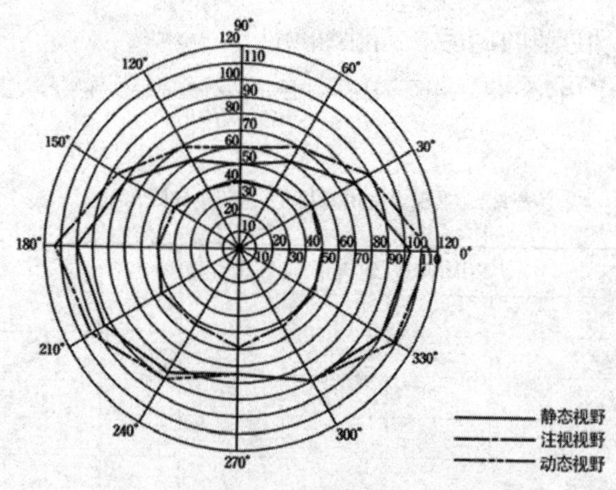

图5.5 双目静态、注视、动态视野比较

实际上，为了正确把握空间上连续且大面积的对象，经常需要转动眼球和头部，将视线转向需要的部分。因此，通过移动场景或视点而获取连续景观时，需要考虑不同的因素。根据亨利·德雷夫斯（Henry Dreyfuss,1902 — 1972）的理论，自然移动头部的范围是左右各45度，上下各30度，这是观察自然景观等画面时能够看到的极限范围。另外，一般情况下能够轻松观看的范围为顶点60度圆锥形视野的锥形理论也是广为人知的。

2）视力

视力是对象的可识别程度指标，与视野一样是景观分析的重要指标之一。根据朗多环视标（Landolt ring）的定义，视力表示为可识别对象的视角倒数（视力 =1/ 视角，视角的单位是分）。

视网膜的黄斑区视神经细胞最密集的中心凹识别能力是最强的，周边部位则是极低的。只要偏离中心 30 分的位置，视力就减为一半。而且辨别色彩的能力（色觉）和视力同样，越是靠近中心凹位置，蓝、黄、红、绿的辨别能力就越强。

3）识别距离

指从设定的视点位置到辨识对象的距离，对确定对象的观察效果有何不同是一项非常重要的指标。到目前为止，与识别距离标准化相关的研究成果，详见表 5.4。

标准化识别距离时，观察对象主要分为人和物体（建筑等）。如爱德华·霍尔（Edward T.Hall,1914 — 2009）将对象设定为人，通过人的相互交流，设置了“亲密距离”“个人距离”“社交距离”“公众距离”这四个距离指标。汉斯·布鲁门菲尔德（Hans Blumenfeld,1892 — 1987）提出城市空间的尺度理论，以人为对象，介绍了阐述距离大小差异的“梅尔坦斯理论”。其结论明确指出了“亲密人性尺度”“标准人性尺度”“公共人性尺度”，这些尺度对菲利普·希尔（Philip Thiel,1920 — ）和凯文·林奇产生了很大的影响。表示风景距离的用词有近景、中景、远景，近景区域是每棵树木的叶子、树干、树枝等都能看清的距离，阔叶树不超过约 360 米，针叶树不超过约 180 ~ 240 米；中景区域无法识别每棵树木的细节，各个树木能以数量进行表示，称为近景区域和远景区域的中间范围；远景区域是无法单独识别每棵树木的距离，阔叶树约 6.6 千米以上，针叶树约 3.3 ~ 4.4 千米以上。

4）仰角

视点到观察对象的距离（D）和对象建筑等的高度（H）之比，即仰角（D/H），是评价仰视景观的人性尺度空间性质以及视觉空间（特别是广场和街道）封闭程度（包围感）的指标，得到了许多实践者（规划师）的经验支持。根据 19 世纪德国物理学家赫尔曼·冯·亥姆霍兹（Herman Ludwing Ferdinand von Helmholtz,1821 — 1894）的理论，由同时代的德国建筑师 H. 梅尔坦斯（H.Maertens）率先推广，称为“梅尔坦斯法则”或者“D/H 理论”（图 5.6）。

表 5.4 识别距离标准化的研究成果

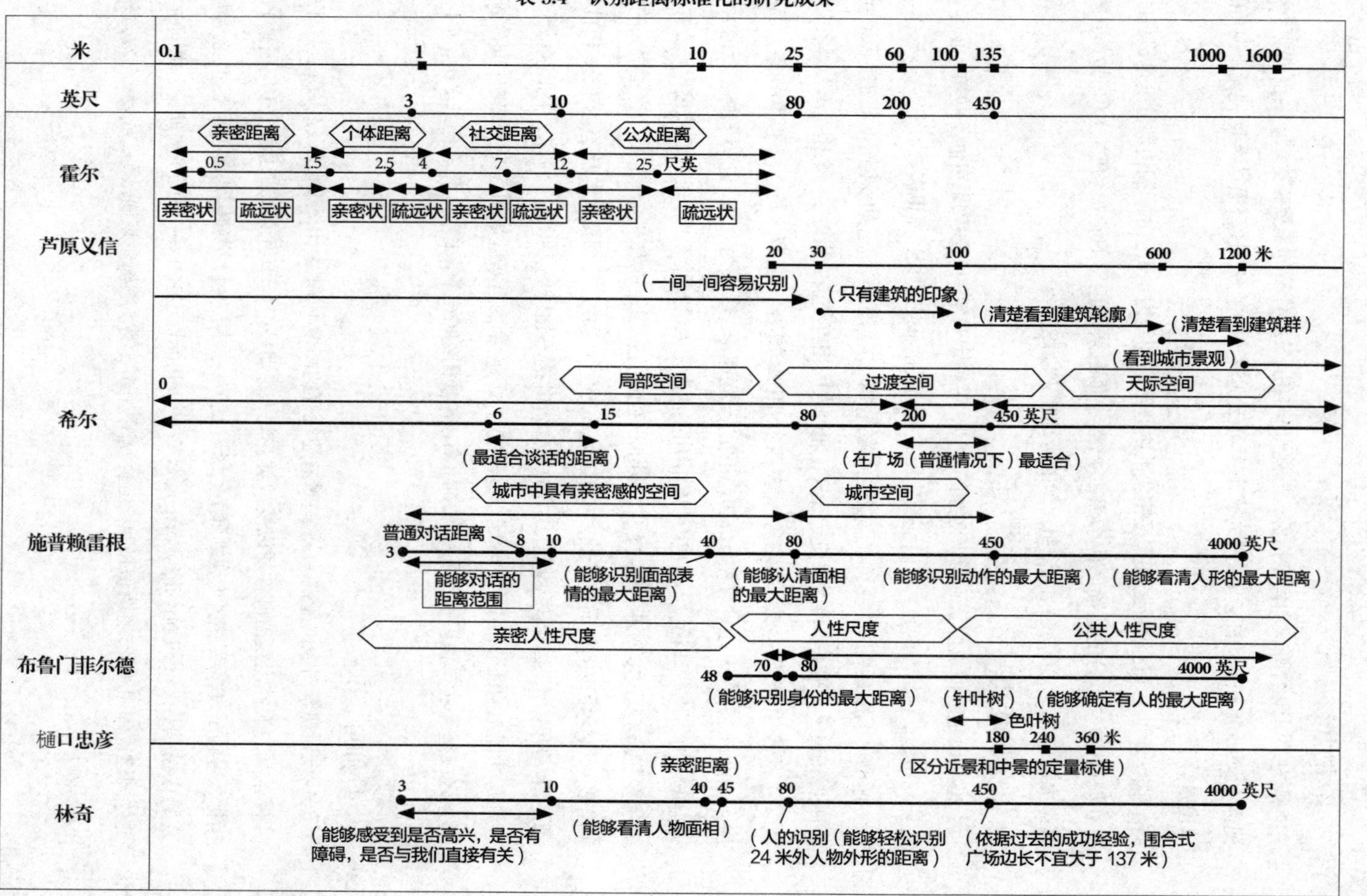

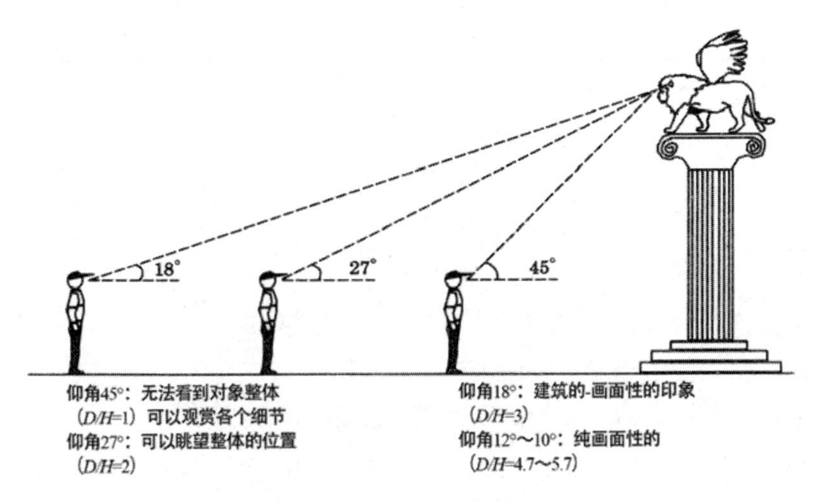

图5.6　梅尔坦斯法则

“*D*/*H* 理论”相关的研究成果详见表 5.5。梅尔坦斯按照人的视野特性，分为 45 度、27 度、18 度这三种仰角。维尔纳·黑格曼（Werner Hegemann，1881 — 1936）和阿尔伯特·皮茨 (Elbert Peets,1886 — 1968)，用梅尔坦斯法则分析了意大利罗马著名的圣彼得广场和卡比多利诺广场（图 5.7）。此后，相对于仰角的形式，更多论述采用了 *D*/*H* 的表示形式。

芦原义信（1918 — 2003）针对相邻建筑的间距，以 *D*/*H*=1 为界线，*D*/*H*=2 ~ 3 产生分离的感觉，*D*/*H*<1 时“感觉跌入井底那样狭小的空间”，会产生心理学称为幽闭恐惧（Claustrophobia）的现象，同时分析了建筑外观、墙面材质、门窗的大小与位置、阳光入射角度等一系列值得关注的因素。

梅尔坦斯理论经过发展，*D*/*H* 作为封闭感程度的指标加以使用。如保罗·D. 施普赖雷根（Paul D. Spreiregen）主张 *D*/*H*=1(45° ）时感到完全封闭，*D*/*H*=3（18° ）时感到最小限度的封闭。

D/*H* 也用作道路景观印象的分析指标。道路宽度（*D*）和沿街建筑物高度（*H*）的比例 *D*/*H* 为 0.25 以下时感到非常狭窄，0.5 左右时就感觉没有那么狭窄了，1 ~ 1.5 是最匀称的，1 ~ 3 时形成让人舒适的景观，3 以上时道路感觉像汪洋一样。

分析实例有：东京银座大街 0.9、东京日比谷大街 1.0、东京表参道 1 ~ 2、巴黎的歌剧院大街 1 ~ 2、大阪御堂路 1.4、仙台定禅寺路 3.0、札幌大街公园 3 ~ 4、名古屋久屋大路 3 ~ 4、巴黎香榭丽舍大街 2.5 ~ 3。

表 5.5 *D*/*H* 理论的相关以往研究成果

研究者	*D*/*H* 比例	仰角	视点	空间封闭感
梅尔坦斯（Maertens）	—	45°，能够识别较精细的装饰物最多； 27°，建筑占据了全部视野，较大的建筑细部，特别静止的部分映入眼帘； 18°，纪念性建筑的外观体现特别含义	—	—
西特（Sitte）	1 ≤ *D*/*H* < 2		广场端部	—
黑格曼（Hegemann）、皮茨（Peets）	*D*/*H*=2(27°)，能够看到建筑整体； *D*/*H*=3(18°)，相对于建筑个体，主要看到建筑群体		—	—
布卢门菲尔德（Blumenfeld）	*D*/*H*=1（45°），看到的对象具有整体感； *D*/*H*=2（27°），微弱地感到周围的背景； *D*/*H*=3（18°），对象与背景混同； *D*/*H*=4（12°），对象是环境的一部分		—	—
朱克（Zucker）	—	27°，适合观察单个建筑； 18°，单个建筑融为一体的感觉	—	—
林奇（Lynch）	*D*/*H*=2，能够清晰看到整体； *D*/*H*=3，占据了大部分视野，还能看到其他物体； *D*/*H*=4，变成场景的一部分	—	广场端部	2 ≤ *D*/*H* ≤ 3，外部环境最适宜； *D*/*H* > 4，看不出空间的围合
芦原义信（Ashihara）	*D*/*H* < 1，两个建筑开始有相互干涉、接近的感觉； *D*/*H*=1，建筑高度与间距匀称； *D*/*H* > 1，分离的感觉； *D*/*H* > 4，相互影响力减弱	—	建筑间距	*D*/*H* < 1，纵向裂隙、出入口的效果变强，感觉通过之后会进入下一个空间； *D*/*H*=1，保持平衡； *D*/*H* > 1，成为很大的开口，减弱了空间封闭感
施普赖雷根（Spreiregen）	*D*/*H*=1（45°），眺望正面细节的距离关系； *D*/*H*=2（30°），眺望正面整体及其细节的距离关系； *D*/*H*=3（18°），无法关注远方风景； *D*/*H*=4（14°），无法看清远方的建筑正面		—	*D*/*H*=1（45°），完全封闭； *D*/*H*=2（30°），开始感觉有封闭感； *D*/*H*=3（18°），最小限度的封闭； *D*/*H*=4（14°），封闭感消失

图5.7　意大利罗马的广场

5）俯角

与仰角相反，俯角表示从高处所看到的广阔的俯瞰景观的指标，沿用至今。樋口忠彦（1944 — ）在东京铁塔上的观察结论显示所有方向中容易观看的角度是俯角 8 ~ 10 度。对人而言，俯角 10 度左右的范围是容易观察的区域，称为俯瞰景观的中心区域。俯角 30 度左右相当于人水平视野的 60 度，德莱弗斯的“最佳显示区域”研究表示，30 度为俯瞰景的下限。

6）景深

在景观分析中，需要将景深作为基础知识加以掌握。具备二维长度投射于视网膜上的影像，为什么会产生立体感，换言之是否获得了空间的深度距离信息，主要是基于以下因素：

① 晶状体调节：通过睫状体的收缩，调节眼球的焦点距离。

② 双眼辐辏：构成双眼视线角度（辐辏角度）时的肌肉紧张，辐辏角度与观察距离成反比。

③ 双眼视差：从两个不同的视点看到的方向偏差称为视差，两眼的视线方向偏差称为两眼视差。

④ 单眼运动视差：从车窗眺望风景时，即使只用一只眼睛，只要观察者或观察对象正在移动，随着时间视点也会移动，从而产生继时性视差。

⑤ 视觉对象的相对大小：以某个既定的视觉对象大小为依据，判断到达那里的距离。比如人体、建筑的一般楼高和窗户大小等。

⑥ 线性透视：因透视效果，距离越远则物体之间的间隔就越缩小。建筑等之间间隔的垂直线（如柱廊和窗口竖线）、平行延伸的水平线（如房檐线和挑檐线）传达强烈的立体感。

⑦ 花纹的密度梯度：如地板的瓷砖和墙面花纹那样均匀分布时，距离越远则密度就越高。

⑧ 大气透视：大气中尘埃和水滴引起的散射、吸收，距离越远物体轮廓和表面起伏的细节就越难辨别，明暗差也会缩小，而且色彩度会减少，距离越远蓝色成分越趋于主色。空气干净时，这一效果会变差，会造成远方的距离判断偏小。

⑨ 阴影：户外经常是光线从上方照射下来。如果上方暗会产生凹陷的视觉感受，下方暗则显得突出，因此，来自下方的照明（比如聚光灯等）就会造成立体感混乱。

⑩ 重合：轮廓线相连和断开的视觉对象，相接的视觉对象感觉位于前方。

⑪ 视觉对象的相对移动：观察者头部移动时，视野内各个视觉对象看上去都在移动，提供了视觉对象相对位置的信息。

其中，①~③ 称为“生理因素”，④~⑪ 称为“经验因素”。

除了深度辨识的因素以外，色调也会产生不同远近感。如在近处看上去是红色的视觉对象，在远处看是蓝色的。不同色彩会产生不同的远近感，大山正（1928 — ）把这一现象称为凸显色和后退色。

5.4.2 景观研究动向

近年来景观研究论文数量有逐年增加的倾向，从 20 世纪 80 年代开始显著增多。从研究领域来看，20 世纪 70 年代是“景观保护”“历史景观”“街道景观”，80 年代以后“景观规划”“景观建设”“景观政策”相继增多，90 年代以后“景观评价”“计算机图形评估”“景观模型”“景观印象”尤为突出。

5.4.3 景观预测

评价景观之前，按照景观规划区域的特性，对照过去的变化发展情况，一定程度上的定性和定量做出预测是很重要的。景观预测力求客观性，以视觉作为媒介的预测方法有素描、透视图、模型、剪辑照片、彩色模拟器、录像机、电脑分析图等。这些方法被用于考察景观预测对象所使用的手法特征，如操作性、现实性、视觉性、临场感、精度甚至成本等。

5.4.4 景观评估方法

人类的景观评估，因主观因素会发生很大变化，量化地表示良好景观是很困难的。在多种景观评估方法中，选取计量心理学的评估方法进行概述（表 5.6）。

表 5.6　计量心理学的方法一览

<table>
<tr><th colspan="2">方法分类</th><th>测定法</th><th>目的、分析对象</th></tr>
<tr><td rowspan="2">不使用评估标准的方法</td><td>观测方法</td><td>眼动仪</td><td>专注点变化</td></tr>
<tr><td>通过语言、图形等表现或者认知方法</td><td>回忆法
再生法（地图法等）
再认知法</td><td>信息量；印象分析</td></tr>
<tr><td rowspan="5">使用评估标准的方法（评价法）</td><td>分类评估标准</td><td>选择法</td><td>分类；排序</td></tr>
<tr><td>序数评估标准</td><td>评定尺度法
等级法
一对比较法</td><td>分类；排序；抓重点</td></tr>
<tr><td>距离评估标准</td><td>分割法
系列范畴法
等现间隔法</td><td>抓重点</td></tr>
<tr><td>比例评估标准</td><td>震级推测法
百分率评定法
倍数法</td><td>刺激量和心理量的对应</td></tr>
<tr><td>多元评估标准</td><td>SD 法</td><td>意义、情绪</td></tr>
<tr><td colspan="2">观测方法或者评估标准而生的方法</td><td>调整法
极限法
恒常法</td><td>阈值、等价值等；定数的确定</td></tr>
</table>

1）不使用评估标准的方法

为了定量地评估景观，对于表示人们心理反应的评估项目进行物理计算和测量（计测指标）是很有必要的，根据评估项目，有时需要适当的参数。未使用数量评价标准的定性评价等方法中有“观测法”和“印象提炼法”。

在观测法中，使用眼动仪分析被观察对象眼睛的注视行为，有景观现场、幻灯片照片和合成照片等的评价实验。在印象提炼法中，提示被试的照片、幻灯片照片、合成照片、电脑图片等的景观，通过意见听取和问卷调查，将每个评价项目通过言语、图像等方式进行抽象的诠释。在这些方法中，有要点回忆法和印象提升法等方法。

2）使用评估标准的方法（评定法、评估法）

为了客观而定量地评估景观，需要评估项目的量表。评价标准有分类评估标准、序数评估标准、距离评估标准、比例评估标准、多元评估标准。

比如，作为序数评估标准的测定法在测定态度、嗜好时使用“成对比较法”，作为比例评估标准的测定法在测定感觉、知觉时使用“震级推测法”。多元评估标准的测定法，

有查尔斯 · E. 奥斯古德 (Charles Egerton Osgood, 1916 — 1991) 于 1957 年提出的“语义区分法（Semantic Differential Technique，SD 法）”。语义区分法中的标准称为意义尺度，“大—小”“好—坏”“喜欢—讨厌”等一对形容词作为评价用词，分别设定 5 个或 7 个等级的评分，根据被试的评分测定对象意义和印象，到今天仍广为使用。图 5.8 运用语义区分法表示日本 5 个广场的印象。

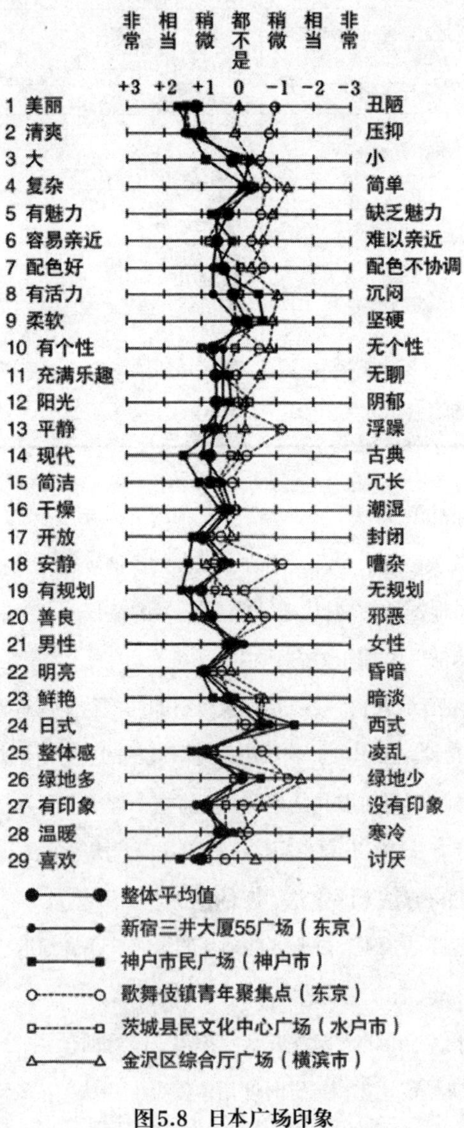

图5.8 日本广场印象

5.4.5 分析方法

进行景观评估时，被试的定性、定量数据不能直接用于解释景观特性和景观结构，需要根据相应目的进行分析。景观评估经常取决于主观判断，往往设定很多被试和评估项目，他们与评估值的因果关系很多情况下并不是那么明确、清晰。多变量统计分析（Methods of Multivariate）应用于分析多元性质的对象，统计、分析几个项目之间的复杂关联性，发掘隐藏于现象背后的结构和法则，是解释复杂现象的有效方法，广泛应用于心理学、社会学、经济学等各个领域。利用多变量统计分析，开发了很多分析方法，根据不同的目的进行选择使用。不同类别的分析方法详见图5.9。有因变量的多重回归分析、数量化Ⅰ类和Ⅱ类，无因变量的主成分分析、因子分析、团体分析、数量化Ⅲ类等经常被用于景观分析。

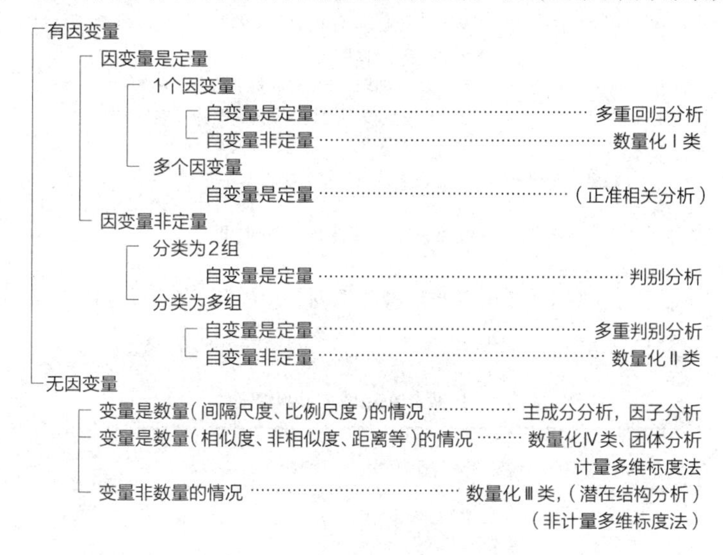

图5.9 多变量统计分析法分类

难解而容易陷入复杂计算的多变量统计分析随着计算机的发展避免了很多问题，因软件程序的普及，使用起来容易很多。因此，输入数据非常重要，数据结果通过机器输出，经过充分甄选后的数值也需要慎重解读。

5.5 景观规划的制定

本节论述的“景观规划”并非第5.3.2节中《景观法》中制度性的“景观规划”，而是作为景观理论概念。

5.5.1 景观规划定义

日笠大致把城市规划的内容分为“土地、设施规划”和“环境规划”，前者是按照以往观念的分类，后者是按照以人们生活为中心的新观念的分类。他指出一直以来对后者存在轻视同时强调了其重要性。

其中景观规划包括了环境的舒适性和文化范畴（图 5.10），在营造人居环境方面，充分确保美观、休闲等因素或保留城市的原有风貌，可以说为了综合性而有规划性地建设城市景观，明确了自治体的规划基本方针。景观规划大致分为三类：“政策的重要部分”“按照城市景观条例”“国家辅助性项目的一环”。

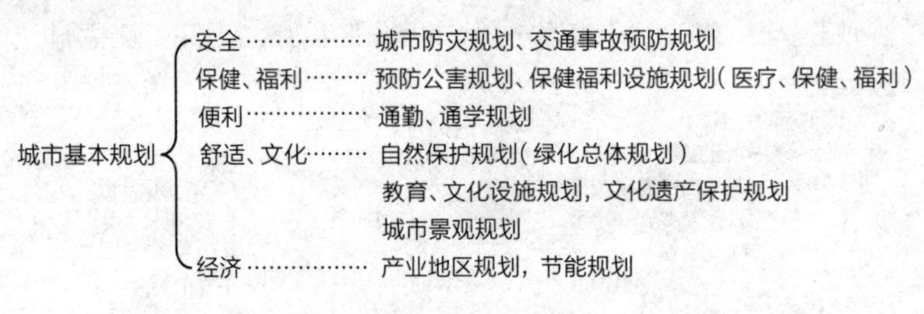

图5.10　城市基本规划中的环境规划

表 5.7 显示 1994 年 3 月的《东京城市景观规划》，由“东京的景观特点”“景观建设构想”“景观建设基本方针”“景观建设的展开”四章和资料篇构成。

表 5.7　1994 年东京城市景观规划

第 1 章	东京的景观特点
1	自然因素的景观特点
2	生活、文化因素的景观特点
3	空间因素的景观特点
4	其他因素的景观特点
第 2 章	景观建设构想
1	景观建设的三个目标
2	达成目标的十个方针
3	景观建设的框架
4	景观建设区域
第 3 章	景观建设基本方针
1	景观区域的建设方针
2	景观主轴的建设方针
3	景观节点的建设方针
第 4 章	景观建设的展开
1	关于景观建设
2	政策体系
资料篇	
1	市民的景观意识
2	关于“建设美丽景观的市民会议”
3	关于“东京城市景观规划讨论委员会”

5.5.2　景观规划的制定顺序

景观规划制定的流程如图 5.11 所示。制定规划的一系列工作按照以下顺序进行：

① 城市景观资源调查；

② 掌握景观类型的特色和问题；

③ 设定景观建设目标；

④ 制定景观建设对象基本方针；

⑤ 制定景观建设地区的方针；

⑥ 把握地区特性；

⑦ 把握各地区景观特点和问题；

⑧ 设定各地区景观建设基本方针；

⑨ 拟定地区景观建设规划；

⑩ 规划实施。

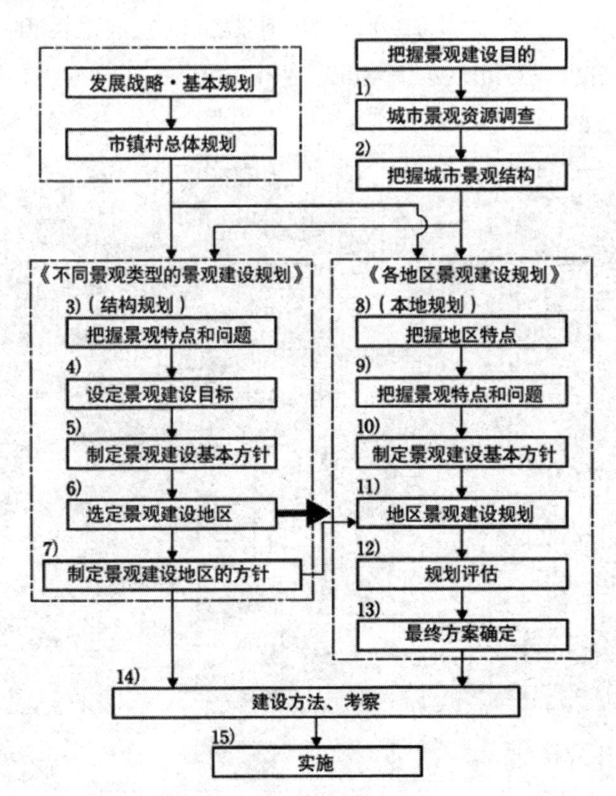

图5.11　景观规划的制定流程

以下针对各个阶段进行说明。

1）城市景观资源

景观资源是指在城市景观建设上具有特点的重要资源（要素），并能在地图上标示出来，称为“景观资源图（或景观地图）”。

景观资源有以下要素：

① 自然要素（山地、丘陵、低地、岛屿等基本地形，斜面、斜坡、溪谷、河流 、海滩等微地形）。景观的基础是地形，在地形上营造的景观有眺望、轮廓、整体感、临水效果。

② 历史要素（墓葬文化遗产、地上遗址，社寺、城郭、庭园等文化遗产，城市街道、村落的街道，旧街道、桥梁等土木遗产，拜祭、仪式等盛大景观，四季风景名胜等）。因为人们居住、生产、安保、防灾、信仰等生活，在土地上刻下了特别的历史印记并得以保存下来。

③ 生活文化要素（住宅区、商业区等的街道，繁华街道的热闹景象、城市公园，道路沿街、铁道沿线等的交通轴，超高层塔楼、纪念碑等大型设施，公园绿地、海滨，节日、盛装游行等城市演出）。现代的城市活动，作为一种景观出现在人们的视野中。

近期，从居民参与城镇建设的角度出发，根据问卷调查和沿街实地走访，尝试制作了景观资源图（图5.12）。

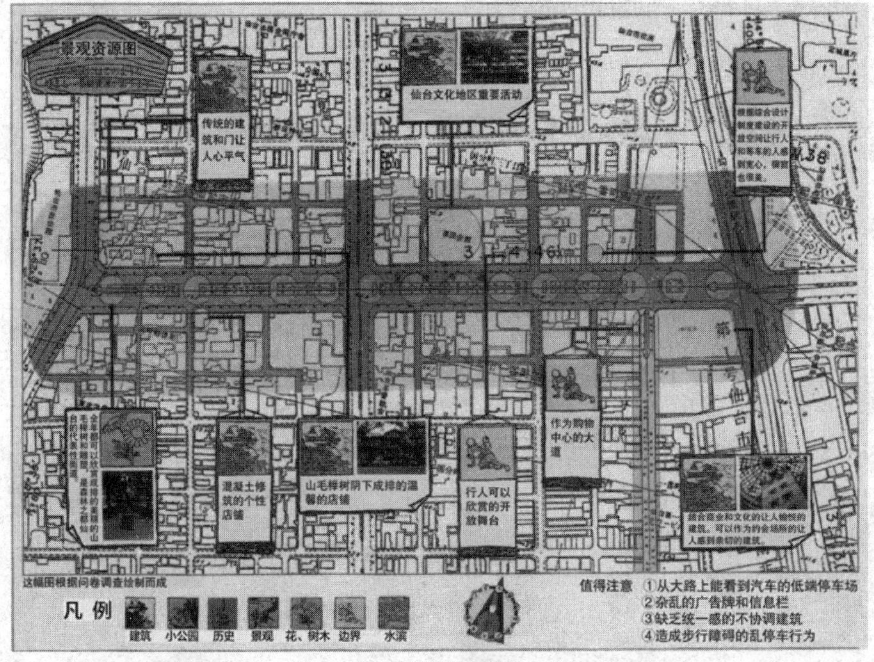

图5.12 景观资源图（仙台市）

2）城市景观结构

景观结构是指制定景观规划时，体现该地区的景观特点并作为景观架构，也可以说体现地区景观特点的骨架性基本结构。作为面、线、点要素，通过“景观区域”“景观轴”“景观点”表现的景观内容是很丰富的。

3）目标设定

与城市的基本构想、基本规划，以及市镇村总体规划进行整合，制定景观建设的长期展望。

4）景观建设基本方针

把握景观结构，整理各种景观类型的特点和主题，明确景观建设的目标后，制定更加具体的景观建设基本方针。为了创建良好的城市景观，除了建筑、道路、桥梁、公园等改变用地特征的建设与绿化之外，更将工作场所和街道家具等作为对象，规定和引导形态和色彩的设计，称为“景观导则（景观建设方针）”。为了帮助理解设计内容，配以平面图、立面图、轴测图、效果图等内容称为“景观建设模型”。

5）景观建设地区的方针

在城市景观建设重要的区域，选出重点引导和建设的示范区，提出建设方针。景观建设区域是以商业区和居住区等城市街道为对象的“景观创建区”，遗留了很多历史建筑并以继承城市风貌为目标的“历史景观区”，更多的传统建筑以建筑群的形式进行保存，并在文化遗产保护法中规定为“传统建筑群保护区”。

6）按照区划拟定景观规划

整理各地区的特点和主题，力求各类景观的规划与上位规划之间实现整合性，同时制定各种景观建设纲要并制定规划。在这一阶段，通过景观模型进行预测，评估规划并确定最终方案，并讨论实施策略。

5.6 景观与城市设计

5.6.1 城市设计拉开序幕

城市设计（urban design）从 20 世纪 60 年代中期开始作为独立的专业盛行，仅仅经历了 50 年，以惊人的速度发展起来。美国在 20 世纪 60 年代以前，以建筑师伯纳姆为代表、1893 年芝加哥博览会为契机的“城市美化运动（City Beautiful Movement）”

对当时的城市设计产生了很大影响。通过广场和轴线的古典巴洛克式城市规划方法，完成了城市空间建设，这一运动在美国各地广为传播，创建了几个拥有巴黎和罗马风的市民会场、法院、图书馆、美术馆等的“白色城市”。

19世纪后半期电梯和钢结构技术革新，以纽约为首的美国大城市中高楼林立。为了改善恶化的城市环境，波士顿规定了建筑高度限制（1903年），洛杉矶规定了区域制（1909年），纽约实行分区规划条例（1916年）。但是，随着城市间道路建设促进了城市郊区发展，中产以上阶层获得了很好的居住环境，市中心功能逐渐降低，低收入阶层的居住环境日趋恶化。

在这种状况下，作为美国从20世纪60年代中期后对付城市病的公共政策之一，全面针对城市的“城市设计”出现了。当时，美国的城市设计实践者有费城的埃德蒙·培根（Edmund Bacon，1910—2005）、旧金山的阿兰·雅可布（Alain Jacobs）、纽约市长约翰·林赛（John V.Lindsay，1921—2000）及其下属城市规划局率领城市设计团队的乔纳森·巴奈特（Jonathan Barnett，1937—）。与此同时，城市设计作为一门知识，被列入大学教育课程。1957年在宾夕法尼亚大学最初开设了思维设计课程，1960年在哈佛大学开设了城市设计系并向其他大学推广。1971年巴奈特本人在纽约市立学院开设了城市设计课程，具有理论和实践的双重意义，作为展示现代城市应有的姿态而渐渐地被美国社会所接受。巴奈特定义城市设计是指根据城市的发展、保护、变化，在物质环境建设上连续进行决策的过程，成为被广泛认知的一个概念，而且保护建筑和新建筑一样被视为城市风景，城市设计的范畴不止于城市，也包含了田园地区。

在日本广泛使用城市设计一词，始于20世纪60年代以后的高速经济发展期。这一时期，正如前面谈到的，城市设计具有理论和实践的双重意义，在美国作为一项政策以应对城市中面临的很多问题。相对于城市环境保护和再生，在日本探索城市化时代的建筑风格是至关重要的，也因此备受关注。但城市设计的用词和概念已经提前得以推广，1960年，东京召开了世界设计会议，丹下健三（1913—2005）拟定了《东京规划1960》，成为当时的热门话题。1961年和1963年，《建筑文化》杂志分别刊登了“城市的设计”和“日本的城市空间”特辑，1965年《建筑杂志》刊载了“城市设计”特辑，城市设计在建筑师和记者中形成一股热潮。但当时日本的城市建设，在概念和方针未成形的情况下，很多是建筑师个人的纸上谈兵而未被政府所采纳。

20世纪60年代日本对于城市设计的理解，背离了的原有观念和思考方式。“巨厦

（Megastructure）”象征着巨大化的城市，在当时的建筑界，城市就是集结了单个建筑的巨大化现象。当时，丹下健三提出：“城市设计就是建筑向城市型扩大，赋予城市更加丰富的空间概念，创造出新的、更加人性的空间秩序。”

此后，进入了历史文化保护、城市景观创建以及城镇建设等进程，城市设计在日本再次得到迅速发展要等到 20 世纪 80 年代。1971 年由全国自治体率先进行的横滨城市设计成为城市建设政策的范本，很多自治体受到了影响。

5.6.2　城市设计定义

日本对于“城市设计”一词，如果分别解释，“城市”意为“城市的”，“设计”是指“实现概念和意象，以可视的形式呈现”，将两个词合并就是“将城市的概念和意象以某种形态呈现”即是城市设计。

“urban design”有时作为“城区设计”的含义与“城市设计”存在不同之处。城区设计是指像住宅组团和车站再开发规划那样，设计融合了建筑、道路、绿地等，但城市设计是集合了多种城市景观的复合体，从开始认识整体的城市风景到设计手法上二者存在差异。近年来，提到良好城市环境时使用“城镇建设”一词。“城区设计”是政府、民众及专家团协作的工作；“城市设计”主要由政府主导，市民参与，城市规划和建筑专家协助推进；“城镇建设”是居民主导型，有为了改善身边环境而自发行动的意义。

5.6.3　城市设计思路

美国的城市设计作为城市政策的一部分，以城市再生和环境保护为目的，而日本主要是以创建城市美为前提的“城市景观修复”，以探索城市环境建设。虽然在城市设计的思路上日美两国存在差异，但基本思路都含有以下重要内容：

① 综合性地组织并呈现物质空间的设计；

② 系统的城市规划和单体建筑设计之间的协调；

③ 按照城市空间中实际居民的空间感受进行环境建设。

除此之外，从生活与空间的关系出发，使人对空间存在方式感到满意并创造新的生活方式，同时形成具有当地特色的空间也是城市设计的重要一环。

5.6.4 城市设计政策

前面介绍了景观规划的内容、顺序及措施等内容。以下介绍日本为创建具有特色的美丽城市景观，实行的城市建设政策法规。

1）景观条例

法律制度以全国性的《城市规划法》为首，完善《规范法》的自治体政策有条例、纲要、标准、要点、规定、指导、导则等相关法规。其中，可称为景观条例模板的《神户城市景观条例》（1978 年）制定后，许多都道府县和市镇村，结合地区条件（历史、风土）和主题，相继制定了景观条例（图 5.13）。城市景观条例大致分为“历史建筑和传统街道保护”和“创建体现城市精神的景观”两部分内容。1993 年，28 个府县、264 个市镇村制定了景观条例。

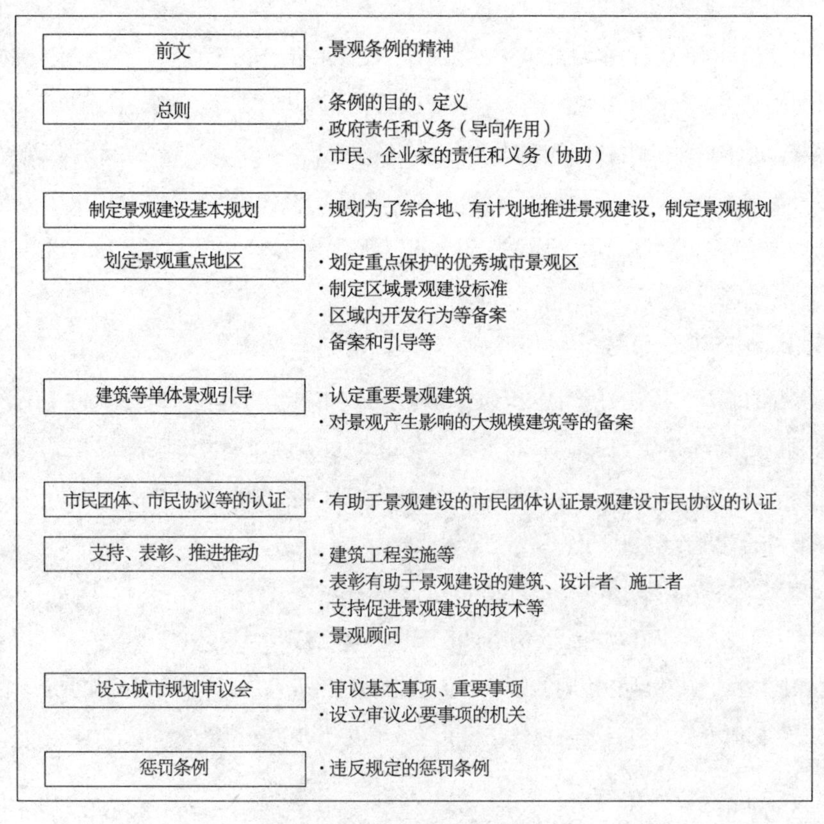

图5.13 景观条例的内容

最近的倾向是，条例中从“传统景观”“城市街道景观”“历史环境保护”这样一些生硬的措辞，发展为“绿色化”“小镇建设”“故乡”“街道”等较多使用平假名的柔和用语。这说明景观条例不仅在于美化城市，而且在明确城市建设理念的同时，自治体努力追求与市民的亲近。1985 年中曾根首相提出“城市文艺复兴”政策，在因此遭受破坏的一些自然环境良好的市镇村，制定了保护自然环境、进行开发指导的条例，避免度假公寓建设等乱开发对环境所造成的危害。如，新潟县汤泽镇的《住宅开发及中高层建筑指导纲要》（1987 年），1992 年又制定了《建设与保护自然协调发展的美丽汤泽镇条例》，并采用环境色彩规划标准进行建筑指导。同样，神奈川县真鹤市在《住宅开发指导纲要》（1989 年）制定之后，制定了有名的《真鹤镇城镇建设条例》（1993 年），并按照“美的标准、设计原则”进行了景观指导（表 5.8）。

图 5.13 整理了景观条例框架的内容。该框架内的内容是行政、市民、企业家等主体应当履行的责任和义务，以及为了推进景观形成措施，各主体实行的各种手续与相关的法律规定，在很多情况下作为指导性原则进行使用。

景观条例是经过议会的决议手续而制定的行政手段，只不过是在城市设计中所需的一个条件而已。实践性城市设计行政的先驱城市横滨，综合性地活用现有法规，根据需要制定纲要、方针、标准，虽然未制定全市景观条例，但在具体的城市设计方面取得了很好的成果。从这一点来看，景观条例是无法直接指导设计的。

而且，根据前述《景观法》的规定，应用景观条例（自主条例）的同时，顺利推行《景观法》是非常理想的，根据市镇村是否具有景观条例，今后将考虑与法定景观规划，景观法的委任条例以及以往的景观条例等相结合的模式。

2）景观指导

以形成良好的城市景观为目的，对建筑物的外形规定（高度、楼层、屋顶、室外广告物等）以及色彩、材料规格和建筑红线的方针称为“景观指导（景观建设方针）”。特别是，最近很多自治体完成了城市的代表景观即街道景观的建设方案。

为了更加容易理解景观指导而绘制的平面图、立面图、轴测图、插图、速写图等称为“景观创建模型”。景观模型的类型与景观指导一样可分为三大类，分别是地区特性如“传统建筑群保护区”那样保存型的“规定型模型”，地区特性如“历史景观区”那样继承型的“推荐型模型”，以及地区特性如现代住宅区那样一般景观区的“引导型模型”（表 5.9）。

表5.8 真鹤镇的景观标准（设计原则）

景观标准Ⅰ			景观标准Ⅱ	景观标准Ⅲ
标准	依据	基本精神	相关性	关键词
1.场所	（场所的尊重） 地势、轮廓、 朴素 氛围	*建筑必须尊重场所，不得影响风景	我们通过尊重 场所 在城镇和建筑的各部分中	•宗教·圣地·坡地 •丰富的植被·用地修复 •眺望场所·生机勃勃的户外 •安静的后门·与海接触的场所
2.评估	（评估建议） 历史、文化、 风土 范围	*建筑重现了我们的场所记忆，体现了我们的小镇	评估 历史、文化、风土。 通过各部分	•海洋相关工作，山村相关工作 •场所变换·瞭望 •建筑物的绿化·大门口 •墙面触感·主房 •柱子的氛围·门·玄关 •门和窗户的大小
3.尺度	（尺度考虑） 手掌、人 树木、森林、 山冈、大海	*任何事物都是以人为本。建筑首先具备与人协调的比例，其次必须尊重周围的建筑。	尺度	•沿着斜面的形状·构件连接点 •外城门高度·终点 •阶段性地外部大小 •窗户的窗格条·与旧址相关 •重合的细节
4.协调	（协调事项） 自然、生态、 建筑各部分 建筑群	*建筑必须与蓝色海洋和丰富的绿色自然，而且与整个城镇相互协调	的相关性，力求与蓝色海洋、茂密森林这些自然、美丽建筑物部分之间的相互 协调 那是真鹤镇大地和生活所创造的	•慢慢下降的屋顶 •光照·各种树的印象 •守护屋顶·北侧 •本地植物·绿地覆盖 •大阳台 •果树·相称的颜色 •隐约可见的庭院·格子棚的植物 •蓝天阶段·合适的停车场 •步行街生态
5.材料	（材料选择） 本地出产、自然 非工业生产品	*建筑必须用城镇出产的材料建造而成	材料 所培育而来的，	•自然材料 •土地的出产材料 •新鲜材料
6.装饰和工艺	（丰富的细节） 真鹤独特的装饰工艺	*建筑需要装饰，真鹤镇制作了镇上独特的装饰。艺术可以丰富人们的内心。建筑必须与艺术实现一体化。	装饰和艺术 为人们带来深深的慈爱和快乐。真鹤镇独有特质支撑着这些，作为城镇的骄傲，产生了为了守护和发展	•装饰 •海、森林、大地、生活的印象 •房前、房内 •屋顶装饰 •中心焦点 •步行目标

续表 5.8

	景观标准Ⅰ		景观标准Ⅱ	景观标准Ⅲ
标准	依据	基本精神	相关性	关键词
7. 社区	(社区保护) 生活共同区域、 生活环境 终生学习	*建筑是为了保护和发展人们的社区而存在的。人们都应该参加与建筑有关的内容，拥有保护和发展社区的权利和义务。	社区 的权利、义务、自由。 这一切都构成了一个整体， 被真鹤镇的人们、街道、 自然形成的	•几代人合住•外走廊 •平日之交•人的气息 •小群人群聚集 •被触摸的鲜花•老人 •看到街道的阳台 •店前学校•朝向街道的窗户 •孩子的家•能坐的台阶
8. 景观	(创建景观) 真鹤镇的眺望 景观 人们身处其中 的眺望景观	*建筑处于景观中，为了建设美丽的景观必须付出努力。	美景 包围着	•节日•萤火虫 •事件•美景 •繁华•气息 •令人怀念的街道

表 5.9 景观模型分类

建筑、村落状况	地区类型	指南类型	模型类型
历史地区	保存型	规定型	规定型
历史地区	继承型	推荐型	推荐型
现代地区	协调型	引导型	引导型

3）城镇建设项目

“城镇建设”这一用词，以前的印象是建设道路和公园等城市基础设施即所谓的“政府工作”。现在，会让人联想到城市中的一般市民自发参与环境建设的积极姿态和行动。为了顺利地推进城镇建设，提高市民意识是不可或缺的，在这种措施下开展了许多城镇建设的项目，如：

① 公开讨论会：研讨会、论坛、公开座谈会、脱口秀等。

② 研究会 (workshop)：本意是指“工作场合、作业场合”后指“进行某种工作、作业的同时，进行意见和技术的交换以及相互介绍的实习类研究会”。最近，为了进行推广，研究会还尝试使用了规范语言和设计游戏。

③ 城市观察：轻松地主动观察并漫步所在城市的街道，通过集体讨论寻求新发现的地区学习法。

④ 展览展示会：开展城市绘图、摄影、绘画展，自发关注所在城市的发展。

⑤ 参观学习会：确定目的和对象后，进行观察和学习。

4）景观奖项

针对有助于优秀景观创建的建筑、构筑物以及街道等的表彰制度，从 1971 年冈山市“优秀建筑表彰制度”开始以来，在许多自治体中作为景观推广项目进行运作。

5）百景评选

近期在许多自治体中实施的景观推广项目之一，由居民选出优秀风景、史迹、名胜、建筑、构筑物等当地优美景观。

6）景观智囊团制度

为了创建优秀的城市景观，成立专家智囊团，在各种专业规划中启用景观智囊团的自治体不断增多。自治体也推进了景观指导的制定。

7）城市缔造

城市设计是各方认识到城市景观整体发展的重要性，通过相互协作进行城市设计的方法，因此为了形成富有个性的城市景观，近年来综合性调整作为“部分”的建筑、构筑物和作为“整体”的城市、城市景观，开拓新出路的作用显得尤为重要。

作为城市创造者，为大众所熟知的有指挥法国“巴黎大改造”（1853 — 1870年）的拿破仑三世（Louis Napoleon Bonaparte,1808 — 1873）和塞纳县首长吉奥·E.奥斯曼(Georges Eugene Haussmann,1809 — 1891)，以及主持纪念法国革命200周年的巴黎“格兰项目”(1989年)九大项目的弗朗索瓦·密特朗（François Mitterrand,1916 — 1996）。

在日本，近期推进了大规模开发，为了综合性统筹整体设计，调整建筑师和设计师的领导职位一事备受关注。比如，熊本县“熊本艺术城市”项目（1988年）中的矶崎新（1931 — ）、多摩新城“绿丘南大泽”（1990年）中的内井昭藏（1933 — 2002）等。另外，在千叶、幕张新城市中心住宅区，自治体为了实现城市设计目标，根据城市设计指导设计各种设施建筑时，作为城市设计调整等相关的专门机构，设置了“规划设计会议”这一组织（参见第6章）。

5.7 各国的景观保护制度

本节介绍欧洲各国（英国、法国、意大利）先驱性的景观规定和策略。

5.7.1 英国

英国的景观规定并不是完全独立、完整的制度，而是由几个规定集合而成。包括基础控制“一般开发规定（规划许可制度）”、确保城市内远距离眺望景观的“战略性眺望景观保护”、保护具有历史价值的地区环境的“保护区制度”、保护具有历史价值的建筑物的“历史建筑保护制度”、保护街道安全以及提升道路环境的“广告规定制度”五个重要制度，在城市规划体系内实行。英国城市规划的核心是原则上按照许可制度对所有开发行为进行个别规定，以此实现详细记录地方城市规划基本方针中的城市规划目标。

其中，“战略性眺望景观（Strategic view）保护”的先驱试点，是伦敦市中心（City of London）称为“圣保罗高度（St.Paul's Heights）”（1938 年）的建筑高度控制。圣保罗大教堂（St.Paul's Cathedral）1666 年伦敦大火后由克里斯托弗·雷恩爵士（Sir Christopher Wren,1632 — 1723）设计，并于 1711 年复建，从它的圆顶可以眺望城市的远方，图 5.14 说明其周边建筑物的高度控制。

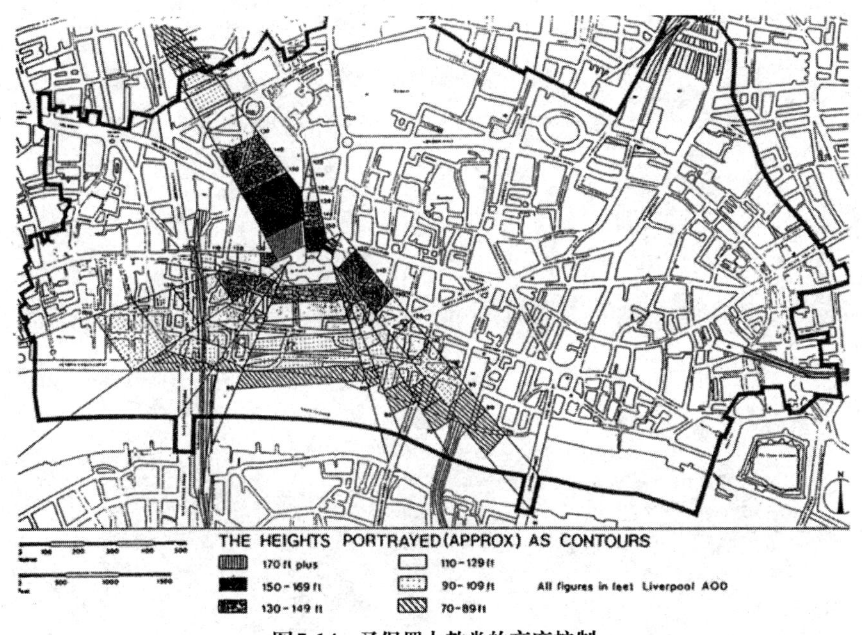

图5.14　圣保罗大教堂的高度控制

5.7.2 法国

法国主要的景观政策是根据 1913 年制定的“关于历史纪念物及其周边地区保护的《1913 年 12 月 31 日法》”，通称《历史纪念物保护法》，开始对建筑物从“点”的概念出发予以保护。在那之后，根据 1930 年制定的“景观区保护相关的《1930 年 5 月 2 日法》”，通称《景观保护法》，创立了“保护区”。这是历史纪念物周边 500 米范围内现状变更的许可制度，是从“面”的概念出发的景观规定。另外，根据 1962 年制定的“补充了法国历史、艺术遗产保护法律，促进改善建筑的《1962 年 8 月 14 日第 903 号法》”，通称《马尔罗法》（*Loi Malraux*），为了保护城市历史环境，在得到相关市镇村同意的基础上，划定了“保护区（S.S）”并制定“保护与发展规划(PSMV)”，稳固了国家级历史街区保护体制。

地方级景观政策继承了1967年编入城市规划各项制度中而已经被废止的《马尔罗法》，1983年设立了“建筑、城市历史遗产保护区（ZPPAU）”，1993年包含了城市天际线和远景的“景观、建筑、城市历史遗产保护区（ZPPAUP）”中新增了保护地区，将保护对象范围从城市扩大到了周边的村镇地区。

在《马尔罗法》制定五年后的1967年，制定了《土地指导法》，并由此修订了《城市规划法》，在人口1万人以上的一个或多个市镇村为单位，制定城市未来发展方针、“城市总体规划纲要（SD）”，而且为了合理利用城市空间制定了“土地使用规划（POS）”。在巴黎，1977年制定了“城市总体规划（SD）”，即行政管理性的土地使用规划的上位规划，适用于私人业主的土地使用规划也得到了认可。土地使用规划的城市景观规定，包括设定区域划分和容积率、建筑高度、建筑控制线、建筑位置等规定。其中，建筑高度即一般性建筑高度规定“高度规划”加上根据周边道路宽度决定的“轮廓线”，为了保护纪念建筑和历史街道的眺望景观，在一定地点上从观察者的视点出发，穿过被保护纪念建筑外形两端的直线即“景观保护纺锤线(Fuseaux)”而制定的。建筑的外观保护分为“远景”“全景”“视廊”三种类型（图5.15）。

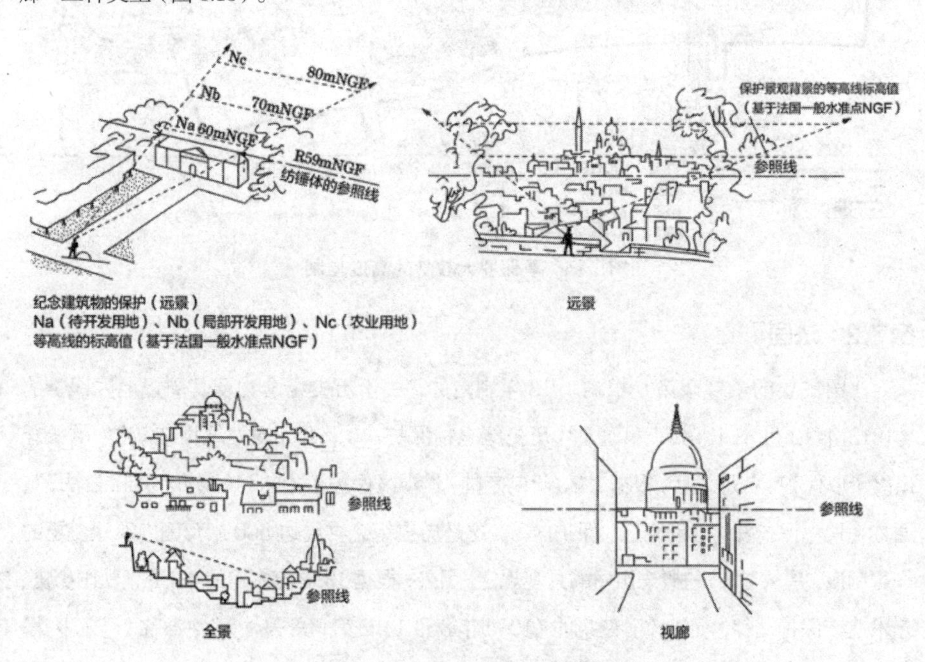

图5.15 “景观保护纺锤线”控制的思想

5.7.3 意大利

意大利景观保护政策大致可分为公共职能部管辖的开发规划、建设以及文化和遗产部管辖的保存、保护规划（图5.16）。以下阐述景观行政流程与法律制度之间的关系。

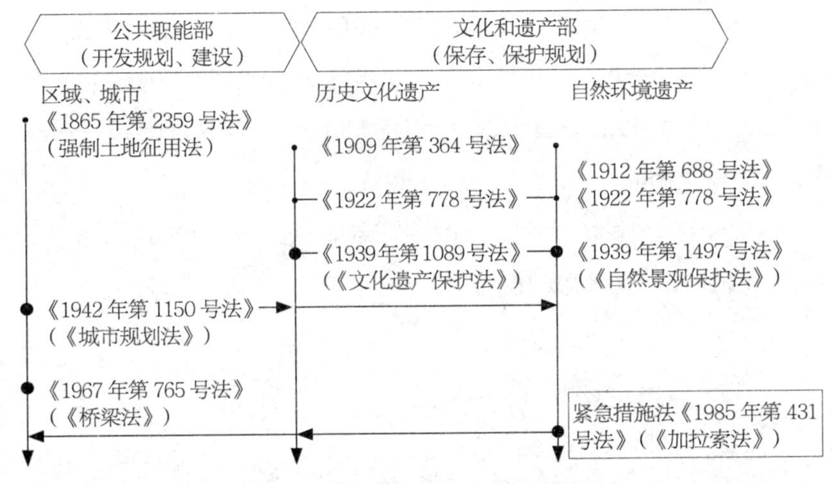

图5.16 意大利景观保护的法律法规

首先，公共职能部管辖的城市规划内容源于1861年意大利南北统一后的《1865年第2359号法》（《强制土地征用法》）规定的近代意大利城市规划，而现在的《城市规划法》的基础是1942年法西斯主义时期制定的《1942年第1150号法》（《城市规划法》）。1942年的法律中，除了包含城区历史中心区（Centro Storico）的划定和再开发等规定外，作为城市规划体系还设定了区域调整规划（PTC）、城市总体规划（PRG）、地区详细规划（PP）这三个阶段的法定规划。1967年，修订1942年法制定的《1967年第765号法》（即《桥梁法》）规定地方政府自主划定重点历史中心区，中心区的事业务属于地方制定的地区详细规划即修复规划。因此，历史环境的保护规划从单体保护扩大到了全面保护，暂时控制了城市景观的破坏现象。

其次，文化和遗产部管辖的保存和保护规划中，规定保护历史文化遗产，包含具有艺术、历史价值的宅邸、公园、庭院，1939年制定了《1939年第1089号法》(《文化遗产保护法》)，继承了《1909年第364号法》和《1922年第778号法》的规定并沿用至今。此法将历史城市街道的景观作为保护对象，控制了建筑开发行为。在自然环境遗产方面，最初有规定了景观保护的《1912年第688号法》，后续增加以“眺望景观”为保护对象的《1922年第

778号法》，以及完善前述几项法律的《1939年第1497号法》（《自然景观保护法》）。此后颁布了以此法为基础，以名胜和海岸等环境保护为目的的《加拉索法》即覆盖整个国家的景观规划法。《加拉索法》是由当时的文化和遗产部副部长、考古学者加拉索（Giuseppe Galasso,1929 —）制定法案，并正式颁布于"包含保护具有特别环境价值的地区修正案在内的紧急措施法《1985年第431号法》"，以意大利共和国宪法和《自然景观保护法》作为上层法律，针对当时休闲观光的多样性，观光地和风景区等无规划地胡乱开发导致的环境恶化而出台的紧急措施，各地方有制定风景规划或区域规划的责任。

意大利的景观规划基本上是根据土地利用规定和建筑规定，利用城市、乡村地区的历史资源，突出个性的环境保护规划。

第6章　城市更新和城市开发

6.1　新开发和城市更新

6.1.1　新开发和新城

在城市开发中，根据开发用地大致分为“新开发”和“再开发”。

新开发指在基本上未经过城市开发利用的土地（未利用土地、非城市土地等）上进行有规划的城市建设，其代表是在未利用的土地上进行的被称为“新城建设”的开发项目。

新城的思想起源，据说是霍华德的田园城市，按照英国 1946 年制定的《新城法》（New Town Act）建设的城市（36 个）称为新城。新城，顾名思义就是建设新的城市，居住功能自然不用说，还具备了办公、商业、工业等功能的自给自足型城市。而今天特别强化居住功能的城乡接合部（居住区域），工业、流通以及研发功能的工业园、科技园、研究学园城市也归入了新城范围，其内涵与时俱进地不断得到放大。

战后，日本正式开始新城开发的是千里新城。主题为“在以大阪附近通勤的中低收入人群为主、加上一部分高收入人群的稳定居住区域培养独特的文化”，是规划面积 1150 公顷、规划人口 15 万人（3 万个家庭）的大规模新城。自 1962 年开城以来，1969 年人口超过 10 万人，1975 年约 13 万人，迎来了历史最高峰；因为小家庭化、少子化等因素，2006 年人口减少到大约 9 万人。千里新城规划之后，借着高速经济发展期的浪潮，到 20 世纪 60 年代，筑波研究学园新城、千叶新城、多摩新城、港北新城等大型城镇相继在大城市近郊落成（表 6.1）。这些大型开发在短时间内保证了一定水准，起到了促进住宅供应的作用，但与起源于英国的具有自足性、自立性的新城思考方式还是存在明显差距的，其结果是像城乡接合部一样进一步增加了小城市的负担。如千里新城，家庭和社会的生存方式和价值观等发生了很大变革，因规模过大很难随机应变，最后无法实现当初的开发目标。因此，近年来控制了规划规模，希望新城建设提高与周边地区联动性。

表 6.1　日本主要大规模新城开发（规划初期的数据）

名称	规划年份	规划面积（公顷）	规划人口（万人）	主要母城市
千里新城	1961	1150	15	大阪
高藏寺新城	1961	702	8.1	名古屋
筑波研究学园新城	1965	2700	10	东京
千叶新城	1966	2913	34	千叶
多摩新城	1967	3016	37.3	东京
港北新城	1968	2530	30	横滨

另一方面，新型开发利用水上等非城市土地，通过填海创造的新城也成为典型现象。日本是四面临海的国家，在具有平静内海的城市，很早就开始进行填海工程并在其上建设城市。可以说东京、大阪、名古屋、神户、福冈等大城市都是经过填海才成就了现在的繁华景象（图 6.1）。关于打造填海地上的新城，就要提到神户人工岛。神户人工岛于 1966 年开始建设，经历约 15 年，1981 年完成，加上 2005 年的二期工程，面积达到了 826 公顷。土地用于商业、居住、物流、公园、医疗以及教育功能（4 个大学），人工岛港南部海面上有2006年开始运营的神户机场,可以说是真正意义上的新城,是海上城市的代名词(图6.2)。

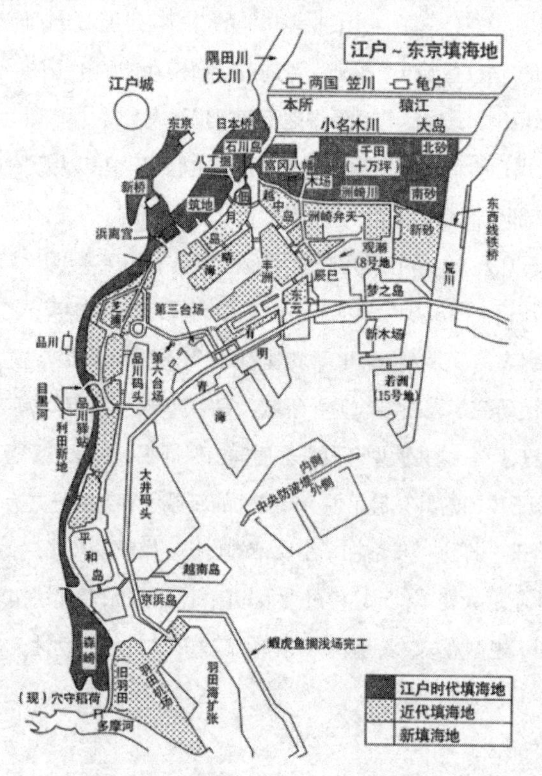

图6.1　东京湾（江户湾）填海地变迁

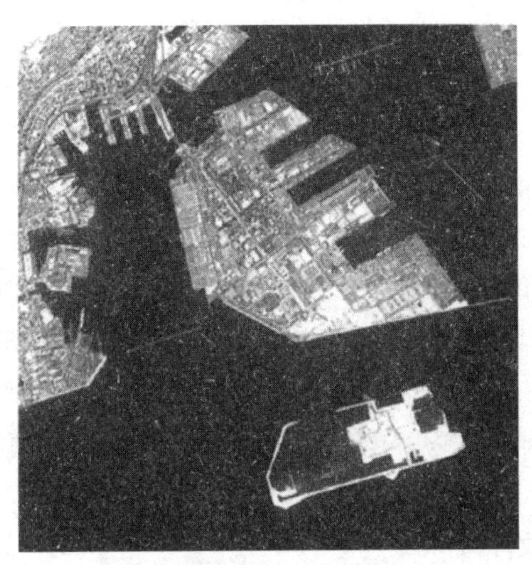

图6.2　神户人工岛港（附神户机场）

近年来，因为 1995 年新交通系统的启用而真正开始发展的东京第 7 号副中心—东京临海副中心（占地面积 448 公顷，居住人口约 4 万人，就业人口约 7 万人），在城市中能享受到放松的感觉，是作为生活休闲和娱乐区而建成的新型城市。在此基础上，最近随着各种办公需求的增加，成为能够提供大量写字楼的商务区。

此外，横滨市未来 21 世纪港、大阪市大阪南港、福冈市百道地区等进行了数百公顷规模的填海地开发，可称为岛国特色的新型开发。

6.1.2　城市更新、再开发及建设措施

新开发是指以没有明显经过城市利用的未开发土地和填海地等新土地为对象的项目，已经经过城市开发的现有城市街道、居住区中，改善城市功能和居住环境退化、恶化称为城市更新 (urban renewal)。城市更新是将现有城市街道内对象区域的全部或者一部分，赋予新功能，创造新环境，与城市再开发（urban redevelopment）具有同样的意义。

进行城市再开发的动机有：①改善建筑物和基础设施等老化、陈旧问题，②促进土地合理化、高度化地有效利用，③建设和改善区域环境，④确保交通设施及其周边公共功能、空间，⑤促进城市防灾，⑥保护区内特有的历史建筑等社会需要。

城市更新、城市再开发的具体工作一般通过“地区再开发”“地区修复、改善”和“地区保护”这三种方式进行。

1）地区再开发

地区再开发（redevelopment），不仅是指拆除和建设（scrap and build）对象区域的建筑物，还包括再建街区、街道、广场、公园等全面改造工程。因此，开发主体须进行再开发前（原有）的土地取得、建筑解体和拆除、居民转移以及安置等处理，重新审视基础建设，同时还需要考虑包括街区、街道、广场等的建设，新建筑建设，顾及景观和环境的基础设施建设，以及包括原住居民在内的入住者的确定等非常繁多的工作内容。

地区再开发先将现有城市街道当作空地，未来可以描绘出新的城市景象。因此，需要制定考虑充分的社区规划，即对象区域与周边的街道和景观等的连续性(urban context)和一体性不要产生抵触，不要影响长年形成的地区特色与文化等资源，引起大规模新建住宅入住的新居民与原有的旧居民之间产生隔阂。

2）地区修复、改善

修复（rehabilitation）和改善（improvement）工程是指像再开发那样大规模的复建工程，在对象区域内保留完整的建筑和健全的城市功能，改造修缮部分出现问题的建筑和基础设施。具体而言，为了更加突出具有地区个性的历史性建筑和街道等，致力于街道新建和拓宽，建设广场和公园，同时拆除陈旧建筑群、功能老化的设施和基础设施等，从而提升地区价值。因此，不能仅仅准备再开发项目的资金（投入资本），应该积极维持地区目前的良好现状或以提升现有状况为前提，通过加强以上事项努力改善地区居民的生活环境。

地区修复、改善的解决方案需要对好坏进行价值判断，会考验开发主体和规划制定者的能力。如果进行合理施工，既能保持现有社区又能尽快融入周边地区，不需要很长的时间就能实现区域再生。

3) 地区保护

保护（conservation）是指为了保持和继承传统街道、历史建筑遗产等现存良好的城市街道、居住环境以及历史文化设施，去除和整顿影响地区保护的宅基地细分（小型开发）、土地利用、建筑设计、景观等。与修复和改善的不同在于，保护是为了维持良好环境、建筑和设施，只在整顿程度上下功夫，采取一些手段防止影响地区的因素出现。

保护这一城市更新方式与不采取任何措施的冻结型保护(preservation)有所不同，而是更加积极地看待对象，跟随快速变化的时代提升地区价值，不至于被现代同化并传承给下一代。

综上所述，城市更新的典型方法有“地区再开发”“地区修复与改善”“地区保护”三种，有只适用于单一方法的情况，也有需要相互配合的情况。而且，近年来随着保留地区遗迹，促进地区个性，提高社区意识等的思想高涨，相比地区再开发，更倾向于重视地区修复、完善以及地区保护。为了更新大城市中心区（高地价区）的老化建筑群和基础设施，积极地进行地区再开发后，城市中心区发生了显著变化。

6.2　居住区开发

6.2.1　多摩新城（整体规划和第 15 居住区绿丘南大泽）

多摩新城位于距东京市中心 25 ~ 40 千米的多摩丘陵一角，跨越稻城、多摩、八王子、町田 4 个市，规划面积约 2884 公顷，规划人口约 34 万人，是日本最大的新城。从 20 世纪 50 年代中期开始由东京城市改建机构（当时叫日本住宅公团）和东京住宅供应公社开发，以丘陵为中心，大约 78% 的规划区域为新居住街区开发建设，其他部分由土地区划整理单位开展建设工作 。整体由 21 个住宅区构成，按照每个住宅区配备 1 所中学、2 所小学的学区基础，住宅 3000 ~ 5000 户，人口 12000 ~ 20000 人进行规划（表 6.2、图 6.3）。

表 6.2　开发参数

所在地：东京都稻城市、多摩市、八王子市、町田市 开发主体：东京，城市改建机构，东京住宅供应公社	规划年份：1965 年 规划人口：约 34 万人 开发面积：约 2884 公顷

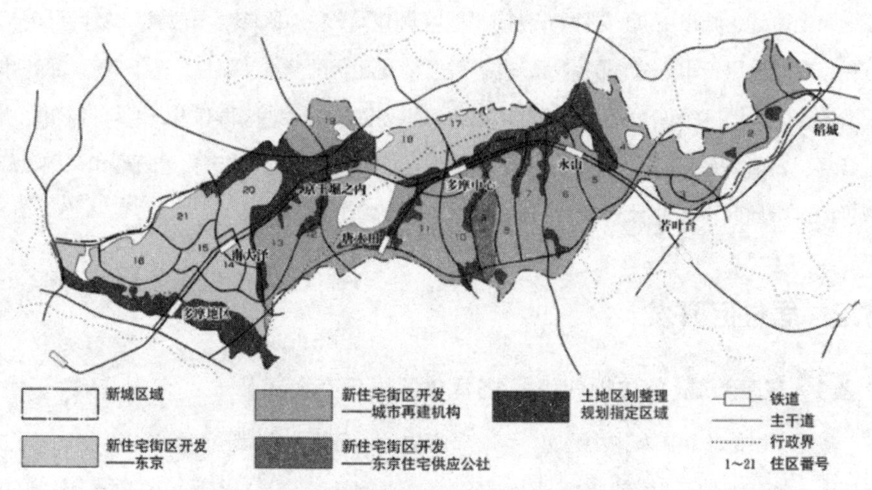

6.3 多摩新城整体规划(项目实施方式及分类)

作为多摩新城第 15 住宅区而开发的绿丘南大泽，位于新城的西南部，总占地面积约 96 公顷，是以 1304 户中层集合住宅为中心的住宅区（图 6.4）。

这一住宅区的特点是，项目整体采用了建筑师“总设计师（Master Architect）方式”。过去的集合住宅区容易形成南向平行配置的单一且单调的空间结构，而且各年度的开发又缺乏统一性。这也是住宅从重视量到重视质的时代更迭后，过去的项目实施方式很难攻克的问题。为了建造既有各个建筑独特的个性，同时又整体统一的街道，在设计上采用了总设计师方式。

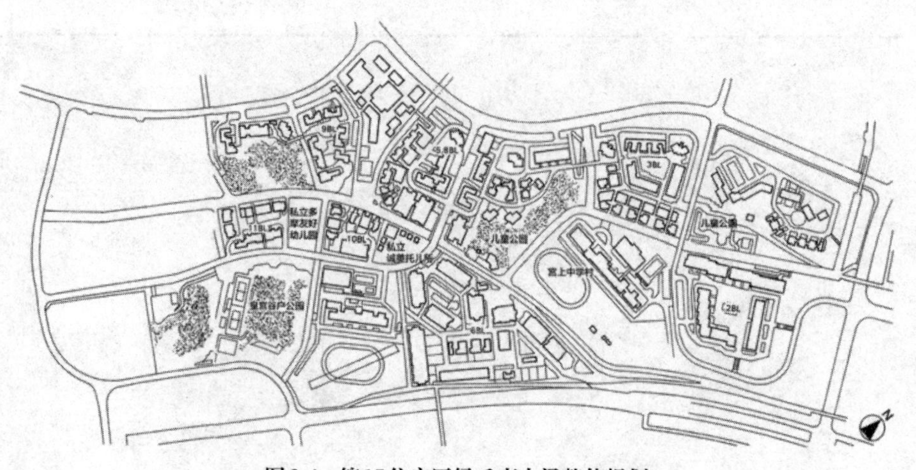

图6.4 第15住宅区绿丘南大泽整体规划

整体设计协调，由建筑师内井昭藏先生担任。采用了与以往南向平行配置不同的“街道型”布局结构，建设街道景观，用“远景”“中景”“近景”的等级，作为构建景观的基本理念，丘陵地形参照意大利山岳城市的建设风格，建设统一感十足的景观。在“个体多样性与整体的协调”这一难题上取得了一定成果并且很有意义，此后这一方式也应用于多摩新城的多个住宅区（图 6.5）。

图6.5　步行街的街景

6.2.2　代官山集合住宅区（Hillside Terrace）

相当于城市规划的长期目标实现，开发期历时约 25 年，作为城市设计的实际案例取得了非常好的成果。设计主体即建筑事务所负责设计的同时阶段性地实施规划，因为是阶段性地进行城镇建设，所以即使整体规划还未完成，也不会有杂乱的感觉，而且能够清晰地看到街道建设的连贯性（过程）。1989 年 10 月的用地性质指定，将一类居住专用区改为二类居住专用区，因建筑容积率的增加，虽然楼层高度和建筑体积相比初期阶段发生了很大变化，但为了连续性的实现每个建筑的街道空间一体化，进行了巧妙的开放空间规划和建筑布局，让人能够欣赏到美丽的街道景观（移动时渐渐变化的景色）。代官山集合住宅区对于现在缺乏连贯性的城市空间建设，是长期且连续的城市设计手法的模范案例（表 6.3、图 6.6、图 6.7）。

表6.3 开发参数

所 在 地：东京涉谷区猿乐街18号 设　　计：桢综合规划事务所 开发主体：朝仓不动产	开 发 期 间：1969年（一期完成） 1992年（六期完成） 开 发 面 积：3424公顷 总建筑面积：20097平方米

图6.6 代官山集合住宅区鸟瞰

[照片提供:(株式)桢综合规划事务所]

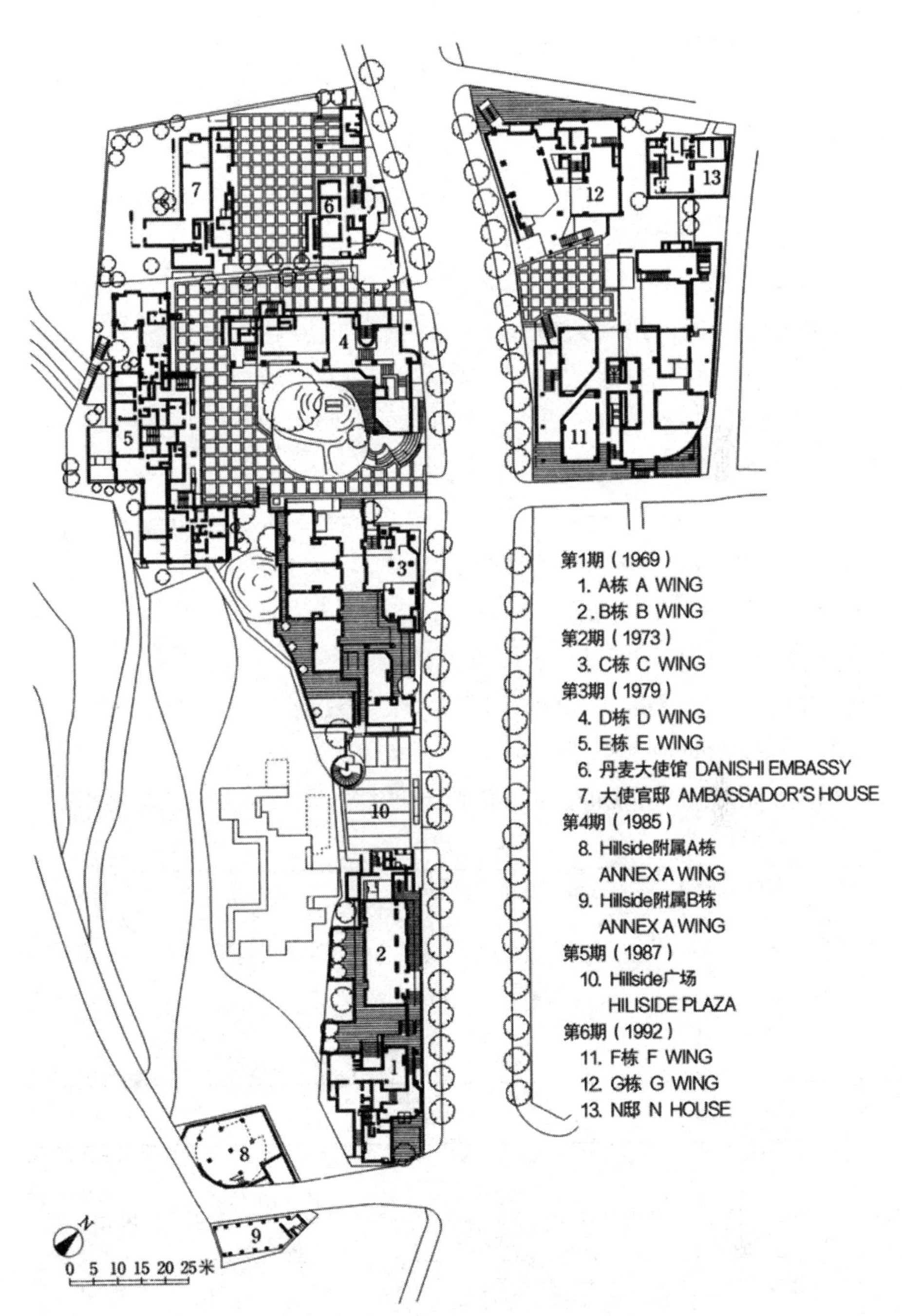

图6.7　代官山集合住宅区整体规划(地上部分)

[资料提供:(株式)桢综合规划事务所]

6.2.3 幕张港城（Baytown Patios）

幕张新市中心位于千叶市西端的临海填海地，到东京市中心乘坐 JR 京叶线需要 30 分钟，交通非常便利。这是 1983 年制定的千叶新产业三角构想的基本项目之一，以"文娱活动和高科技"为主体，就业人口约 15 万人，居住人口约 2.6 万人，致力于建设尖端技术与文化协调发展的国际商务城市。

幕张港城位于幕张新市中心南端，配备了和国际商务城市相符的居住环境和城市设计，以建设引领 21 世纪城市生活方式的居住区为基本理念，面积约 84 公顷，约占幕张新市中心的 16%，规划户数为 8900 户。整体上，所有的住宅建筑中央配置中庭，集合住宅区规划极具个性，街区外围是高层（20 层）、超高层（30 ~ 40 层）住宅，中心位置配置了中层（6 ~ 7 层）住宅，为保证未来必要的公共设施，预留了部分公共用地。此外，在超高层、高层街区配置了与中层街区同样的沿街型住宅。超高层街区住宅中提供带土地出售住宅约 3500 户，中、高层街区带转租权销售住宅约 1700 户，租赁住宅 3700 户。通过这 3 种不同的住宅供应方式，致力于防止街区老龄化，活跃区域氛围（表 6.4、表 6.5、图 6.8）。

幕张港城以进行整体综合性规划的"项目规划调整委员会"为最上位组织，对幕张港城项目发展中必需的重要事项进行协商并汇总的"项目推进协会"，针对各街区的住宅、公共公益设施、公园和道路规划以及城市设计调整的"规划设计会"，进一步调整住宅建筑及道路、公园等设施规划和城市设计的"规划设计调整方"等，各方相互协作开展工作。

表 6.4 开发参数

所 在 地：千叶县千叶市美浜区打濑 2-3-12 开发主体：千叶县企业厅 项目规划调查委员：渡边定夫、蓑原敬 用　　途：集体住宅、店铺 开发规模：总住户 704 户 （分售 629 户，租赁 75 户）	建筑密度：第二类居住区（准防火区）60% 邻近商业区（防火区）80% 容 积 率：第二类居住区（准防火区）300% （高效利用区 400%） 邻近商业区（防火区）300% （高效利用区 400%） 区域用地：居住区、邻近商业区

表 6.5 土地利用规划

区分		面积（公顷）	比例（%）	备注
公共用地	道路	17.45	20.8	10 处
	公园	8.19	9.8	
	绿地	3.80	4.5	
住宅用地	住宅用地	38.91	46.5	全部 32 街区
	公益设施用地	7.33	8.8	
	其他	8.05	9.6	预留用地
合计		83.73	100.0	

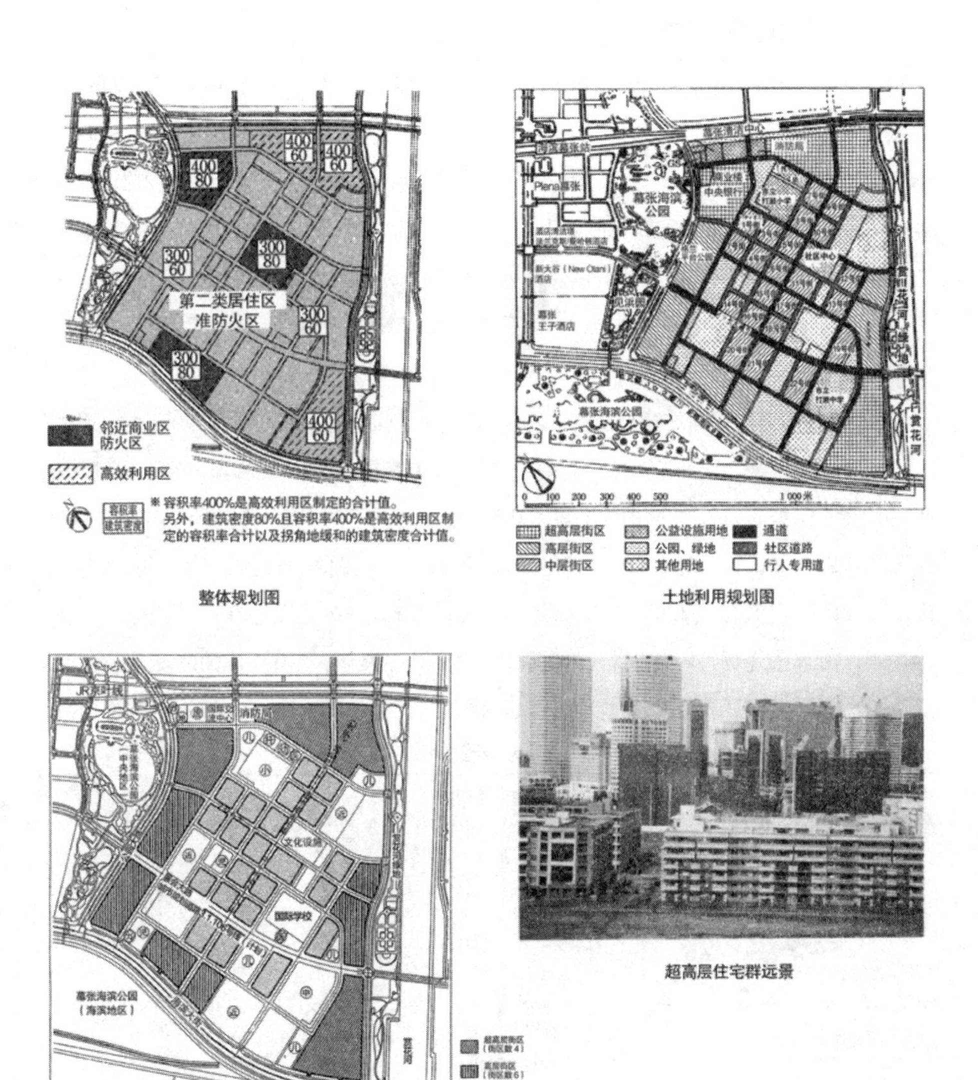

整体规划图

土地利用规划图

住宅配置规划图

超高层住宅群远景

图6.8　幕张港城规划

6.2.4 大川端河川城市21

作为东京港湾开发先驱的大川端地区住宅街区综合建设项目是大川边界再开发构想的重要一环，在实现“我的城市东京构想”的东京长期规划中，对于恢复区域居住空间意义重大。大川端河川城市21规划（1985年）以东京临海部中央区月岛的面积为27.9公顷的石川岛播磨重工的工厂、仓库旧址为对象，一体化、综合性地建设住宅和周边公共设施，是日本初期真正的官民共同事业，由住宅城市建设公团（现在的城市基础建设公团）、东京都住宅局、东京都住宅供应公社、三井不动产四方牵头拟定并于1986年动工（表6.6、表6.7）。

规划用地中央南北向贯穿与东京站连接的城市规划道路、辅助道路第305号线，分为东、西、北3个区块。东区由东京都住宅局、东京都住宅供应公社、住宅城市建设公团负责，西区由三井不动产负责，北区由住宅城市建设公团、三井不动产负责，共计14栋住宅楼，租赁住宅2504户，商品房1382户（图6.9）。而且，规划按照“特定城市住宅街区综合建设促进项目”的指定，不仅是住宅，街道、公园、文化设施等建设都享受到了国家补助。此外，于1994年变更为复合功能用地的北区，也制定了文化、公共设施的建设规划。面临隅田河的港湾部因采用了超级堤坝而确保了水源 。

表6.6 开发参数

名　　称	河川城市21东区	河川城市21西区	河川城市21北区
所在地	东京中央区佃二丁目	东京中央区佃一丁目	东京中央区佃二丁目
开发主体	东京都住宅局、东京都住宅供应公社、住宅城市建设公团	三井不动产株式会社	三井不动产株式会社、住宅城市建设公团
开发期间	1986年4月动工	1986年4月动工 1992年5月竣工	1995年12月动工
占地面积	3.25公顷	3.15公顷	2.6公顷
总建筑面积		183206平方米	225870平方米
建筑面积		12467平方米	12310平方米
建筑密度	49.39%（许可60%）	39.51%（许可60%）	47.35%（许可80%）
容积率	472.08%（许可400%） 按照城市街道住宅综合制度	475.99%（许可400%） 按照城市街道住宅综合制度	701.08%（许可600%） 按照城市街道住宅综合制度
楼层数	租赁A栋(37楼)，B栋(37楼)，C1栋（10楼），C2栋（20楼），D栋（8/6楼），E栋（13楼），F栋（6楼），G栋（19楼）	租赁KL栋（14楼），租赁H栋（40楼），出售J栋（31楼），出售I栋（40楼）	租赁N栋（43楼） 出售M栋（54楼）
停车位	约600个	约1000个	约1100个
区域用地	第1类居住区	第1类居住区	商业区
开发方式	城市街道住宅综合设计制度	城市街道住宅综合设计制度	城市街道住宅综合设计制度
用　　途	住宅1366户、运动设施、托儿所、停车场	住宅1170户、公共商业等设施、运动设施、儿童馆、停车场	住宅1350户、公共设施、文化设施、停车场

表 6.7　土地利用规划

类别	面积(公顷)	类别	面积(公顷)
居住用地	11.4	道路	5.9
商业用地	1.3	河川、沟	3.9
复合用地	2.6	公园、绿地	5.8
教育设施用地	1.4	其他	0.3
		合计	28.7

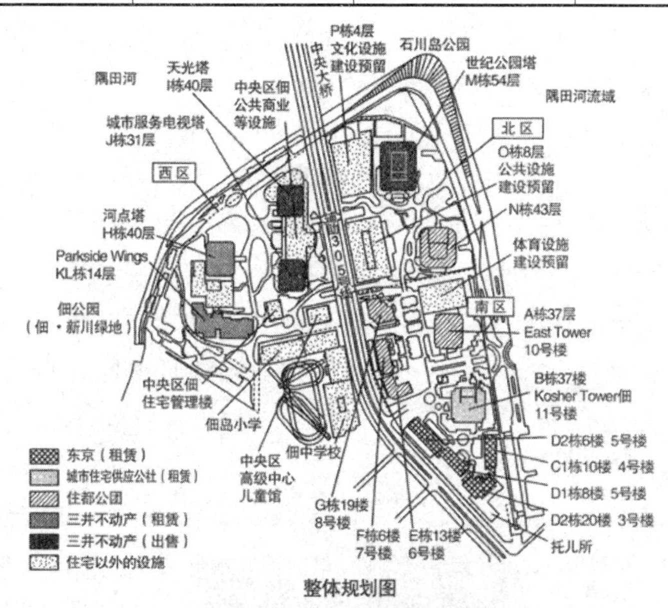

整体规划图

河川城市21西区(鸟瞰)

图6.9　河川城市21规划

6.2.5 六甲岛

六甲岛是神户市濑户内海填海建成的海上城市。同西面先建成的神户港湾岛一样，主要是从六甲丘陵提供砂土而完成的人工岛。提供砂土的旧址建设成须磨新镇和射虎研究学园，这对于平地较少的神户市可谓一举两得（表6.8）。

岛外的城市与岛之间通过具备每小时约1万人运力的新交通“六甲班轮”连接，大约需要10分钟到达JR住吉站。总面积580公顷的土地，大致分为“城市用地”“码头用地”“港湾用地”“道路、绿化用地”四个区域规划。

其中，131公顷的城市用地区主要配置于岛屿的中心位置，住宅功能（38公顷）和公共商业功能（24公顷）相互协调，致力于发展具备文化、教育（30公顷）功能和公园、绿地（17公顷）等舒适、繁华的街道。早期为实现这一目标从1985年开始开展了4次街道设计比赛。公共事业（神户市）着力于道路、公园、学校这些基础设施建设，但对其他部分仅限于阐述城镇建设的基本方针，通过设计比赛积极引入民间活力（观念、技术知识、企业执行力、资本等）。招商入驻这一措施与市政府作为主体推进城镇建设的港湾岛相比，存在很大的差异。

城市的地标是南北向流经岛屿中部的河流沿岸称作“RiverMall”的河流广场 。重要节点设置了喷泉、花坛、雕塑，宽度为3 ~ 16米的河流绵延约1千米，配备了城市公共设施。水深15 ~ 50厘米，到了夏天是孩子们绝好的玩水场所，非常热闹，当地居民也在这里休憩与交流。另外，为了景观的统一性，将住宅设计成三角形屋顶，商业楼则为圆形屋顶，是这里建筑的一个共同点，也成为当地的一大特色（图6.10）。

表6.8 开发参数

所 在 地：兵库县神户市东滩区 填海面积：580公顷 开　　工：1972年12月	总工程费：12400亿日元 （填海建设费5400亿日元， 地上建设费7000亿日元） 规划人口：约3万人（约8000户）

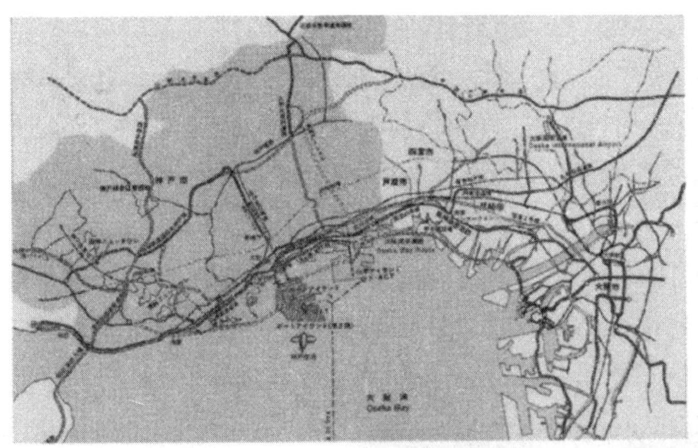

位置图
（引自神户市指南“Rokko Island”）

成为居民休闲场所的河流广场

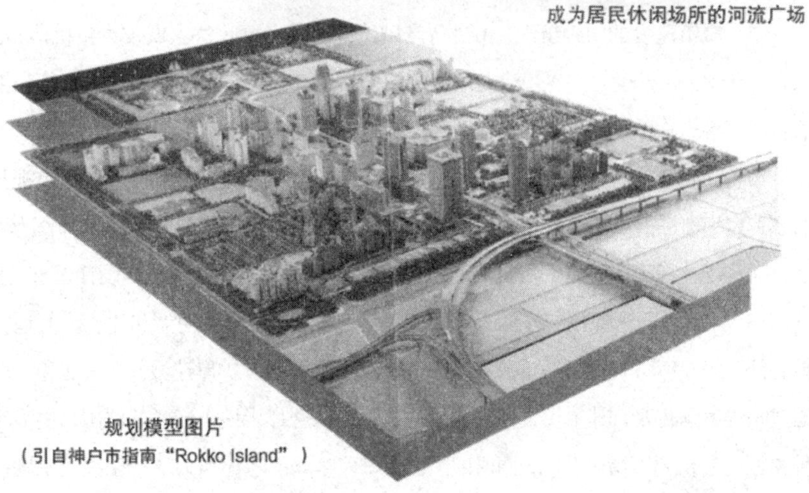

规划模型图片
（引自神户市指南“Rokko Island”）

图6.10　六甲岛规划

6.2.6 芝浦岛

本项目的开发用地是旧国营电车停车场的旧址约4.5公顷和工厂旧址共计约6公顷的填埋地。项目发挥了四周环河的区域特性，以恢复市中心定居人口以及建设生机勃勃的城市环境为主题，以“水与绿岛”为口号，由4000户集体住宅和港区建设的公共设施组成。其主要特点有两个，一是为了具体落实“恢复市中心定居人口”这一主题，于1999年被划为全国首个“高层居住引导区域”。这一制度，是1997年的《城市规划法》以及《建筑标准法修正案》（同年9月1日实行）中规定的，因市中心地价高涨导致郊外居住人群激增，通过引入市中心的高层住宅建筑，开始吸引居住人口回归城市，确保市中心居住功能，工作与住宅相距不远非常便利，努力营造良好的城市环境。

二是对于“改善富有亲水性的城市环境”主题，关注周围环绕的运河，通过规划设置连接临海副市中心（台场海滨公园）和江东区丰洲地区的定期水上巴士站点，为居民的日常生活提供享受滨水魅力的交通工具。在此基础上，规划用地作为“运河文艺复兴推进区”中的一个重要部分，在用地内外开展了多个利用运河的年度活动，通过这一方式享受市中心滨水地区的独特魅力。

本项目由4个街区构成，即商品房2街区，租赁住宅2街区。按照港区设置了幼儿园和托儿所一体化机构以及老年人和儿童一起游玩的儿童老年人设施。住户则以家庭为单位，通过提供老年人所需用品，并进一步配备了超市和医疗诊所，实现了满足儿童到老年人所有年龄段生活，可在街区内迁居的“可持续发展城市”。

作为城镇建设的中心组织，由进行基础建设的独立行政法人城市再生机构和民间的8家企业于2003年设立了“芝浦岛地区城镇建设推进协会”，在力求与东京都和港区等政府机关实现合作的同时，努力实现地区街道的统一性以及激活芝浦地区的活力。具体而言，以城市再生世界潮流之一的三大概念（设计控制，几代同住以及市民参加，重视与周边的联系）为基础进行“整修（地区、街道的翻新）”。如，街道设计启用建筑师作为设计监督者，制定设计指南，对建筑物外观、种植、照明规划等进行地区整体设计调整。另外，以芝浦岛大约1.3千米绿化丰富的人行道为范例，在区域内整体协调和建设人行道空地等开放空间，建设环路人行网络。在水岸线进行东京都的耐震护岸建设。在公园和广场空地上建成相连的绿化带，其中代表性的成果是将以前在这片土地上成长的法国梧桐大树作为一种象征树移植到了街区公园，同时旧国营电车停车场的轨道作为人行空间的主题被再次利用，继承着一方土地的历史（表6.9、图6.11）。

表 6.9　开发参数

名称	芝浦岛披肩塔	芝浦岛 Ploom 塔	芝浦岛格罗塔	芝浦岛空气塔
工程名称	芝浦岛南区新建工程	芝浦岛 A3 街区新建工程	芝浦岛 A2 街区新建工程	芝浦岛 A1 街区新建工程
项目主体	三井不动产、三菱商事、Orix 不动产、住友商事、新日铁城市开发、伊藤忠城市开发	三井不动产、大和房屋工业、KEN 集团、新日铁城市开发、Orix 不动产	三井不动产、三菱商事、Orix 不动产、住友商事、新日铁城市开发、伊藤忠城市开发	三井不动产、KEN 集团、新日铁城市开发、Orix 不动产
所在地	东京港区芝浦四丁目 31-6、34(地号)	东京港区芝浦四丁目 20-2	东京港区芝浦四丁目 31-1(地号)	东京港区芝浦四丁目 22 号的 1 号
区域地区	第 2 类居住区 高层居住引导区	第 2 类居住区 高层居住引导区	第 2 类居住区 高层居住引导区	第 2 类居住区 高层居住引导区
占地面积	16908.83 平方米(整体设施)	13846.67 平方米(整体设施) 9304.42 平方米(整体设施)	12595.60 平方米	11280.83 平方米(整体设施)
结构	钢筋混凝土结构	钢筋混凝土结构，部分钢结构	钢筋混凝土结构，部分钢结构	钢筋混凝土结构，部分钢结构
层数	地上 48 层，地下 1 层，共 1095 户	地上 48 层，共 964 户	地上 49 层，地下 1 层，共 833 户	地上 48 层，地下 1 层，共 871 户
总建筑面积	139812.92 平方米(整体设施)	97181.39 平方米	98829.73 平方米	89022.28 平方米(整体设施)
工程时间	开工 2004 年 05 月 12 日 竣工 2006 年 11 月 16 日施工结束 2006 年 12 月 26 日竣工	开工 2006 年 04 月 21 日 竣工预计 2008 年 09 月	开工 2004 年 05 月 10 日 竣工 2006 年 11 月 28 日施工结束 2006 年 12 月 6 日竣工	开工 2004 年 09 月 01 日 竣工 2007 年 01 月 22 日施工结束
设计	鹿岛建设(株式)	清水建设(株式)	鹿岛建设(株式)	鹿岛建设(株式)
其他	■公益设施 街区公园、步行桥) 施工方：港区 人城市再生机构 用地面积：1800 平方米(544.5 坪) 用途：幼儿园、托儿所一体机构，儿童老年人设施 建筑规模：地上 4 层 竣工：2007 年 3 月			■公共设施(区划道路、 施工方：独立行政法 竣工：2007 年 3 月

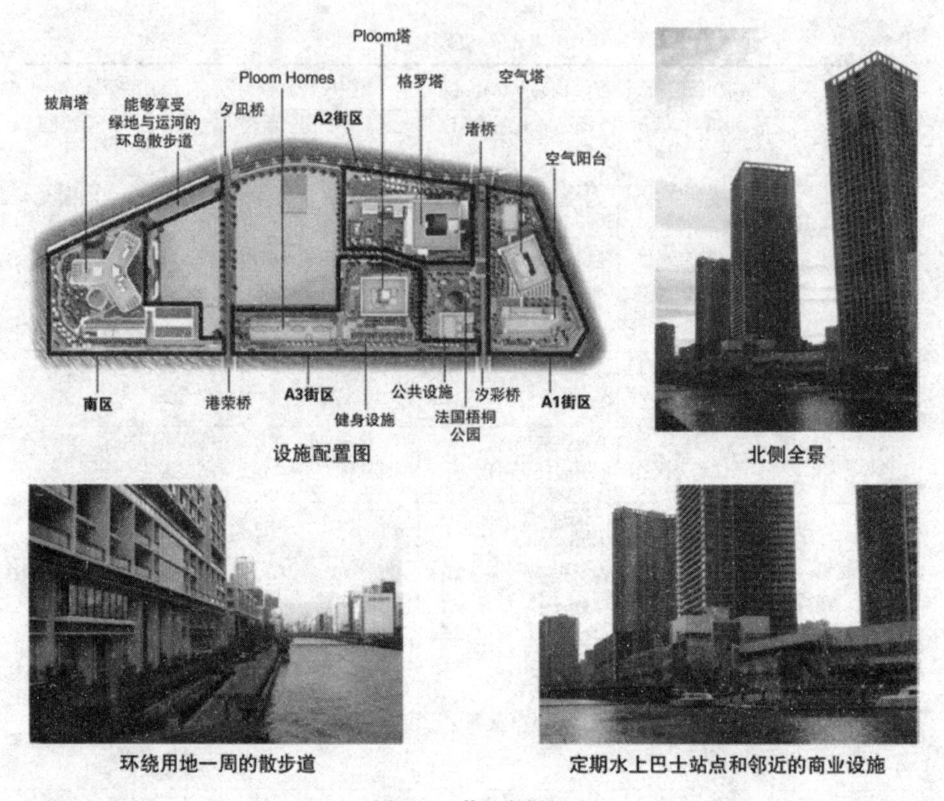

设施配置图

北侧全景

环绕用地一周的散步道

定期水上巴士站点和邻近的商业设施

图6.11　芝浦岛规划

6.3　商业与办公地区开发

6.3.1　东京市中心区域

六本木的防卫厅旧址处建造的大规模综合体是基于“多极分散型国土建设促进法”（1988 年 7 月 19 日由内阁会议决定）实施政府机关等迁移而进行的规划。为此，东京进行了“防卫厅本厅舍桧镇厅旧址利用规划核定调查”，2001 年 4 月 26 日东京制定了“赤坂 9 丁目地区再开发区域规划”，并于第二年财务省公示了旧址出售信息。最终，由 6 家公司（三井不动产为代表）组成的联合体 (consortium) 中标（表 6.10）。

通过国际设计竞赛，美国的 SOM（Skidmore,Owing&Merrill LLP）建筑设计事务所作为首席设计负责主要规划。由日建设计作为核心设计负责整个规划的综合内容即设计调整和行政机关之间的协议等。2004 年 5 月开工，2007 年 1 月竣工，并于同年 3 月实现运营。东京中心区是在官民协作的民间大规模开发中，各方面进行得比较顺利的一项详细规划。

负责主要规划的 SOM 以推进与周边环境相协调的建筑规划为主题，设计了与道路连接平坦的地平，各个构筑物水平地进行连接，与现有的城市环境保持整体协调性。而且采用了东京这座城市所具有的“错综复杂的几何学（geometry）排列”的特点，各个建筑物布置时采用了不同角度，实现与周边环境的相互协调并创造了充满魅力的城市空间。除此之外，通过在用地内增加绿地空间，力求与邻近公园实现一体化的景观规划，与周边环境和谐共存。即使在塔楼部分，追求“不是作为高层塔楼的意义，而是像水平扩大开放空间及建筑间的广场等同样的重要物体，即垂直矗立的‘空间’概念”，是与以往单纯强调楼高的大规模建设有所不同的城市设计方式（图 6.12）。

表 6.10　开发参数

所在地：	东京港区赤坂九丁目 7 号中 1 号地等		住宅：约 96474 平方米（410 户），
用地分区：	第二类居住区、商业区、防火区，		服务公寓：约 21004 平方米（107 户），
	赤坂九丁目地区规划范围		宾馆：约 43752 平方米（248 间），
用地面积：	约 68891 平方米		商业设施约 70993 平方米，
区域规划面积：	约 102000 平方米		国际会议大厦、美术馆、
建筑面积：	约 38126 平方米		DHC 等：约 20401 平方米]
建筑密度：	55.35%（许可：72.42%）	业主：	三井不动产等 4 家公司
容积率：	668.39%（许可：670%）	设计者：	SOM（首席设计）、日建设计（核心设计）、
停车位：	1226 个		EDAWinc.(景观设计）等
总建筑面积：	约 563801 平方米		
	[事务所：约 311176 平方米，		

鸟瞰图

（引自:《新建筑》，2007年5月号，新建筑社，摄影:新建筑社图片部）

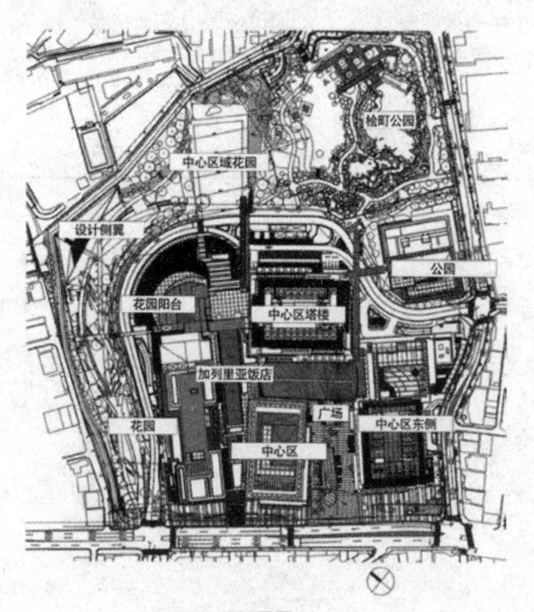

配置图

（引自:《日经建筑》，2007年6月11日号，日经BP社）

图6.12 东京市中心六本木规划

6.3.2　运河城博多

在古代，福冈的街道以南北贯穿城市的那珂河为界，西面称为武士街“福冈”，东面称为商人街“博多”，一片欣欣向荣的景象。但是，战后“福冈”的中心成了市区一大商业聚集的繁华地区即天神地区，而在福冈大空袭中灰飞烟灭的“博多”，因 20 世纪 50 年代中期开始的区划整理搬迁了 JR 博多站，曾经的繁华景象也逐渐衰退，办公功能也转向了车站周边附近。

1980 年博多住吉地区的钟纺福冈工厂旧址约 3.5 公顷被收购，通过再次开发荒地，连接了天神地区和 JR 博多站周边地区这两极分化的福冈街道，开始了旅游开发项目（表 6.11）。此后，1988 年以建筑师乔恩·亚当斯·捷得（Jon Adams Jerde,1940 —）的团队开展了“城市中的另一个城市”即不仅限于作为融合多功能的复合商业设施之一的建筑而进行的开发项目。除此之外，致力于通过水路网络连接其他地区和规划区域从而带动博多的河域发展，不是以往那样单纯的盒子形开发，而是打造以人工运河（canal）为基本建筑理念的河边购物街。

运河城博多以运河为主轴并由 5 个区构成，根据宇宙构成元素，命名了“Sea Court(海之庭)”“Earth Walk(地球步道)”“Sun Plaza（太阳广场）”“Moon Walk(月球步道)”“Star Court(星之庭)”。“剧场”“大型商场”“宾馆”“写字楼和展厅”4 种不同的城市功能空间起到了举足轻重的作用，连接运河沿岸各区，扩大了各区的横向发展。此外，竖向上在运河沿岸专卖店的上层（4 层）聚集了剧场、娱乐设施、电影院等休闲娱乐功能，吸引运河沿岸散步的客人进入中、上层游玩（图 6.13）。

表 6.11　开发参数

项目名称：	住吉一丁目地区第 1 类城市街道再开发项目	建筑密度：	74.94%（许可 100.0%）
所在地：	福冈市博多区住吉一丁目 217-30 等地区	容积率：	549.90%（许可 550.1%）
设计：	福冈地所株式会社等	层数：	地下 2 层，地上 13 层，屋顶层 1 层
开发主体：	福冈地所株式会社、	停车位：	1300 个
	（财）民间城市开发推进机构	区域分类：	商业区、防火区、高效开发区、
开发期间：	1994 年 6 月开工		地区规划区域
	1996 年 4 月竣工	开发方式：	综合设计制度
占地面积：	34715.69 平方米（施工面积约 42000 平方米）	功能：	剧场、大型商场、宾馆、写字楼和展厅
总建筑面积：	234501.06 平方米		
建筑面积：	26014.48 平方米（公开空地率 23.36%）		

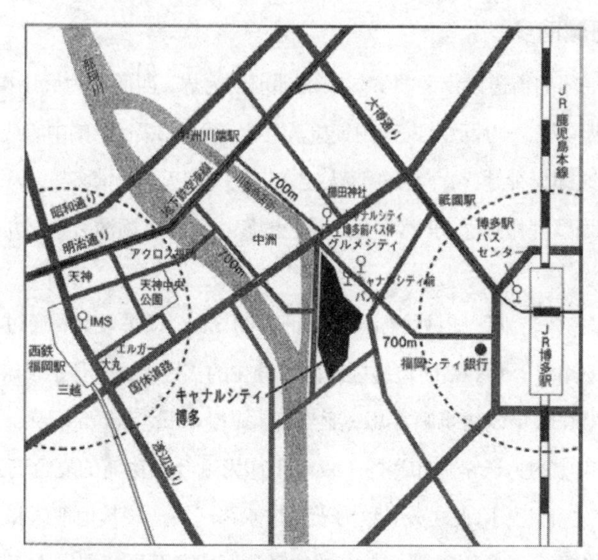

位置图

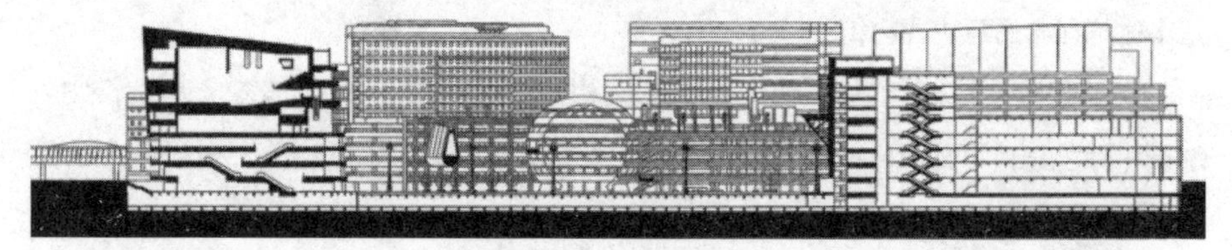

南-北立面图

运河城博多（鸟瞰）

图6.13　运河城博多规划

6.3.3 高松丸龟镇商店街再开发

1）再开发的开始

高松丸龟镇商店街始于高松筑城，拥有大约 400 年的历史，由大约 150 家店组成，是路线总长约 470 米，面积约 4 公顷的步行商业街，长期作为高松市的商业街代表，保持着繁荣发展。在 1988 年丸龟镇建镇 400 年纪念之际，提出以 500 年为目标持续发展 100 年，以此为契机开始研讨再开发的有关事项。

在研讨初期，依据的现状有三点：①衣料店的比例高；②金融机构多，阻碍了商店街的繁荣发展；③租赁情况多。整体方针适当地满足消费者需要，再建商店街一体的购物中心，通过引入新型行业等促进商店街新陈代谢，为此提出了分离土地所有权和使用权等方针，从而成就了延续至今的建设基础。

2）A 街区一类城市街道再开发项目

A 街区一类城市街道再开发是使整个高松丸龟镇商店街焕然一新的优秀项目。以城镇地标水晶宫广场为中心，1 ~ 2 层是品牌休闲服装、生活杂货店，3 层是具有浓厚图书馆氛围的大型书店，4 层是著名的餐厅和社区设施，5 层以上是高品质住宅。规划打造具有欧洲古老城市中广场的空间感觉，建设一个交通便利的生活区域（表 6.12、图 6.13）。

保障再开发顺利进行的措施有三个：

①通过定期租赁地权的方式，分离土地所有权和使用权；

②基于地权人制定的规范，定位为“量身定做的小规模连锁性事业”的街道再建设中的再开发事业；

③由城镇建设公司统一运作整个商店街，采用分区规划和行业搭配的体系。

3）城镇管理规划

商店街分为 A ~ G 街区，共 7 个街区，整体方针和各个街区的建设方针达成统一。A 街区和 G 街区，力求通过城市街道再开发，进行商店街中心设施建设，B ~ F 街区进行小规模连锁性再开发项目。街区作为一个整体构成了城镇及舒适的公共空间，合理利用商业类型、业态和社区设施等的同时，制定了实现这一目标的“高松丸龟商店街城镇管理规划”。城镇管理规划继 A 街区之后，陆续在其他街区也开展了各种各样的项目，旨在 5 年后使整个商店街焕然一新。

规划的基本目标、方针，大致可以分为三个内容：①设计规范制定及应用规划，②城镇建设公司的管理系统构建及事业规划，③销售策略规划。

表6.12 开发参数（A街区一类城市街道再开发项目）

项目	内容	项目	内容
所在地：	香川县高松市丸龟町1等地区	建筑密度：	87.01%
功能：	店铺、社区设施、集体住宅、商店街、停车场	容积率：	383.01%
区域用地：	商业区、防火区、停车场预留区	层数：	地下1层、地上9层、屋顶层1层
用地面积：	西楼1623.31平方米、东楼1542.93平方米、道路793.54平方米	设计：	城镇建设公司 坂仓建筑研究所 规划设计高谷时彦事务所
建筑面积：	3445.21平方米		
总建筑面积：	16575.56平方米	其他：	依据《城市再生特别措施法》第37条第1款中城市再生特别区的规定
结构：	钢架混凝土结构、钢筋混凝土结构、部分钢结构		

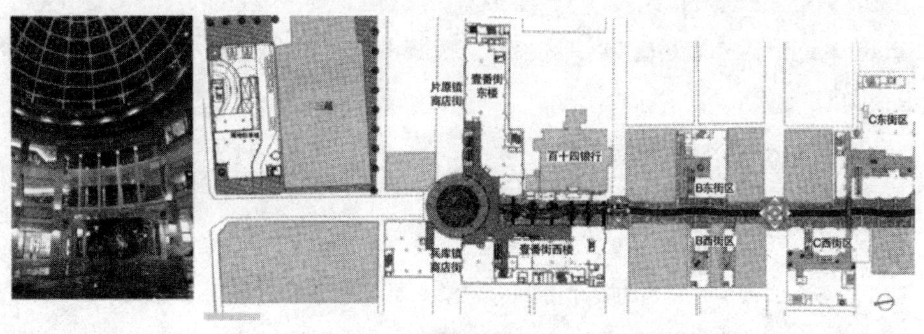

配置图

（引自:《新建筑》，2008年1月号，新建筑社）

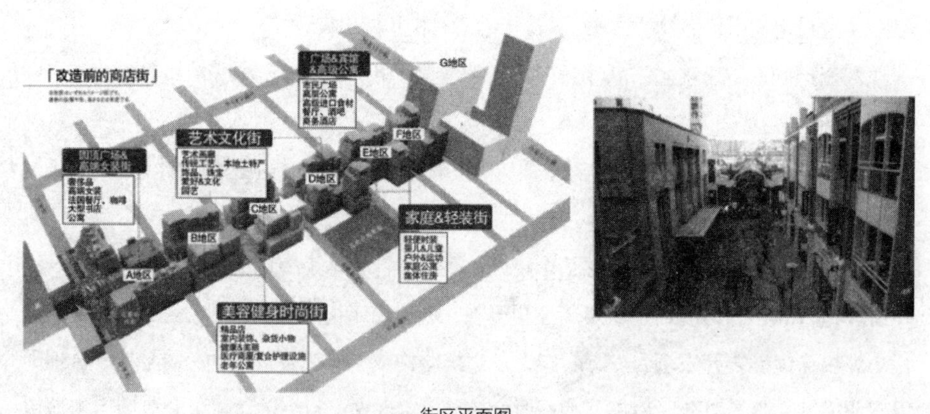

街区平面图

（引自:《高松丸龟镇商店街资料》，社会团体建设机构）

图6.13 高松丸龟镇商店街再开发

6.3.4 神户临海乐园

临海乐园是以位于 JR 线神户站东侧的旧国营铁路凑川货运站旧址为中心的大规模再开发项目打造的神户新市中心。以“创造连接海洋的文化城市中心”为主题的再开发项目，按照以下三个方针制定规划。

1）建造新的城市据点

1874 年连接大阪的铁路站在这里开工，原来这一地区作为神户的市中心而繁荣昌盛，但随着位于东北 2 千米处的三宫建设为终点站，市中心逐渐向三宫站周围发展，神户站一带则慢慢衰退了。为了避免客流一边倒地集中于三宫，开发了力求实现立体结构城市中心的临海乐园，使区域内百货商店和专卖店街的卖场总面积超过了 10 万平方米，形成了很强的客流吸引力。

2）复合、多功能城市建设

面对产业高速化、软件化、信息化的产业结构变革，以及市民生活的多样化、个性化，为了提供新型的商业和文化设施，打造具备各种设施和功能的复合城市空间，除了在大约 23 公顷的广阔用地设置约 900 户集体住宅和商业、公共设施外，还配备了宾馆、客运轮渡终点站、2000 个车位的立体停车场、区域能源中心、滨水公园和广场，更有信息和文化设施（高速信息中心、产业振兴中心、文化中心）、福利教育设施（小学、盲人学校、综合儿童中心、综合教育中心），见表 6.13、图 6.14。

3）促进环境发展的城镇建设

利用邻近港口的海滨，布局促进良好环境发展的设施，形成一体化的开阔用地，进行继承了水文化历史的景观建设和以上具有特色的城市建设。例如，在各处修建了水路网，在 1897 年修复了用英国产的砖建造的赤炼瓦仓库，建成餐厅和配有栈桥的水边广场，完美呈现约 120 盏煤气灯下的街道美景，并推出营造海滨氛围的演出。

表 6.13　开发参数

所在地：兵库县神户市中央区 面积：约 23 公顷 （公共设施用地 91 公顷，建筑用地 14 公顷） 开工：1985 年 10 月 总工程费：约 4000 亿日元	规划人口：约 3000 人（800 ~ 900 户） 就业人口：约 15000 人 开发方式：新城市据点建设项目，特定再开发项目，特定住宅城市街道综合建设促进项目

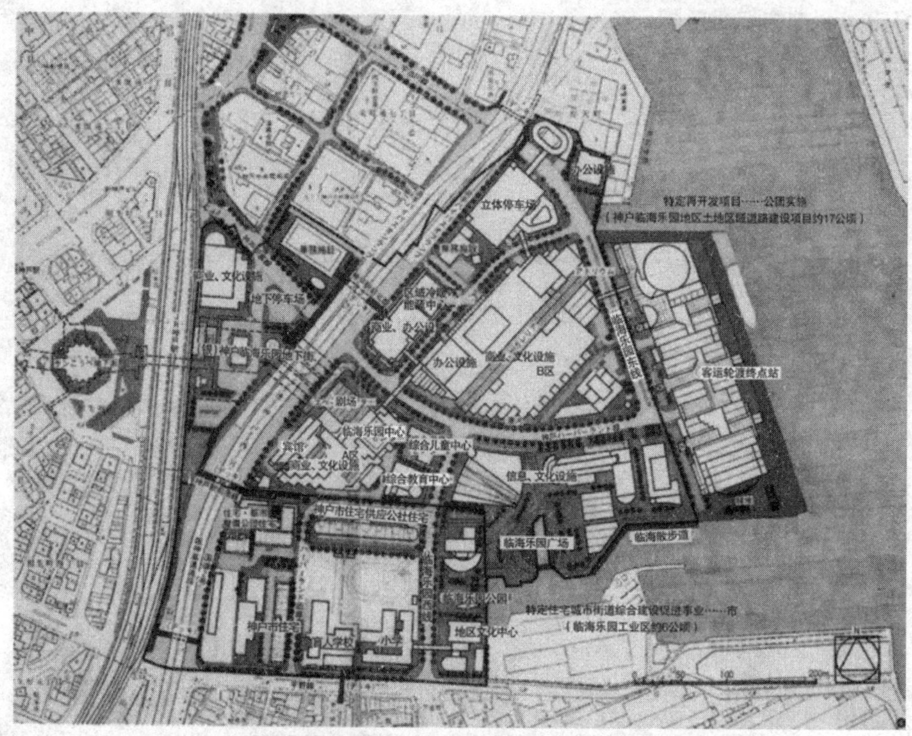

[引自:《神户市手册》(KOBE HARBOR LAND)]

神户副中心复合城镇建设的临海乐园

图6.14 神户临海乐园再开发

6.3.5　名古屋中部广场

泡沫经济崩溃后，名古屋圈以汽车产业为核心在日本最早实现了经济复苏。通过积极开展战后复兴区划建设的土地区划建设项目及街道建设项目等，同时完善道路基础，形成了便于实施大规模开发的区域。因此，近几年名古屋站周边的几个大规模再开发项目得以稳步推进。

其中之一是名古屋中部广场，与 20 世纪 50 年代建设丰田大厦和每日大厦同期，是名古屋站前的再开发项目。这次改造中发现，按照现有的设施状况，很难经受住阪神、淡路大地震那样的灾害强度。

本项目在实施当中被指定为 2003 年城市再生特别区，获得了优秀建筑建设专项（对于有助于确保一定比例的空地和土地利用共同化的建筑工程，实行共用部分和空地建设辅助制度）和先导型紧急再开发促进专项（在降低环境负荷以及建设安全的城市街道方面，补助所需部分费用的制度）两个国家补助金。

本项目由地下 6 层（地下 2 ~ 6 层是停车场）、地上 47 层的办公楼（高 247 米），以及地下 5 层、地上 6 层的商业楼所构成。办公楼的业主丰田汽车将此作为国内外的营业点，东和不动产将此作为租赁办公空间，每日新闻社将此作为中部信息发送站，三个业主各自占据了不同的位置并思考如何利用设施。入驻 17 ~ 40 层的丰田汽车需要隔断较少的大空间。符合由众多店铺构成街市结构的名古屋地区特点，同时为租赁办公室的需要，在中低楼层采用了能够细分空间的设计，为了增加可租赁面积比例，煞费苦心地将电梯设计成突出在建筑物外侧。这种电梯在日本早期设计为满足两层升降（定员 66 人），穿梭于地下 1 层到地上 1 层，丰田汽车的出入口即 23、24 层以及配有空中餐厅的 41、42 层之间。另外，在 44 ~ 46 层设置的室外眺望平台（空中散步场）是中部地区最高的（表 6.14、图 6.15）。

地下 1 层中有 6 处连接了现有地下街道和邻近大厦，通过配置下沉式花园提高人们的游览兴趣，同时具有防灾作用。除此之外，根据车站的布局特点，完善终点站功能，在办公塔楼北侧一楼设置了出租车乘车点，除了名古屋站东侧能量供应源的区域冷暖气设备以外，引进了水资源循环利用的雨水储存设备等提高公益服务的各种设施。通过致力于为公共事业做出贡献，被指定为最早的城市再生特别区，其容积率调整为 1420%。

本项目的商业楼从 2007 年 3 月盛大开业后，在一个月内吸引了大约 150 万人，车站周边商业店铺等的销售额迅速提高，因此创造了“中部广场”这一词语。

建筑全景（图片中央）

中部地区的新名所空中散步道
（地上44～46层）

4台连续设置的2层间穿梭电梯

营造出高品质氛围的地下通道

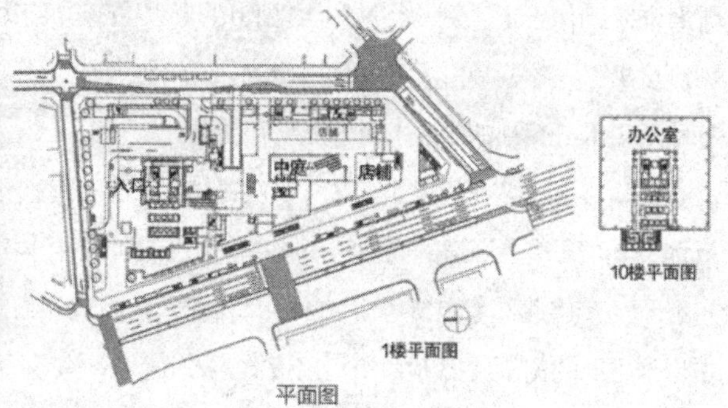

平面图

（引自：《日经建筑学》，2007年5月28日，日经BP社）

表 6.14 开发参数

名称：	中部广场
工程名称：	名古屋站四丁目 7 番地区优良建筑物等建设项目
业主：	东和不动产（株式）、丰田汽车（株式）、（株式）每日新闻社
所在地：	名古屋市中村区名站 4-7-1
区域用地：	商业区、防火区、城市再生特别区、停车场建设区、名古屋站城市景观建设区
用地面积：	11643.15 平方米
结构：	钢结构（防震结构），部分钢架钢筋混凝土结构、钢筋混凝土结构
层数：	办公楼地下 6 层、地上 47 层，商业楼地下 5 层、地上 6 层
总建筑面积：	193450.74 平方米
设计时间：	2000 年 3 月 — 2003 年 9 月
工程时间：	2004 年 1 月 — 2006 年 9 月
设计：	（株式）日建设计

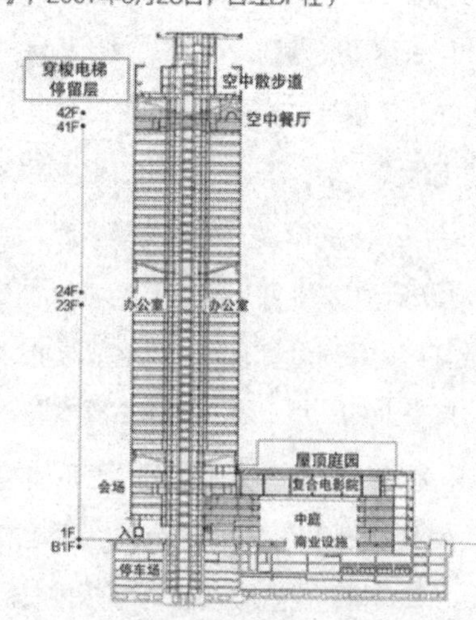

南北断面图

（引自：《日经建筑学》，2007年5月28日，日经BP社）

图6.15 名古屋中部广场再开发

6.3.6　丸之内地区

从位于东京中心部的大手镇到丸之内、有乐镇的中间区域是历史上屈指可数的商业街，近几年推进发展很多项目，整个地区焕然一新。地权人作为开发主体，为协作考虑今后的城镇建设而召开了“大手镇、丸之内、有乐镇地区再开发规划推进协议会”，此外包括东京、千代田区、JR 东日本在内的“大手镇、丸之内、有乐镇地区城镇建设座谈会”也在本地区的城镇建设中具有重要作用，官民合作实现发展规划是该地区的一大特点。大手镇、丸之内、有乐镇地区的城镇建设座谈会于 2000 年制定了《城镇建设指南》（2005 年修订），明确了未来规划纲要、法则以及方法等。按照这一指南，进行项目开发、创造繁荣景象、保护与翻新历史建筑等工作（图 6.16）。

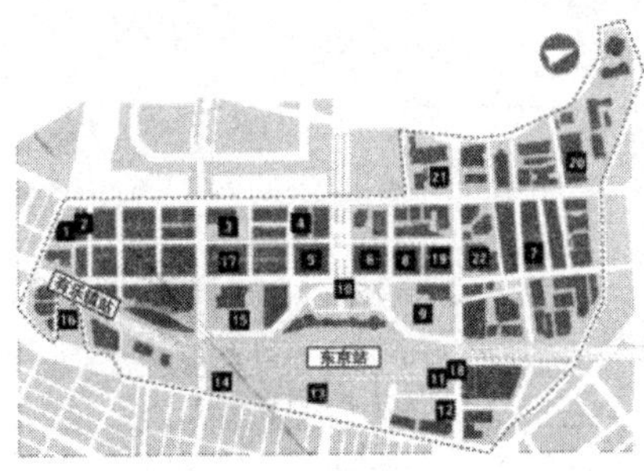

1 半岛东京
2 糖业会馆、日本广播本部大厦
3 丸之内 MY PLAZA
4 三菱商事大厦
5 丸之内大厦
6 新丸之内大厦
7 东京三景大厦
8 日本工业俱乐部会馆、三菱 UFJ 信托本部大厦
9 丸之内 OAZO
10 东京站丸之内驿站、站前广场、行幸路再建设
11 丸之内东京大厦
12 丸之内信赖塔 （本馆、N 馆）
13 格兰东京北塔、南塔
14 太平洋世纪广场丸之内
15 东京大厦
16 有乐镇站前第 1 地区一类城市街道再开发项目（有乐镇 ITOCiA）
17 丸之内公园大厦、三菱一号馆
18 智慧塔
19 （暂定名）丸之内 1-4 规划
20 大手镇 1 丁目地区一类城市街道再开发项目
21 （暂定名）丸之内 1 丁目地区改造规划
22 大手镇 1 丁目 6 地区

图 6.16　丸之内地区总平面

根据《城镇建设指南》确定的空间发展方向，分为“街道建设型”和“公共开放空间网络型”。街道建设型根据现状建筑许多保留 31 米房高的结构设计，继承这一传统并通过设计手法表现出来；公共开放空间网络型是在沿街提供大规模的开放空间。

在丸之内地区，适用综合设计制度的东京大厦、适用特定街区的丸之内大厦、适用特殊容积率适用区制度和特定街区的丸之内大厦改造项目以外，丸之内 OAZO、丸之内 MY PLAZA 等大规模项目也相继竣工。2002 年本地区按照特例容积率适用区的规定内容，实行了东京站丸之内驿站的未利用容积转移至新丸之内大厦等容积转移以及整合功能的功能更换项目（表 6.15、图 6.17）。

从地区整体城镇建设的角度来看，将仲大街定位为“舒适、繁华的发展主轴”后，招徕临街名品店、咖啡馆与餐厅，改善种植和雕塑等街道空间环境，开展音乐、艺术、运动等区域活动，设置活跃区域氛围的开放式咖啡馆等，做出各种努力。而且，为了推进软件方面的城镇建设，设立了“大丸有区域管理协会”并开展各项活动。

表 6.15　近几年主要开发项目的开发参数

名　　称	丸之内 OAZO	日本工业俱乐部会馆、三菱 UFJ 信托银行本部大厦	新丸之内大厦
占地面积	约 23800 平方米	约 8100 平方米	约 10000 平方米
主要用途	事务所、宾馆、店铺等	日本工业俱乐部会馆、事务所、店铺	事务所、店铺
制　　度	综合设计制度	特定街区	特定街区、特例容积率适用地区
最高高度	约 160 米	约 148 米	约 198 米
层　　数	地下 4 层、地上 28 层	地下 4 层、地上 30 层	地下 4 层、地上 38 层
总建筑面积	约 270000 平方米	约 110000 平方米	约 195000 平方米
竣　　工	2004 年 8 月	2003 年 2 月	2007 年 4 月
企 业 主	日本生命、三菱地所、丸之内宾馆	三菱地所、日本工业俱乐部	三菱地所
名　　称	丸之内大厦	东京大厦、东京大厦 TOKIA	丸之内 MY PLAZA（明治安田生命大厦）
占地面积	10029 平方米	约 19000 平方米	11346.78 平方米
主要用途	事务所、店铺、会馆	事务所、店铺	事务所、店铺、会馆、停车场
制　　度	特定街区	综合设计制度	重要文化遗产特别型特定街区
最高高度	约 180 米	约 164 米	约 146.80 米
层　　数	地下 4 层、地上 37 层	地下 4 层、地上 33 层	地下 4 层、地上 30 层
总建筑面积	约 160000 平方米	约 150000 平方米	178896.43 平方米
竣　　工	2002 年 8 月	2005 年 10 月	2004 年 8 月
企 业 主	三菱地所	三菱地所、JR 东日本、三菱东京 UFJ 银行	明治安田生命

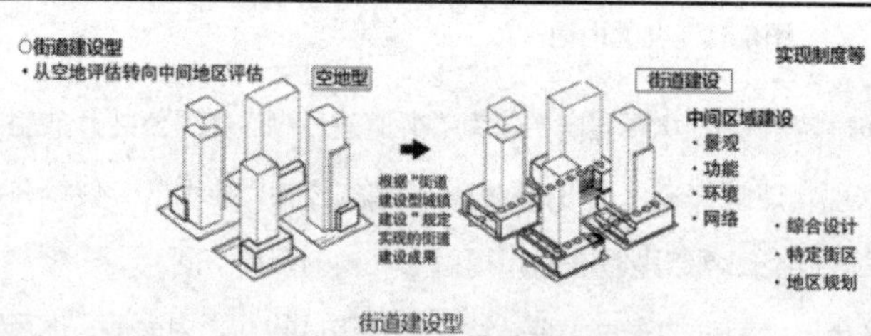

街道建设型

（引自：《大手镇、丸之内、有乐镇地区城镇建设指南2005》，大手镇、丸之内、有乐镇地区城镇建设座谈会，2005）

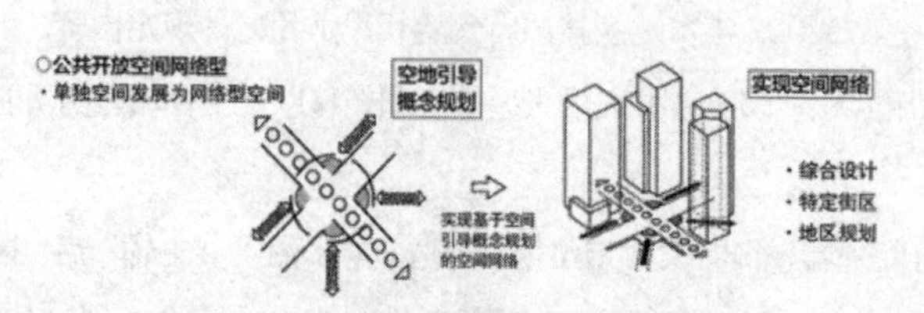

公共开放空间网络型

（引自：《大手镇、丸之内、有乐镇地区城镇建设指南2005》，大手镇、丸之内、有乐镇地区城镇建设座谈会，2005）

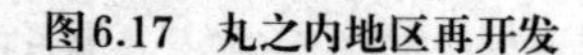

图6.17　丸之内地区再开发

6.3.7　新宿副市中心开发

近代日本从中央官厅到主要民间企业全部都集中在东京，特别是丸之内地区和霞关地区。这种高度集中开始于 1955 年左右，讨论二极化政策的同时，淀桥污水处理厂的迁移问题也日趋具体化。因此 1960 年 6 月在新宿镇西口广阔的约 96 公顷用地，制定了“新宿副市中心规划”。为了分散市中心的城市功能，规划在新宿地区建设办公功能的副中心。

同时，对于核心区即淀桥污水处理厂旧址约 56 公顷用地的基础建设，制定了城市规划“新宿副市中心规划项目”，制定了土地利用规划、地基利用规划、设施规划以及事业规划 。土地利用规划为公共用地约占 67%、宅基地约占 33% 的比例，是公共用地占比较高的一项规划。占地利用规划中，新宿副市中心规划项目中划定的宅基地建设对以下 7 个项目进行了规定：①土地利用，②建筑密度和建筑面积，③容积率，④地基高程和地基面使用，⑤停车场，⑥建筑协议，⑦建筑用途。设施规划中为了高效利用新宿站西口广场，提高交通周转能力，设计了当时世界上没有同类设施的立体站前广场即三层结构的广场。在事业规划中，包含了街道、公园、广场、停车场等公共设施和宅基地的建设工程，以及各企业的电力、煤气、电话、上下水等供给处理设施的完善工程。另外，虽然不包含在本项目内容中，但各铁路公司的铁路设施改良也与本规划相互配合而得以实施（图 6.18）。

新宿副市中心建设公社负责基础建设。于 1968 年 6 月完成工程，但在此之前的 1965 年就已经开始销售淀桥污水处理厂旧址的填埋宅基地了。收购淀桥污水处理厂旧址的业主针对今后的城镇建设工作，组织了“新宿新市中心开发协议会（SKK）”，以东京城市规划新宿副中心规划为基础，提出城镇建设理念“创造生气勃勃的人性空间”，于 1969 年 4 月整理成规划纲要。规划主要内容有：①人车分离，②采用区域冷暖气设备，③设置公共停车场。进一步于 1971 年 4 月制定具体的建筑规划时，作为章程而缔结了《建筑协议》。在《建筑协议》中，为了有机地结合各街区之间的空间，增加了规定建筑红线这项内容。

这些规划的思想基础是勒 · 柯布西耶的“光辉城市”，在新宿副市中心建设中尝试具体实践近代城市规划的理论。

1971 年 3 月，超高层京王广场酒店正式竣工。在那之后，根据 SKK 规划而实施的新宿住友、KDD 大厦、新宿三井大厦等项目相继竣工，本地区出现了很多超高层大厦。淀桥污水处理厂旧址街区的所有开发项目都适用特定街区制度，超高层建筑和公共开放空地开始了配套的城市空间建设。东京政府办公楼从丸之内搬迁至本地区后开始了相关公务，在周边区域开展了再开发项目即称为“新市中心”的地区。

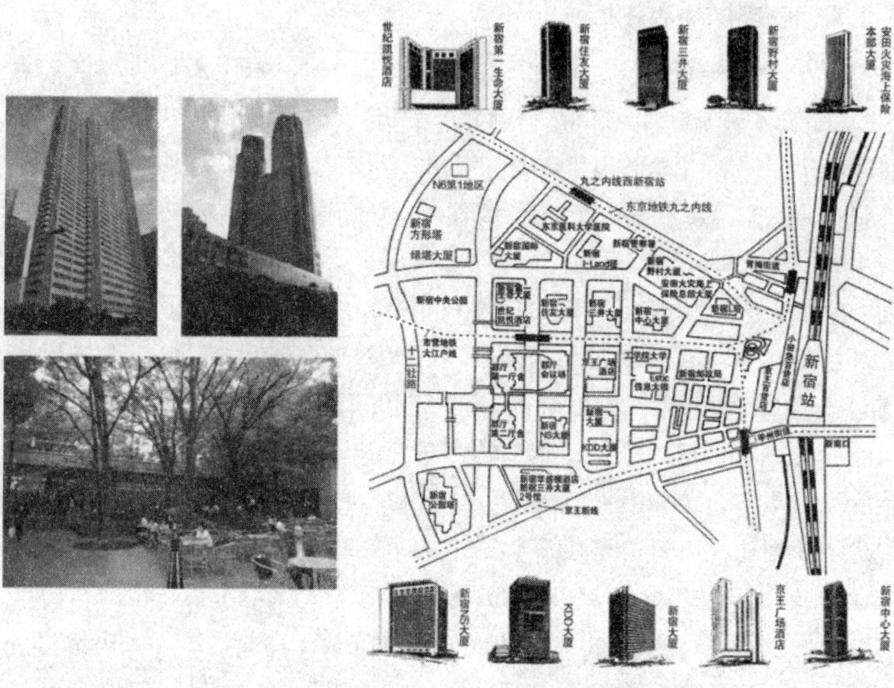

新宿副市中心高层大厦地图

（引自：河村茂，《新宿城镇建设故事》，鹿岛出版会，1999，部分名称有更新）

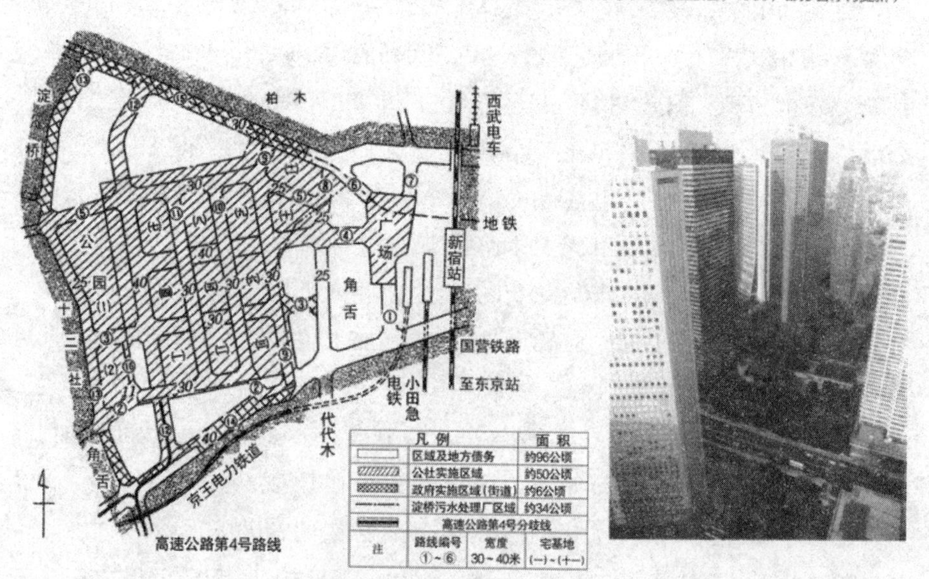

凡例	面积
区域及地方债务	约96公顷
公社实施区域	约50公顷
政府实施区域（街道）	约6公顷
淀桥污水处理厂区域	约34公顷
高速公路第4号分歧线	

注	路线编号	宽度	宅基地
	①~⑥	30~40米	(一)~(十一)

新宿副市中心规划及施工区域图

图6.18 新宿副市中心开发

6.3.8　东京临海副市中心（彩虹塔）

东京临海副市中心（彩虹塔）位于距离东京市中心 5 ~ 7 千米的东京港中心。由于高速经济发展下港湾物流需求的增加，项目实施利用 1955 年到 1975 年间建设的填海地，项目规划（1985 年）时将一部分用作物流、港湾设施，其他大部分是未使用土地以及公园、绿地等。由青梅、有明南、有明北、台场 4 个地区构成，面积为 442 公顷 (2006 年的规划区域)。

1985 年东京将本地区作为国际化、信息化的据点，发表了建设“东京信息通讯基地”的构想，次年制定的第二次东京长期规划中，分散市中心功能、实现多元化城市结构的第 7 副中心规划具有重要意义。此后，1987 年“临海部副市中心开发基本构想”、1988 年“临海部副市中心开发纲要”、1989 年“临海部副市中心开发项目规划”、1990 年“临海部副市中心开发建设规划”相继制定，并开始各项建设工作。初期规划居住人口 6 万人，就业人口 11 万人。

随后，泡沫经济崩溃造成了社会状况发生很大变化，按照当初的规划执行变得非常困难，1995 年的市议会接受了重新审视开发事项的附加决议，在“临海副中心开发座谈会”上综合性地进行重新讨论。1996 年的“临海副市中心开发纲要”中，增加了“城镇建设市民提案制度”和“阶段性开发规划”等新的基本方针，开发结构调整为面积 442 公顷，居住人口 4.2 万人，就业人口 7 万人。

1997 年制定了“临海副市中心城镇建设推进规划”，并按照该规划推进现有的开发项目。台场地区的开发于 2007 年结束，有明南地区也大致完工了，剩下的青海地区、有明北地区仍有规划正在实施。2006 年修订部分土地使用时统计的人口结构为居住人口 4.7 万人，就业人口 9 万人（表 6.16、图 6.19）。

表 6.16　开发参数

所在地：东京港区、江东区、品川区 开发主体：东京	开发面积：442 公顷 规划人口：居住人口 47000 人，就业人口 90000 人

开发经过

1985 年 4 月　“东京信息通信基地构想”（40 公顷）
1986 年 8 月　“东京信息通信基地构想研讨委员会”中间报告（98.3 公顷，就业人口 10 万人）
1987 年 6 月　“临海部副市中心开发基本构想”制定（440 公顷，居住人口 4.4 万人，就业人口 11.5 万人）
1988 年 3 月　“临海部副市中心开发基本规划”制定（448 公顷，居住人口 6 万人，就业人口 11 万人）
1989 年 4 月　“临海部副市中心开发事业化规划”制定
1990 年 6 月　“临海部副市中心开发建设规划”制定
1991 年 6 月　“临海部副市中心开发等再讨论委员会”设置
（第 1 次报告 8 月，全体报告 11 月；448 公顷，居住人口 6.3 万人，就业人口 10.6 万人）

1993年2月 第一次东京信息通信基地进驻企业和土地租赁合同签约
8月 彩虹桥开通
1995年5月 决定中止“世界城市博览会”
9月 设置综合性重新审视开发的“临海副市中心开发座谈会”
11月 临海新交通“赤味鸥”开通（新桥 — 有明间）
1996年3月 临海高速铁路开通（新木场 — 东京信息通信基地），台场地区开始入驻
4月 临海副市中心开发座谈会上汇报“最终报告”
7月 制定“临海副市中心开发基本方针”
1997年1月 临海副市中心的昵称决定采用“彩虹镇”
3月 制定“临海副市中心城镇建设推进规划”（442公顷，居住人口4.2万人，就业人口7万人）
9月 募集彩虹镇城镇建设市民提案，受理临海副市中心进驻企业的登记
1998年2月 修订“临海副市中心城镇建设指南”，制定“临海副市中心住宅建设规划”
2004年2月 制定“临海地区观光城镇建设基本构想”
2006年9月 重新审视临海副市中心土地利用等内容

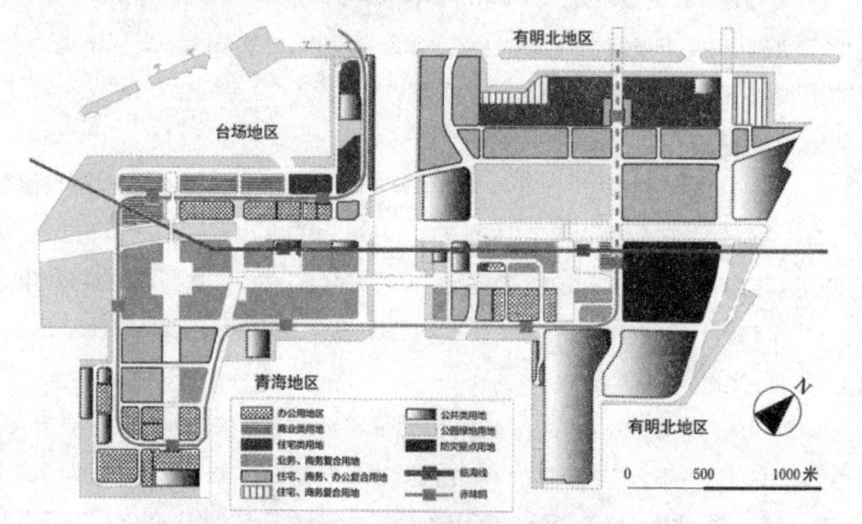

土地利用规划图

台场地区景观

图6.19 东京临海副市中心开发

6.4 复合地区开发

6.4.1 圣路加花园

在圣路加国际医院的老旧设施改造工程进行中，在不出售土地的前提下为了调度新医院的建设资金，利用开发项目中剩余土地的保证金（高额保证金方式），推进再开发项目。为了筹措大量资金，首次在东京采用横跨多个街区的特定街区制度，并成功留出了大量的剩余面积（表 6.17）。

表 6.17 开发参数

所在地：东京中央区明石镇 8 业主：圣路加国际医院 设计：日建设计，东急设计顾问	开发时间：1989 年 6 月开工 占地面积：39000 平方米 区域地区：特定街区（居住区、防火区）

用地分为 3 个街区，西侧的第 1 街区保留低层旧医院，正中间的第 2 街区是中层新医院，东侧的第 3 街区在第 1 街区和第 2 街区上增加了更多的容积量，建设了 2 栋超高层大楼。这 3 个街区的平均容积率是 590%，但仅仅第 3 街区的容积率为 1170%。

第 1 街区的旧医院于 1933 年建造而成，是镇上具有标志性意义的近代著名建筑，保存部分建筑的同时，实现了护理大学和医院设施的合并建设。另外，当初第 3 街区内为了纪念医院创始人的 Teusler 纪念馆也在第 1 街区复原了。

第 2 街区的新医院配备了洗手间和沐浴的单间病房，构成了单间住院楼，实现了酒店般高品质的医院建筑，并且采用每天都能保证良好采光的建设标准。

面临隅田河的第 3 街区建有地上 51 层的办公室大楼和 38 层的高端住宅楼，二者之间通过 110 米长的空中走廊相连接。高端住宅楼的上层是酒店，中层以下是护理住宅，与邻近医院合作可享受到高端的医疗服务。另外，为了与邻近的隅田河亲水公园连通，建造了 2 层高的人工地基，两个高楼之间形成了带有大屋顶的中庭结构，并作为公共空间面向区域开放（图 6.20）。

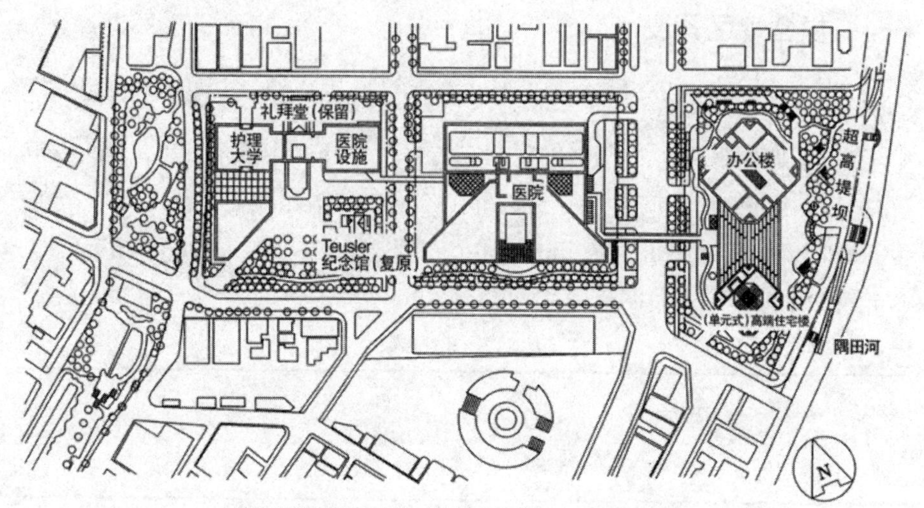

整体规划配置图(引自:《日经建筑学》1992年7月6日)

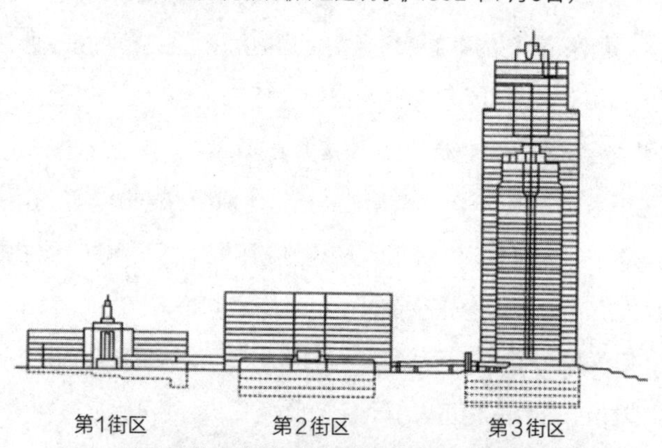

立面图(引自:《日经建筑学》1992年7月6日)

与隅田河超高堤坝合为一体的高层楼第3街区

图6.20 圣路加花园再开发

6.4.2 未来21世纪港（MM21）

1981 年横滨市发表了《市中心临海部综合建设方案（中间案）》，将规划项目名称定为“未来 21 世纪港”。规划工作开展之际，提出了强化横滨独立性、港湾功能实现质的转换、分担首都圈业务功能这三个目标，不断提升城市新风貌。具体而言，作为具备召开国际会议功能的国际交流点，以太平洋横滨会展中心（横滨国际和平会议场）为核心，有机地结合办公、文化设施，城市住宅等，打造日常 24 小时应对世界各地动态的“国际文化城市”；企业的中枢管理部门和研究开发部门结合国家行政机关等业务功能，打造制作并发送各种信息的“21 世纪信息城市”；利用海滨城市的特性，通过人与自然相融合的舒适城镇建设，保存并利用象征横滨历史的红砖仓库和石造船坞等，致力于实现“水、绿地、历史相融合的人居环境城市”。地权人之间自主制定了《未来 21 世纪港建设基本协议》，其中阐述了城镇建设主题和土地利用规划，同时涉及水和绿化，建筑轮廓、街道、远景、色调、广告物等基本要素的更多思考。包括建筑物以及占地规模、高度、人行道等标准，应对高速信息化、再生型社会的发展以及城市防灾等的相关城市管理工作 。为了使这一《建设基本协议》具有法律效力 ，1989 年 10 月制定了《未来 21 世纪的中央区区域规划》，1997 年 4 月制定了《未来 21 世纪新港区区域规划》，如建筑轮廓，为了营造陆地到海面建筑降低的街道景观，对建筑物高度实行了限制措施。从规划实施初期开始推进的基础建设项目有临海部土地建设项目（填海工程，施工时间：1983 年至 1998 年 3 月新港区防潮堤间部分结束后主体完工），土地区划整理事业（实施时间：1983 年 11 月至 2010 年末），港湾建设工程（工程开始：1983 年）（表 6.18、图 6.21）。

未来 21 世纪港的周边地区进行开发过程中，以铁道新线未来线以及城市规划道路荣本镇线等交通基础建设为契机，实施了横滨站周边地区（城市街道再开发项目）、横滨港口地区（住宅城市街道综合建设项目、地区建设规划、城市街道再开发项目等）、樱木镇站等周边地区（城市街道再开发项目）、山内码头周边地区（土地区划整理项目）、关内地区（城市街道再开发项目、商业街再建项目等）等规划。

表 6.18　开发参数

开发主体：	公共机构	[横滨市，国、县，城市再建机构（旧住宅、城市建设公团）]
（推进主体）	第三方机构	[（株式）横滨未来 21 世纪、（株式）横滨国际和平会议场、未来 21 世纪热能供应（株式）、横滨高速铁路（株式）、横滨城市媒体、（株式）横滨城市电缆等]
	民间机构	
开发时间：	1983 年开工，区划建设项目完成计划目标 2010 年度	
规划人口：	就业人口 19 万人，居住人口 1 万人（3000 户）	
土地使用：	186 公顷	[建筑用地（办公、商业、居住等）87 公顷，道路、铁路用地 42 公顷，公园、绿地等 46 公顷，码头用地 11 公顷]

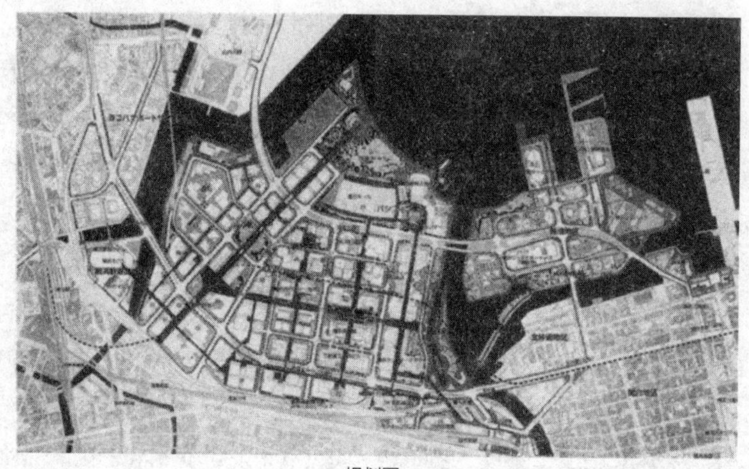

规划图

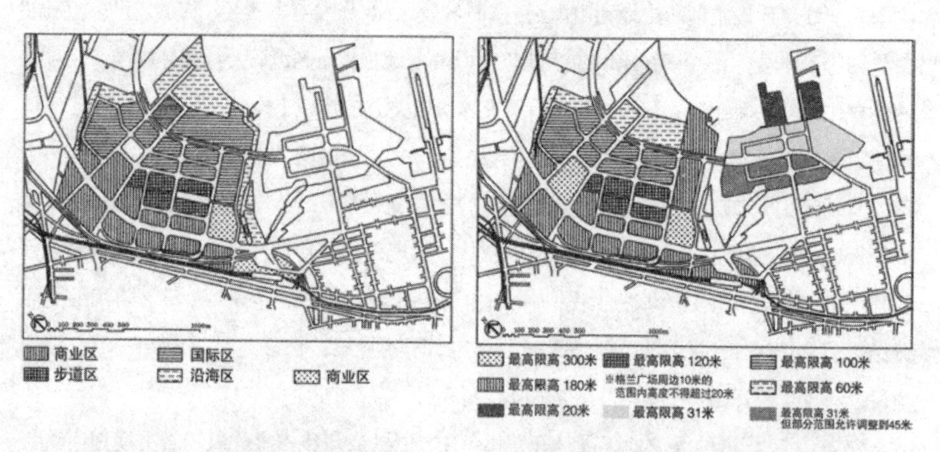

“中央区”土地使用概念图

“中央区”和“新港区”建筑物高度限制

地区全景

因为高度限制，从陆地到海面的建筑高度逐渐降低的街道景观

图6.21 未来21世纪港规划

6.4.3 六本木之丘

六本木之丘是森大厦为在东京创造以文化为核心的“东京都文化中心”而规划，融合了艺术和知识的“智能城市”，于 2003 年 4 月开放（表 6.19）。

表 6.19 开发参数

所在地：	东京港区六本木六丁目	区域面积：	约 11.6 公顷
主要用途：	事务所、集体住宅、宾馆、店铺、美术馆、电影院、电视播音室、学校、寺院、储备仓库	建筑占地面积：	89400 平方米
建筑所有者：	六本木六丁目地区城市街道再开发工会森大厦	总建筑面积：	759100 平方米
		开工：	2000 年 4 月
		竣工：	2003 年 4 月

这一规划的最大特点是在现有城市街道中经过地权人调整后超过 11 公顷的大规模城市街道再开发。开发前，朝日电视台位于区域中心位置，用地因此被分割。北侧的六本木，沿街排列着 20 世纪 60 年代末期建成的 7 ~ 9 层高的中低大楼，另一面在朝日电视台南侧，1957 年由日本住宅公团出售了 5 栋，形成了 116 户以日式住宅和木作建筑为主的低层住宅。相对朝日电视台海拔 31 米的地平面，最大 15 米高差的凹地中有路宽 3 米的道路和台阶，存在着消防车都无法进入，急救车勉强能够通过的防灾问题。这条街的权利相关者约 500 人，其中 8 成约 400 人最终同意开发，1986 年东京的港区六本木六丁目被指定为再开发引导地区后经过 17 年迎来了开放（图 6.22、表 6.20）。

这个区域由办公、住宅、酒店、商业设施，以及美术馆和学会、专科学校、电影院、广播中心等文化设施组成，成为城市生活者的舞台，是日本乃至世界各国游客和创意工作的聚集地。

通过实现城市高层化而发掘出来的空间中，不仅是道路和散步道、绿地和公园，而且充分利用地面、人工地基、屋顶的特性，建设立体多重的绿化网络，整个区域变成了像花园那样的“垂直花园城市（Vertical Garden City）”。

除此之外，为了将区域由灾害发生时逃离的地方变成逃入的地方，配备了城市基础设施和地区电力和热源机械设备，建筑抗震和免震的结构设计，提高了整个区域的耐震安全性，无论何时都能维持城市功能，成为灾后重建的一个据点。

采用统一管理制度综合性地管理、运营整个区域。比如，以自治会为主导的全城清洁活动，继承本地传统的庙会，以及营造城市活跃气氛的其他活动，美化环境，治安、防范和警备，外部结构设施管理，与政府、地区等的联络，全城的活动，给使用者提供服务、咨询等各种管理工作 。

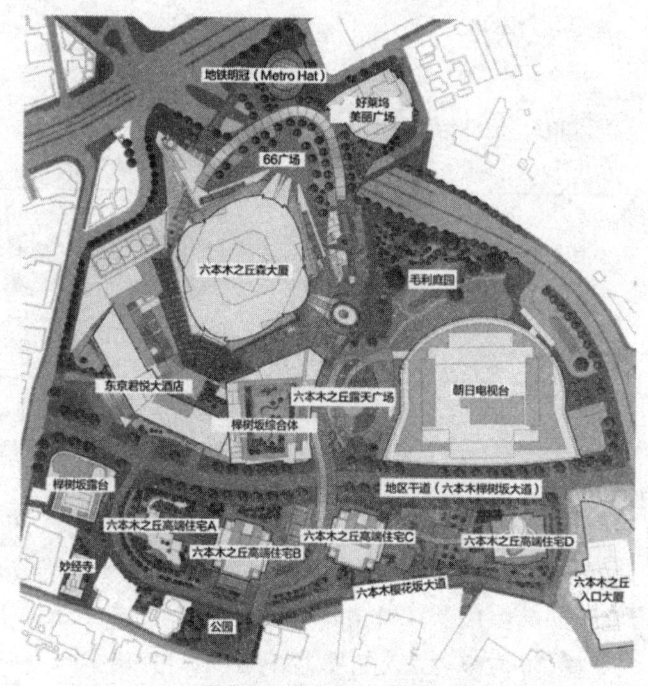

图6.22 六本木之丘配置

（引自：东大城市再生研究会、东京工科大城市媒体研究会，《改变东京“风貌”的城市再建12大事业全貌》，日经BP社，2005）

表 6.20 六本木之丘配置

年份	月份	政府	月份	地区
1986	11	东京指定本区域为“再开发引导区”		
1987		港区“再开发基本规划制定调查（1987年度）”		
1988			9 ~ 10	设立“城镇建设座谈会”（5 地区）
1989		港区“城市街道再开发事业推进基本规划制定调查（1989 年度）”	2 ~ 3	设立“城镇建设协议会”
1990			12	设立“六本木六丁目地区再开发准备工会”
1992		港区“城市街道再开发事业推进基本规划制定调查（1992 — 1993 年度）”	7	“6・6plan 1992”
1993				环境影响评估手续开始
			12	模式权利变换估算

续表 6.20

年份	月份	政府	月份	地区
1998	10	东京认可六本木六丁目城市街道再开发机构设立		
			12	设计开始
1999			5	设计结束
			10 ~ 11	公示权利变更 计划
			12	权利变换计划公示确认申请
2000	2	东京认可权利变更计划	4	森大厦开工
			6	东京君悦大酒店开工，整体名称定为“六本木之丘”
			9 ~ 10	高端住宅开工
2001	7	城市规划变更	5	榉树坂综合体开工
			6	名称定为“六本木之丘”
2002			2	完成项目融资
2003			4	竣工
			4.25	全面开放
			10	森美术馆开放，朝日电视台以及 J-WAVE 开播

注：本表引自东大城市再生研究会、东京工科大城市媒体研究会，《改变东京“风貌”的城市再建 12 大事业全貌》，日经 BP 社，2005。

6.4.4 丰洲1～3丁目地区再开发

2002 年 3 月，封闭已久的造船厂旧址再开发开始，充分利用市中心沿海地区的地理优势研究开发型产业，沿海地区期望的超高层住宅，合理保留并充分利用船坞遗迹建设商业设施，实现创建复合型城市的规划。

这里距东京站直线 3.5 千米，到银座乘坐地铁需要 5 分钟，用地周围被平静的海运河包围形成了沿海地区独有的魅力，附近更有临海副中心、台场海滨公园和彩虹桥等。

这一再开发项目依据 2001 年颁布的《丰洲第 1 ~ 3 丁目地区城市建设方针》，2008 年仍在进行建设。在 20 世纪 80 年代后半期随着运营 60 年的石川岛播磨重工业（IHI）的造船厂关闭，对于城市中心的旧址利用展开讨论的有识之士在会议上制定通过了城市建设方针。其中阐述了“第二代产业、办公据点”“繁华的滨水开放空间”等概念，确定了高密度城市型居住区的规划人口。

为了保证建设方针具有实效性，进行基础建设、设施建设、运营管理的企业主们相互协作设立了发展组织“丰洲第2、3丁目地区城市建设协议会”。协议会于2002年6月设立了石川岛播磨重工业（IHI）中心，截至2008年由9家公司组成。为了将来建设成为超高层建筑林立的区域，协议会着重追求“每层楼的充实”。如这一象征，协议会整理的《城市建设指南》中，详细规定了景观、外围周边、街道等的设计方针。在应用时，为了避免出现无法挽回的局面，开发方案在规划阶段就尽力展开多次协商讨论，并吸引邻近企业努力实现一体化的空间建设（图6.23、表6.22）。

围绕设计进一步展开讨论三个主要事项：

① 通过楼间合理布局考虑“从城市眺望海面的景观”“从海上眺望城市的景观”和“风向”。滨水的景观特性之一是对岸风景，沿岸耸立的建筑群平面与岸线夹角45度时，从对岸看到的眺望美景让人感觉韵律和谐、非常舒服。此外，通过设置吊桥，营造出海面整体的和谐氛围。从规划区域内的任何一个公寓都能看到海面。

② 通过建设散步道扩充人行空间。地区内运河沿岸设置散步道（Waterfront Promenade），通过连接两岸的散步道，形成了来往客流密集的街道景象。而且为了防备地震灾害，规划沿岸建设耐震护岸。

③ 与邻近企业主协调，形成统一的公共空间。相邻的企业主相互合作，通过建设一体化的公共空间，创建统一、协调的生活环境。

除了以上内容，在用地的一角设置了水上巴士站点，无论平日还是休息日，都能进行水上出行。不仅提高了平时和灾害发生时的交通便利，更继承了这里曾有过造船厂的“区域记忆”，而且大大有助于“海面的充分利用”“形成繁华的沿岸景象”“创造动态景观”。

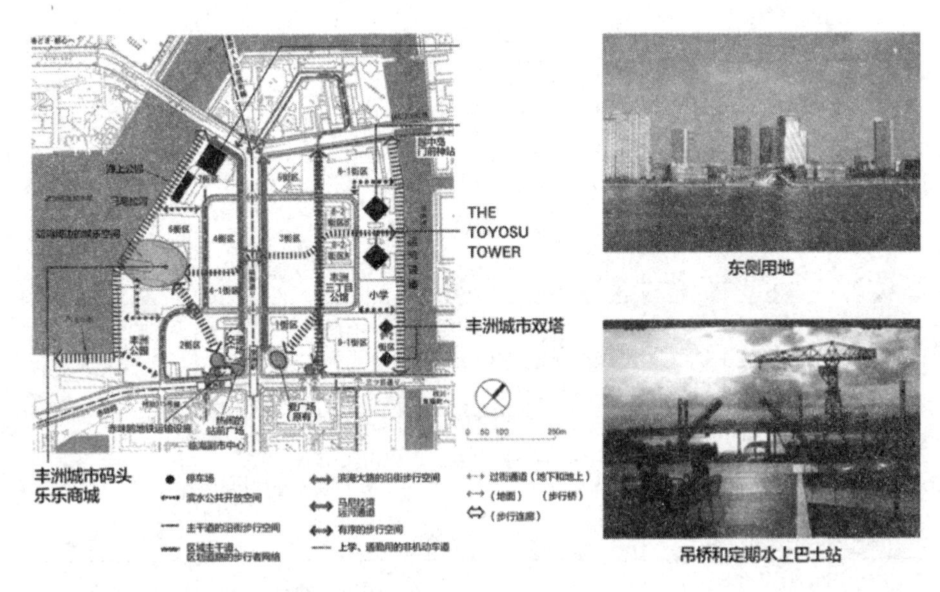

设施配置图和步行网络

（引自：《日经建筑学》，2007年8月27日，日经BP社）

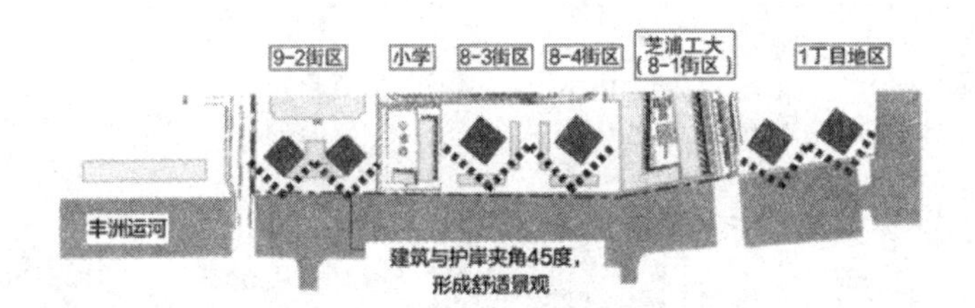

沿海（东侧用地）；关注彼岸瞭望风景的建筑配置以及与邻近企业主相互合作的广场

（引自：《日经建筑学》，2007年8月27日，日经BP社）

图6.23　丰洲1～3丁目地区再开发

表6.22 开发参数

项目	丰洲城市码头乐乐商城	丰洲城市码头公园	THE TOYOSU TOWER	丰洲城市双塔（住友不动产丰洲项目）
业主	三井不动产（株式）	IHI、三井不动产（株式）	三井不动产（株式）、野村不动产（株式）、三菱地所（株式）、东京建筑（株式）	住友不动产（株式）、阪急不动产（株式）
所在地	东京江东区丰洲2-4-9（6街区，4-1街区）	江东区丰洲2丁目（7街区）	东京江东区丰洲3丁目1-42（B-3街区）	东京江东区丰洲3丁目8-30等（9-2街区）
区域用地	丰洲2丁目土地区划整理区 丰洲2、3丁目规划区、准防火区	工业区	工业区 ※规划变更为居住区类	工业区
占地面积	56319.87平方米	28900.05平方米	16396.58平方米	13826.52平方米（设施整体）
主要用途	商业设施	集体住宅（1481户）、店铺等	集体住宅（825户）	集体住宅（1063户）
结构	钢筋混凝土结构（部分钢结构）	塔A：钢筋混凝土结构（部门钢结构） 塔B：钢筋混凝土结构（部分钢结构，钢架钢筋混凝土结构） 球场C：钢筋混凝土结构	钢筋混凝土结构（部分钢结构）	钢筋混凝土结构
层数	地上5层，地下1层	塔A：地上52层，地下1层 塔B：地上32层，地下1层 球场C：地上7层，地下1层	地上43层，地下1层	地上48层地下1层（2栋）
总建筑面积	140316.43平方米	塔A：121938.78平方米 塔B：63641.00平方米 球场C：5580.28平方米	91973.20平方米	126619.72平方米（建筑整体）
工程时间	开工2005年8月 竣工2006年9月	开工2005年7月 竣工2008年1月下旬（塔B） 2008年3月下旬（塔A、球场C）	开工2006年6月 竣工2009年1月（计划）	开工2006年08月21日（建筑整体） 竣工2009年03月下旬（计划）
设计	大成建设（株式）	三井住友、鹿岛建设企业共同体	清水建设（株式）	日建设计（株式）、鹿岛建设（株式）

6.4.5 门司港怀旧地区

门司港，战前作为与亚洲大陆往来的国际贸易港进行发展，其周边有日本代表性银行和船业公司事务所等呈现出一派兴旺景象。但是到了战后，大陆贸易衰退以及集装箱化时代来临，随着运输体系改革，旧态依然的门司港失去了往日的蓬勃景象。因此，1979 年为了提高门司港的港湾功能，作为运输省辅助业务（西海岸再开发项目）之后实行了“第 1 停泊区”的填海工程以及临港道路建设等工程。另一方面，对于门司港的城市街道，为了赋予城市新的生命力，保存港口周边的历史建筑物（银行、船业公司等），营造关门海峡的良好景观，于 1988 年，作为自治省的辅助业务（家乡建设特别策略），开展了“门司港怀旧地区和海峡促进项目（通称：怀旧项目）”。近期，门司港的发源地即保留着原貌的石堆护岸和旧门司海关遗留的“第 1 停泊区”为了恢复运营的活力，港湾建设项目和复原项目相互补充，共谋发展。除这两个项目外，1990 年为了缓和历史建筑密集区的交通状况，作为旧建设省的辅助业务（城市规划道路辅助业务）制定了迂回道路建设规划。三个不同专业的项目在“怀旧”这一主题下同时进行，由北九州市负责协调。另外，为了在公共空间和建筑的设计上反映这一主题，地区整体设计委托专业顾问，开展了具有高度整合性的城市建设。规划分为一期（1988 — 2004 年）和二期（2007 年至今）。一期主要内容有：① “第 1 停泊区”的填海工程变更（保留水面），② 临港道路的建设中止及吊桥建设，③ 实现民间高层公寓的规划变更（居民运动）等；二期主要内容有：① 提高可游览性，促进长期逗留，② 繁荣当地商店街，③ 促进门司港酒店和海峡广场等的建设发展。“行政相互协调”“根据状况（当地需求等）制定相应规划”“行政和设计者的紧密合作”等一系列内容，都是切实落实城市基本建设的成果（表 6.23、图 6.24、图 6.25）。

而且，拥有关门海峡的山口县下关市和北九州市，为了保护和发展两市的共有财产关门海峡及沿海景观，制定了全国罕见的两市协议《关门景观条例》（2010 年 10 月）。

表 6.23　开发参数

所在地：	福冈县北九州市门司区
开发主体：	北九州市（港湾局、建设局、企划局）、门司港开发株式会社（第 3 部分）
设计：	APL 综合规划事务所
开发时间：	门司港复原项目一期：1988 — 1995 年，二期：2007 年至今
开发面积：	240000 平方米
开发方式：	港湾建设项目：临港道路、绿地、吊桥（行人专用可移动开合桥“蓝翼”）、亲水绿地（为潮水涨落而设置的海水缓冲区）、旧门司海关（眺望、休憩设施）
怀旧地区：	门司港站前广场，北九州市旧门司三井俱乐部（重要文化遗产）迁移（资料室、餐饮），北九州市旧大阪商船修复（海事资料室、会场），北九州市立国际友好纪念图书馆复制（图书馆、料理讲习室），街道建设（电线入地，路面铺修），门司港怀旧地区眺望室建设，门司港怀旧地区特产馆建设等
民间促进项目：	酒店、多功能会议、办公大厦，商品销售及餐饮商业设施

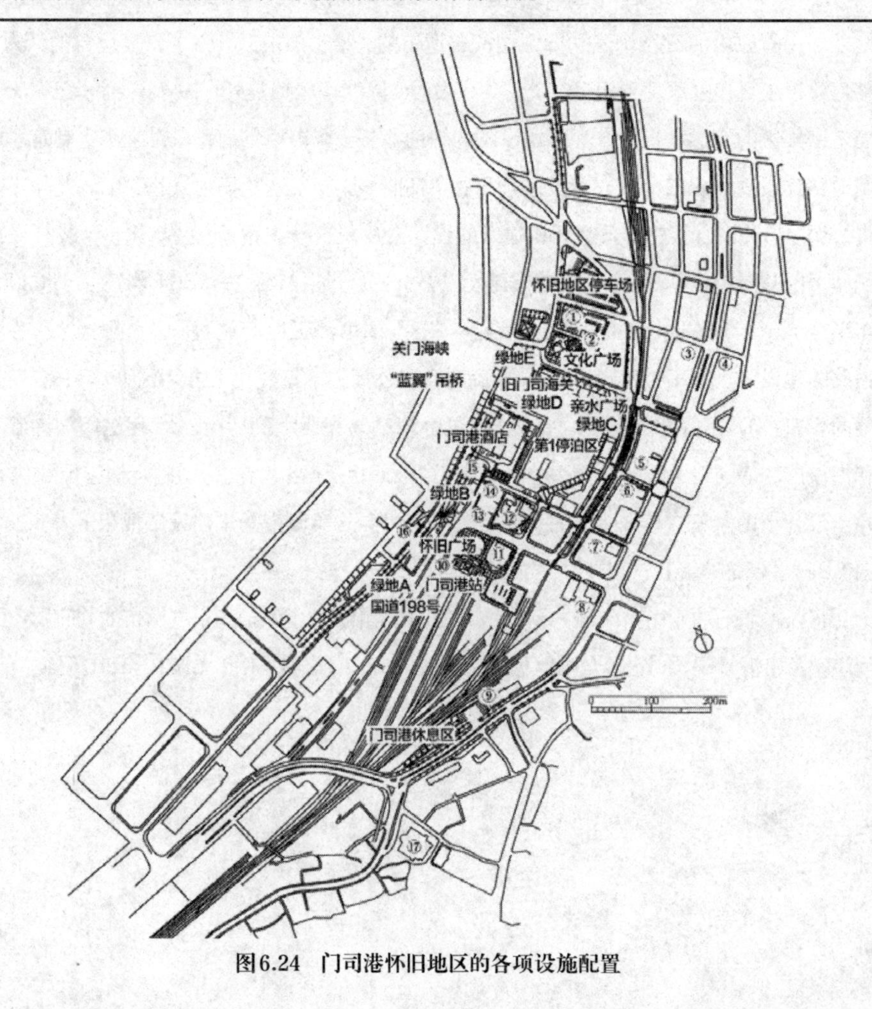

图6.24　门司港怀旧地区的各项设施配置

图6.25 从关门海峡看到的怀旧地区景观

6.4.6 大崎门户城市（Gate City）

门户城市（Gate City）位于东京7个副市中心之一的大崎地区（品川区），开发面积5.9公顷，总建筑面积32.2万平方米。这一地区，从20世纪一二十年代开始作为城南工业地带拥有很多工厂，但20世纪60年代中期以后随着工厂搬迁至郊外，出现了大规模的闲置土地，随后虽然进行公寓建设，但是面临着现存老旧木作建筑密集、许多道路狭窄的城市问题。为此，大崎地区在1978年品川区的长期基本构想中提出了再开发的必要性，于1982年在东京长期规划中被指定为副市中心之一。结果使大崎副市中心的核心区东口站前约9公顷的再开发项目在1978年以后的20年间稳步推进，1987年东口第1地区（大崎新城，约3公顷）、1999年东口第2地区（大崎门户城市，约6公顷）相继完成。而后，2002年12月临海线大崎站延长线开通，实现了东西自由通行，至此街区整体建设完成（表6.24）。

表6.24 开发参数

项目	内容	项目	内容
工程名称：	大崎站东口第2地区·一类城市街道再开发项目	总建筑面积：	319818.07平方米
施工方：	大崎站东口第2地区城市街道再开发工会	工程时间：	1994年9月—1999年1月
所在地：	东京品川区大崎一丁目	设计：	日建设计（株式）
区域用地：	准工业区、防火区、高度利用区		（综合企划：三井不动产）
占地面积：	42509.31平方米		
结构：	钢结构、钢架钢筋混凝土结构、钢筋混凝土结构		
层数：	地下4层，地上24层，屋顶层1层（办公商业楼）		

值得特别一提的是2004年大厦及综合体在全国首次取得了建筑物综合环境性能评价系 统（CASBEE: Comprehensive Assessment System for Building Environmental Efficiency）的认证。这是从节约能源和资源、再利用性即减少环境负荷的环境性观点出发，评定建筑等级的制度。现有建筑很少有获得这一认证的案例，该项目则获得了最高级别（S级）。相应地 进行彻底的垃圾分类（8类），回收率在包含餐饮等行业在内的商业设施中达到80%的高水准。还进行了将室外陈旧的横幅像环保袋一样进行回收的宣传活动，以及混合动力汽车停车享受2小时以内免费的配合措施（图6.26）。

门户城市项目的布局以商业办公建筑（办公楼）为主，曲面构形的超高层住宅楼（西塔楼），配采光庭园的东京清扫事务所、现状事务所及工厂大楼等。这些配置力求与邻近的新城（New City）相互合作形成办公点，通过人工地基将用地连接，在车站附近集合了业务功能。而且，在低层配置了店铺、会议等服务功能，清扫办公室和工厂在原位置 。独立住宅楼设置绿地缓冲带。另外，因《航空法》的限制，办公塔楼采用高度为98米的双塔形式。重叠了四角形、八角形、十字形的建筑形态，缓和了周边地区背阴、压迫感、风力等不良影响。用地的一半面积是庭园，以中庭为中心的地下1层到地上3层是无障碍空间并且一般都是开放的。停车场、区域制冷供暖设备、变电所等各种设施尽可能设置在地下，从而减轻了地上空间的容纳压力。

地上层和地下广场的一体化中庭

朝两个方向分叉的道路上，强调门户性的建筑配置

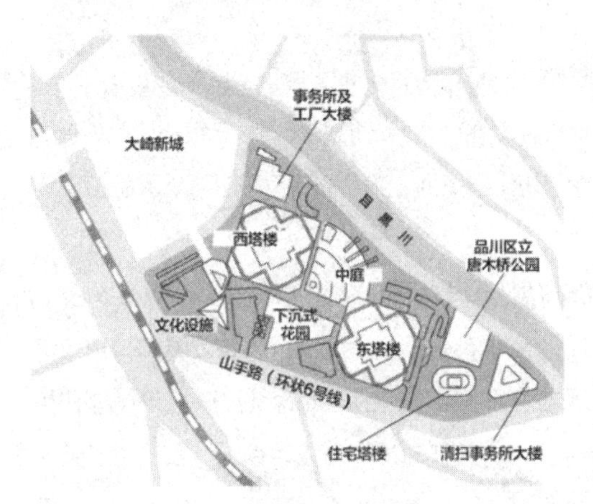

设施配置图

从JR大崎站看到的大崎门户城市

8分类环保垃圾箱

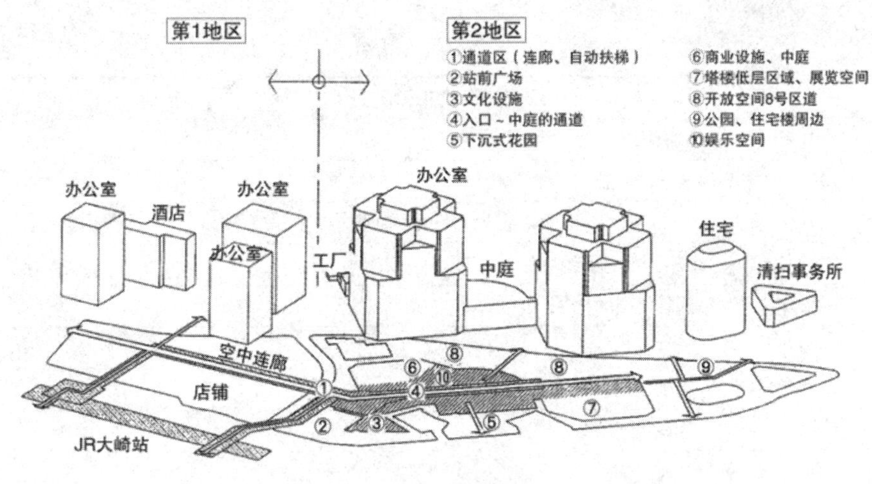

整体配置图

（引自：《建筑设计资料集·区域、城市Ⅰ·项目编》，日本建筑学会编制，丸善，2003）

图6.26　大崎门户城市规划

6.4.7 筑波研究学园城市

筑波研究学园城市是1963年9月内阁会议通过的一项建设项目。其建设目的主要有两个，一是为了满足科学技术振兴与充实高等教育的时代需要，二是缓解东京人口过分集中的问题。如规划预期在1980年3月前搬迁、新建国家试验研究机关、大学等，主要城市设施建设也大致完成。此后，市中心区设施建设推进的同时，吸引了许多民间企业入驻周边的工业区。原规划人口22万人，到2004年常住人口为19.5万人。至此经过多次规划修订，预计2030年人口将达到35万人。

筑波市全区被称为“筑波研究学园城市”，面积约为东京23区一半的28400公顷。其中，市中心区划定为“研究学园区”（面积约2700公顷），规划配置国家级的试验研究、教育设施，商业、办公设施以及居住区等。其他区域划定为“周边开发区”，保护田园环境的同时与“研究学园区”平衡发展。

“研究学园区”进行开发时，各种城市规划项目组合发展，在取得用地时，从考虑发展当地农业经营开始，进而以山林、原野等非农业用地为主进行收购。国家级别的试验研究、教育机关的设施用地，主要是通过全面收购取得的一块官公厅政府设施事业用地。需要规划建设的居住区，是通过全面收购方式取得新住宅城市街道开发事业，其他居住区通过部分收购的土地区划建设事业而开展。综合性的城市基础公园则纳入城市规划公园事业范畴（表6.25）。

表6.25 开发主要流程

第一阶段 城市建设期	
1961年	政府机关搬迁内阁会议决定
1970年	建设法实施
第二阶段 城市完善期	
1980年	43个机关搬迁结束
1985年	国际科技博览会
1996年	科技基本规划
1997年	基础建设事业结束
1998年	建设规划等的修订
第三阶段 城市发展期	
2002年	茎崎镇编入后，整个筑波市=筑波研究学园城市
2005年	筑波特快开通，筑波市的人口突破20万

“研究学园区”的土地利用,中心地带设置为“市中心区”,外缘地区配置了“研究、教育设施区”,根据前往这些地区通勤、上学以及日常生活的便利性,划定“居住区”(图 6.27)。

一方面,“周边开发区”的土地利用,控制无秩序的城市化,力求保持良好的自然环境,同时调整农业土地利用方式,规划性地进行城市街道开发,引入民间研究机构等。另一方面,将现有村落发展为“周边开发区”的社区中心,并同时致力于生活环境设施建设。

城市建设中,按照传统意义上的城市规划,发展格子状主线路网,井井有条地建设下水道、公园、住宅等各个项目。

国家级的试验研究、教育机关经过追加和再编,2007 年由规划中主要的 33 个机关进行各项建设工作。机关职员约 13000 人(其中研究相关人员约 8500 人),全国的国家研究机关职员和预算的约 40% 都集中在本区。另一方面,“周边开发区”建设起来的民间研究机关、企业等,大多入驻于研究开发型工业区。在行业上,有医药、化学、电子电气、机械、建设等很多类别,民间科研人员达到了约 4500 人。

近几年城市的主要课题,为了推进研究学园区规划中的国家设施建设,制定了官公厅政府设施的建设规划标准,随着最近国家研究、教育机关的独立行政法人化发展,开始出现无法按照相同标准进行的一些项目。而且,因各研究、教育机关的经营方针和研究内容等变化,给研究学园区的土地利用造成的影响也令人担忧。

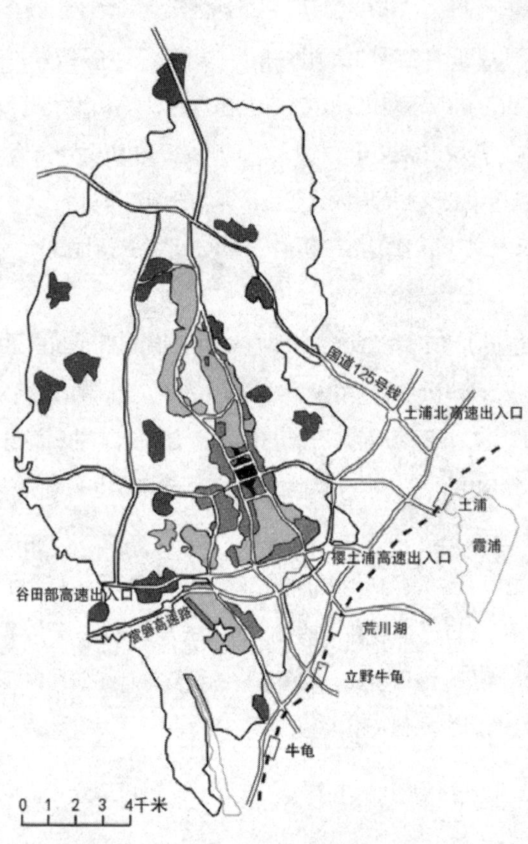

区域划分		城市规划的区域划分
—筑波研究学园市域		城市规划区域
市中心区	研究学园区	城市化区域
研究、教育设施区	研究学园区	城市化区域
居住区	研究学园区	城市化区域
周边开发区（深色）	周边开发区	城市化区域
周边开发区（白色）	周边开发区	城市化调查区域

土地利用规划图

筑波博览中心和街道

筑波中心交通广场

延伸至交通广场的东大街林荫道

连接交通广场周边商业设施的空中连廊

图6.27 筑波研究学园城市规划

6.5 街道修复和城市建设及其他

6.5.1 青森市小型城市建设措施

青森市于 1999 年 6 月按照《城市规划法》第 18 条第 2 款的规定，制定了《青森城市规划方案》（以下简称青森城市规划）。《青森城市规划》的基本理念是建成小型城市，致力于建设抗风雪能力强的城市，适宜高龄、福利社会的城市，环境协调型城市，抗灾能力强的城市，高效且舒适的城市。特别是以减少除雪费这一城市成本为中心的观念，对小型城市概念有重要影响。小型城市结构的基本概念，按照城市建设方针积极地将视线投向城市街道内部，划定了 3 个区域："内部""中部""外部"（表 6.26）。

表 6.26 土地使用配置方针

分区	城市街区		外部（Outer-City）
	内部（Inner-City）	中部 (Mid-city)	
定位	提高城市枢纽性的商业、行政功能以及邻接市中心的居住功能，推进土地的高度利用，进而形成小型城市的关键区域	提供完善的居住功能和维持其发展的邻近商业功能，通过提高城市的魅力之一"居住舒适"，力求建设小型城市和维持城市活力两方面平衡发展	为了保护丰富自然以及健康卫生的用水，配置农业及自然的同时，为了维持其发展还配备了赖以生存的村落，从后方进行支援
居住功能	中高层中高密度	低层低密度	
商业功能	中心的商业	邻近以及沿街利用的商业	
工业、流通功能	临海型		内陆型
农业生产功能			农业用地、村落
自然功能			森林
行政功能	城市中枢型	邻近便利型	村落便利型
教育、文化功能	综合文化方面	利用艺术、史迹等方面	高等、产业教育方面 艺术文化方面
观光、休闲功能	城市观光方面		利用自然、温泉等，运动休闲方面

3 个区域基于道路（内环、外环）划定，充分利用扇形扩张发展起来的现有城市街道形态。截至高速经济发展时期所有完成城市街道发展的区域，与早于《青森城市规划》的《青森市中心区再开发规划》中规定的城市中心区域大致吻合，并指定该部分为内部区域。从《青森城市规划》制定时城市化区域的状况判断，至外环沿线已经有城市化发展的地区，在外

环线内侧留有很多将来不会发展为城市街道的农业用地，此外，外环线以外没有必要设定为城市街道，所以将外环线划分为外部地区。

内部区域街道不断出现老旧和空洞的问题，存在很多市民高度密集区，是小型城市建设的核心区。为此，为了进行老旧街道的再建设工程，在内部区域采取分散措施推进改善城市街道环境的各项工作。特别是扇形扩张形成的中心城市街道，作为重点建设点通过设置往返动态线路，提升公共交通，推进市中心居住等一系列工作，努力激发城市活力，发展建设“青森新面貌”。中部区域起缓和内部和外部区域的重要作用，从20世纪60年代后期开始已完成城市化建设的街道与将来需要城市化建设的区域，原则上建设以低层低密度的独门住宅为主体的居住区。外部区域保护农业用地和周边自然环境，原则上是控制城市化扩张的区域，努力建设推动农业用地发展的村落（图6.28）。

为建成小型城市，发展中心城市街道以及控制无秩序的郊外开发这两项工作同时进行。具体而言，在中心城市街道营造城市氛围，相互交流，于2001年在站前配置了公共售卖和交流点的“AUGA大厦”，地下1层、地上9层的建筑，地下是海产品市场和餐饮店，1～4层是各种各样的专卖店约50家店铺，5～9层作为公共设施是致力于形成男女共同参与的社会据点的“青森市男女共同参与广场（昵称KADARU）”，配置了从其他区域搬迁过来的“青森市民图书馆”、连接学生和社区的青森公立大学流动设施“市内研究室”、育儿亲子交流场所“联谊广场”，此外更配备了可容纳522辆车的停车场。AUGA大厦一定程度上促进了中心城市街道的繁荣发展，同时，为了提升城市中心居住条件，开放了“中部生活塔”。只需徒步3分钟就能享受舒适生活，1层是店铺，2～4层是医疗、福利设施，5～17层由107户老年集合住宅构成，集体住宅没有设停车场，虽然需要高价购买但还是销售一空。除了这些硬件设施外，还积极开展各种文娱活动等软件方面的工作，为了维系更多的群体做出各种努力（图6.29）。

另一方面，控制无秩序的郊外开发。针对规划区域外的空白地带温泉出售开发及违法抛弃等问题，指定了准城市规划区域（2006年10月1日条例实施），设定一类低层居住专用区，排除居住用途以外的建筑建设。另外，缩小需要开发许可的面积标准，基本上所有的开发都需要开发许可手续。通过这些措施，准城市规划区域必须符合开发许可制度和建筑规定要求，通过各种方式，力求控制乱开发行为。

图6.28　中部与外部分界线
（图片提供：青森市城市政策课）

图6.29　中部生活塔（左）与AUGA（右）

6.5.2　充分利用川越市历史的居民主体城市建设

川越市位于埼玉县西南部，面积约 109 平方千米，人口约 335000 人。市中心在整个江户时代被称为“小江户”，当时的商业城镇一片繁荣景象。1893 年川越镇总户数的 1/3 因一场大火而消失殆尽，恢复之后采用了传统的防火建筑，这就是今天川越传统街道的起源。

川越城镇建设以最繁荣的一条商业街为中心，20 世纪 70 年代开始在全国范围内掀起了街道保护运动高潮，当时进行的主要工作如下：

① 1971 年川越最古老的大沢家住宅被指定为国家重要文化遗产，同年，旧小山家的拆除计划遭到了居民们的强烈反对，经过市开发公社收购后以藏造建筑资料馆的形式向公众开放。

② 1974 年日本建筑学会关东支部开展了历史街区保护规划竞赛。

③ 1975 年传统建筑群保护区的保护调查遭到了居民反对，未能完成地区规定工作。但市里于 1981 年将 16 栋藏造建筑列为文化遗产并开始保存工作。最近在城市街区的周边，开始建造高层公寓。虽然也发生了反对运动，但大致上还是按照原规划开展建设。政府没有进行限制，所以无法改变事态发展。

城镇建设的时机越来越成熟，20 世纪 80 年代以后，致力于通过居民主体的城镇建设和商店街繁荣发展的方式开展景观保护工作并设立了“川越藏造建筑会”。1986 年开展了“社区广场的构想”项目，进行调查和讨论后的结果，店主们注意到了一个问题，“目前并不是要解决如何留下藏造建筑并充分利用的问题，而是如果未能繁荣商店街就无法留下藏造建筑。所以首先需要促进商店街的繁荣发展”。此后，商业合作的内部组织成立了“街道委员会”，开始制定不具备强制效力的《城镇建设规范》，并在规范基础上进行设计引导。历史街道保护与现代建筑的协调发展，开始了美化商店街的建设工作。

在川越藏造建筑会和商业一番街行动的同时，政府也正式开始进行景观建设。于1989年颁布了《川越市城市景观条例》，在历史街道环境整治项目中，对商业一番街附近的点心店胡同和大正浪漫梦之道等进行了维修。同时，商业一番街最期待的电线入地也得以实现。

1992年，市建设方案审批机关设立了北部城镇建设自治会长会议（会上将名称改为十镇会）。最近， 市里再次与居民进行了传统建筑群保护区划定的相关讨论。公寓建设问题再次被提上议程，在十镇会上重申了讨论会的结果，为了保护一条街周边的街道，达成了应该接受传统建筑群保护区的安排，并向市里提交了相关请求 ，街道委员会同样提交请求书。市政府接受之后， 在1999年通过了传统建筑群保护区的规划，同年被选定为国家重要传统建筑群保护区。以常住居民为主体开展城镇建设活动，今后也一直以居民为主体开展建设工作 （表6.27）。

现在的川越每年迎来400万人的观光客。川越的城镇建设中，历史街道保护、观光、振兴商店街、居民主体的城镇建设等，各方面都备受瞩目（图6.30、表6.28）。

表6.27　川越城市建设年表

年份	主体	事件
1970年	○	专家提出问题
1971年	◎	大沢家住宅被指定为国家重要文化遗产
	△	城下町川越开发委员会设立
	△	旧万文拆除的反对活动
1972年	◎	市开发公社收购旧万文
1974年	○	日本建筑学会关东文化支部规划设计竞赛
	△	川越市文化遗产保护协会成立
	△	公寓建设的反对运动
1975年	◎	传统建筑群保护区保存策略调查
1976年	○	参加竞赛的有识之士设立川越环境会议
1977年	△	文化遗产保护协会的藏造资料馆（旧万分）开馆
	○	全国历史风土保护联盟川越大会
1978年	△ □	青年会议所的传统建筑地区保护条例提案
1981年	◎	16间藏造建筑被指定为文化遗产
1983年	○	环境文化研究所的设计准则
	△	成立川越藏造会
1986年	□	启动社区商业街构想项目
1987年	◎	成立川越市城市景观审议会
	□	一番街商业合作社下属街道委员会成立

续表 6.27

年份	主体	事件
1988 年	□	街道委员会完成并开始实施城镇建设规范
	□	商工会议所设立小江户川越景观奖
1989 年	◎	《川越市城市景观条例》公布
	◎	城建建设恳谈会召开
	◎	川越市启动观光街区建设项目
1990 年	□	一番街城镇建设研究会
	◎	川越城遗迹川越市立博物馆开馆
1991 年	◎	历史环境维护道路项目（历道项目）启动
	◎	一番街电线入地项目启动
1992 年	◎	设立北部城镇建设自治会长会议机制
1993 年	△	十镇会成立
	△	全国城镇研究会川越大会
1994 年	△	十镇会街道专门委员会设立
1995 年	△	十镇会向川越市提交传统建筑再调查请求书
	◎	川越市实施传统建筑区策划调查
1996 年	△	十镇会研讨会召开
	△	十镇会居民意识调查
	□	城镇委员会研讨会召开
1997 年	△	十镇会向川越市提交传统建筑区指定请求书
	□	一番街商业合作社向川越市提出传统建筑区划定请求书
1998 年	△	公寓建设的反对运动
	◎	实施居民对传统建筑区划定的意向调查
	◎	关于传统建筑区的居民说明会
1999 年	◎	制定传统建筑区保护条例
	◎	《传统建筑区城市规划》制定
	◎	川越市川越传统建筑群保护区划定
	◎	传统建筑保护区被选为国家重要传统建筑保护区
2000 年	◎	被建设省评为“城市景观百选”

注：引自日本建筑学会编《街道保护型城市建设：城市建设教科书第2卷》，丸善，2004。表中○代表专家，◎代表政府部门，△代表居民，□代表商业街

图6.30　川越街道景观

表 6.28　城镇建设规范项目

1	川越古城				
2	强化城市街区的绿化	24	商住一体	46	外部空间要向阳
3	有特色的地区共存	25	社团活动地建设	47	楼房布局要留出中庭
4	确保有人行道	26	个体户集中建成商店街	48	可以自然采光的狭长楼房
5	将旧城下町地区重建成独立的社区	27	空地、空房尽早利用	49	楼房（建筑）相连
6	用合适的边界来划分特色区域	28	行人和车辆的路网	50	四间+四间+四间 的规则
7	将相邻地区划为主街	29	使行人和车辆共行的措施	51	玄关和街道之间留空间
8	给相邻地区划界	30	确保儿童活动区	52	利用中庭
9	机动车道移到外围	31	修建祭祀活动的场所	53	有房檐的建筑
10	育儿网	32	共同营造安静的环境	54	房檐配庭园
11	便捷的公共交通	33	身边充满绿色	55	建筑正面相连形成道路空间
12	建筑高度不超过 3 层	34	袖珍公园	56	开放檐下空间，使其相连
13	停车场小规模分散设置	35	可攀登的高地	57	不断展现吸引力的街道景观
14	将主要道路周边恢复为生活场所	36	到达神圣地的空间秩序	58	街道、广场绿地被店铺包围
15	保存宗教空间	37	外部空间附加各种寓意和功能	59	广场内放置必需品
16	年龄平衡的社区	38	商住两用的商户	60	容易进入的店门
17	部署热闹繁华结点	39	主要为个体户	61	橱窗
18	步行道	40	聚集人群的景点	62	中庭也用于开店
19	享受夜晚的户外生活	41	建筑物分栋非一体建筑	63	接待客人+柜台
20	各年龄段的家庭结邻	42	参照周围建筑	64	采用传统施工方法
21	阶段性地建成住宅群	43	尽量留出空地	65	使用自然材料，优先使用当地材料
22	小胡同内开设商店	44	主要楼房和建筑要醒目	66	非彩色的基调
23	老年人能够安心生活的城镇	45	停车场尽量隐蔽汽车	67	把建筑利用为广告牌

6.5.3　以小布施町的街景修缮工程为契机的城镇建设

1）成为城镇建设契机的街景修缮工程

长野县小布施町是位于长野县的北部、面积约 19 平方千米、人口约 1.2 万人的小城镇。因为气候土壤均适合栗树生长，是栗子的著名产地。1976 年，为了保存和展示葛饰北斋的真迹建造了“北斋馆”。小布施町也因“板栗点心和北斋之城”而闻名。随着观光客的到来，城镇建设的时机也成熟了。

随后，小布施町在 1986 年完成了街景修缮工程，这也是小布施町今天的景观修缮城市建设的契机。此次的街景修缮工程是将北斋馆及高井鸿山纪念馆周边一带的历史建筑和新建筑进行整合，由建筑师宫本忠长综合设计，相关主体（政府、建设者、个人）进行整体景观把控（图 6.31、图 6.32）。

工程对有古建筑风格的大壁[1]的住宅进行修缮的同时，将面朝大路而建、日照不足、饱受噪声困扰的住宅向里移，改善了他们的居住环境。之后，对面朝大路的店铺进行了整体规划和布局并确保住宅中央有停车位。除此之外，还将用栗树方木铺成的“栗木小径”进行了维修，游客可以在此放心散步。

在这次街景修缮工程中，土地没有被买卖，而是通过借贷或交换的方式进行，之后各个主体平等地、分阶段地进行全面建设。这一点和以法律为基础的再开发不同，深受好评。

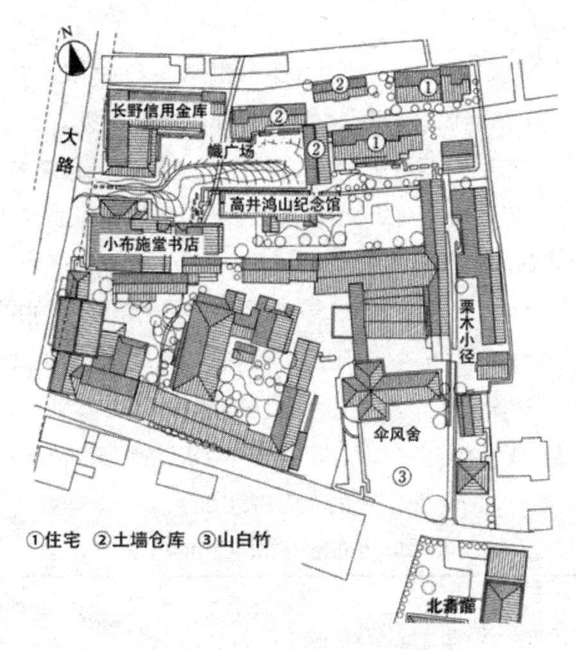

图6.31　街道景观修缮实施地区

（引自：田村明，《城镇建设与景观》，岩波新书 985，岩波书店，2005）

图6.32　小布施町街景

1　大壁：柱子不外露的墙壁。

2）街景修缮工程后的工作开展

街景修缮后受到多方瞩目，来游览的人也随之增多。之后，小布施町积极地开展了街道的景观维护工作。1986年，制定了街道维护的方针《环境设计合作基准》，1990年，方针发展为《人人受益的美丽城市建设条例》，1992年又制定并完成了具体住宅建设、街道建设的指南《住宅建设手册》。为了维护住宅和街道，对土地及布局、建筑高度、屋檐、墙壁、颜色、树篱、植被、花、土墙仓库、门、广告物等都规定了详细的基准，强调与周边环境的协调。

街道景观修缮工程及随后的各种努力引起了居民对景观的关注。“里面是自己的，外面是大家的”这种意识在当地扎下根并向外扩散。随处能看到居民在新建及增、改建时进行自发的景观维护。建筑业、设备业、电力、建材、户外广告、园艺等各行各业的个人和企业成立“小布施景观研究会”等组织，积极地为全镇的景观建设贡献自己的力量，各个主体都在支援了小布施町的景观建设。

另外，根据《环境设计合作基准》，绿化及花坛等都有自主行动指南。在2000年又举办了自家庭院对外开放的“开放花园”活动，目前有100户居民参加。这个活动也是“外面是大家的”这种街道建设理念下衍生出来的，参与者很乐意和参观者进行交流。

街道景观修缮完成后20年过去了，近几年与高校及地方居民合作策划并制定《城镇建设规划》，城镇建设又开始迈向了新的阶段（表6.29）。

表6.29 小布施町景观维护相关工作

年份	事项
1986	街道景观修缮完成
1986	《环境设计合作基准》策划并制定
1990	《人人受益的美丽城市建设条例》制定
1991	“小布施景观研究会”成立
1992	《住宅建设手册》《广告物设置手册》制定
1997	《照明建设手册》制定
2000	“小布施开放花园”活动开始
2005	“东京理科大学小布施町街道建设研究所”成立
2006	小布施町成立景观政府团体，进行景观设计

6.5.4 御荫横丁

御荫横丁位于三重县伊势市伊势神宫的内宫门前町（旧参宫街道）御祓町（驱邪街）的中心位置，占地9000平方米。最初是为了再现从江户到明治时期伊势神宫街道的繁荣，将原伊势路的代表性建筑进行移建或重建，对街道进行修缮，对餐饮、售卖、美术馆、资料馆等设施进行了维修后形成的。用篱笆或栅栏将周边街区隔开，形成了一个特别的空间，它不是售门票的主题公园，而是既有居民又不收费的一般城市街区（表 6.30）。

表 6.30　开发参数

项目	内容	项目	内容
开发主体：	赤福股份公司（运营主体：赤福有限公司）	建筑构造：	基于城市独立条款《伊势市街道保全条例》的“保护维修基准”（切妻式、妻入式、木制建筑等）建造。
所在地：	三重县伊势市宇治中之切町 52 番地	层数：	基于城市独立条款《伊势市街道保护条例》，建筑物等的楼层，地上不超过 3 层。
区域用地：	邻近商业区域	开业：	1993 年
占地面积：	约 9000 平方米（2700 坪）	项目费：	140 亿日元
设施构成：	42 家店铺（赤福运营 3 家，伊势福直营 24 家、委托 14 家），27 栋（餐饮 7 栋，商店 30 家，美术馆、资料馆及其他 4 个馆）		

关于御荫横丁的修缮特别需要提出的是民间企业赤福股份公司的贡献。20 世纪 80 年代后期，随着伊势神宫游客的减少，因当地特产“赤福饼”而驰名的民间企业赤福股份公司就独自开始了修缮工作。1993 年 7 月开放之后，运营依然由赤福系列的公司伊势福有限公司进行。运营得到了政府支援，据 2003 年度经济产业省中国经济产业局的调查显示，修缮前御荫横丁的游客人数约为 35 万人（1992 年），修缮结束开放后的半年就达到了 64 万人，翻了一番，10 年后增加到了 350 万人。其中，游客的 80% 为再次来访。

这个地名中的“御荫”源于以下两点，其一，从江户时代开始“御荫参拜”逐渐成为了伊势参拜的别称；其二，对能长期在这个地方做生意表示感谢。（“御荫”在日语里的意思是“保佑；托……的福”——译注）

当时再现的代表性建筑的特点是：第一，伊势人认为“如果和神居住的建筑一样是平入式就是对神不敬”，所以一般建筑样式为妻侧（山墙）开门的“妻入”式；第二，外墙是风强雨大的伊势地区独有的、由杉赤红味板制成的“刻纹围墙”（钉刻纹壁板 ）；第三，建筑材料使用的是日本铁杉等（图 6.33）。

对御荫横丁的政府支援政策有：基于 1989 年制定的《伊势市街道保护条例》，对“御袚町”的城镇保护区内实施无电线杆化和石板路面铺设工程；在进行新建、增改建时，基于街道保护维修基准（切妻式、妻入式、木制建筑等）的构筑物可以实施低利息融资（上限 3000 万日元）。这些政府支援项目也是以赤福股份公司的捐款为基金实施的。

如上所述，当大家都期望将地方城市搞活时，不是一味地依靠政府的外力坐享其成，而是通过当地一家企业全心全意、锲而不舍地努力恢复往日的繁荣，“御荫横丁”可以说就是一个好例子。

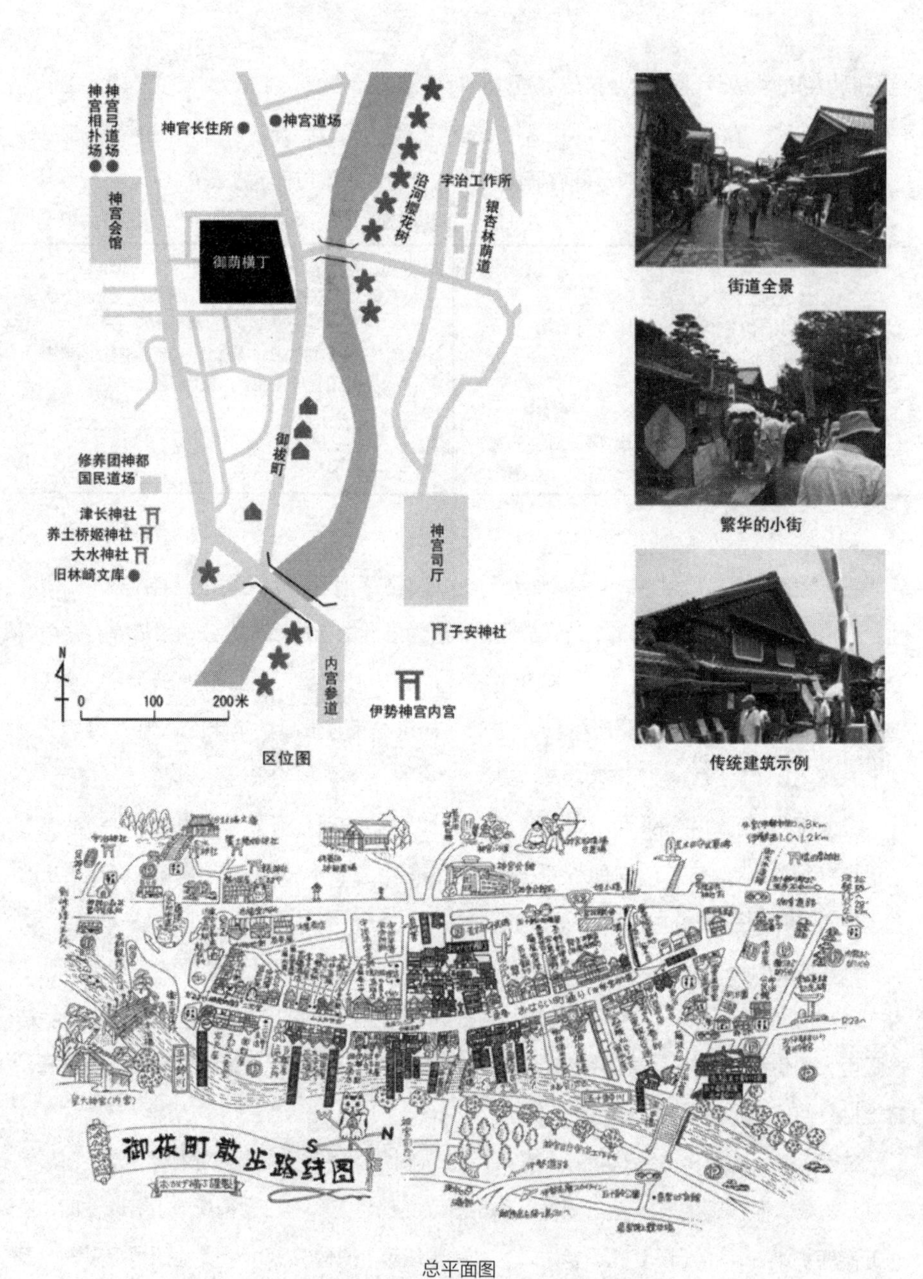

区位图

街道全景

繁华的小街

传统建筑示例

总平面图

图6.33 御荫横丁街道修复

第7章　城市规划相关法律制度

7.1　《城市规划法》与《建筑标准法》

7.1.1　概述

城市是很多人聚集在一起生活和活动的地方，它的顺利运转需要一定的规则和空间秩序。在城市巨大化、人群要求多样化的现代社会，无序地建设城市的后果是极其严重的。为防患于未然，建设优质的生活空间需要城市规划，而要保障城市规划，对城市的土地使用以及建设活动进行管控的方法就是城市规划相关的法律和制度。

实施城市规划时，土地使用等关系着私权的限制，而公共设施建设则需要大量的资金。从这些方面来看，城市规划也应该基于法律制度去实现，而且每个国家都有城市规划相关法律制度。

本章主要对日本的《城市规划法》和《建筑标准法》进行概述。《城市规划法》是日本现行城市规划法律制度中的核心法律。《建筑标准法》与《城市规划法》关系密切，是它的姐妹法，也是建筑专业的学生必学的法律。

1）《城市规划法》的颁布与沿革

近代城市规划是今天城市规划的基础。它源自19世纪末欧美各城市严重的城市问题和解决这些问题所做的尝试。产业革命和随后的资本主义发展使得大量人口快速涌入城市，引起了环境卫生明显恶化、住宅不足、犯罪频发等严重的城市问题。因此，从社会改良的角度做出城市建设提案并进行实际的尝试成为近代城市规划的原动力，在第3章中已经详述。同时，各国也在尝试出台官方政策和推进实施的立法，这是今天的城市规划制度的基础。

从19世纪后半期开始，欧美各国致力于公共卫生的改善，公共住宅的供给，街道、排水系统、公园的维护，土地使用、建筑的规定，不良居住区的改善等单独措施的实施。之后就相继出台了卫生法、住宅法、建筑条例、区域条例等。通过这些努力，到了20世纪，为了公共福利而限制私权并有计划地引导土地的使用，同时通过公共投资推进城市建设。这些得到了社会的认可，并发展为城市规划制度。开创系统的城市规划法的标志是英国1947年的《城乡规划法》（Town & Country Planning Act）、联邦德国1960年的《联邦建设法》（Bundesbaugesetz）。

日本开始近代城市规划是在明治维新以后，应国家建设的需求将欧美的城市规划技术引入日本，这点和欧美各国不同。日本城市规划制度发展过程中发挥巨大作用的3个代表性法规概括如下：

①《东京市区改正条例》－1888年颁布：日本最初的城市规划法，为了将东京改造成近代国家的首都而制定的国策。该条例只针对东京，规划的区域也是以皇居为中心的有限的范围。条例以土木工程为核心的公共事业为主，内容包括道路、运河、桥梁、公园的建设等。作为国家事务进行城市规划以及以公共设施项目为中心等做法都被之后的城市规划法所继承。

②《城市规划法》（旧）与《市区建筑物法》－1919年颁布：随着经济高速发展，满足城市扩张和产业发展的城市建设迫在眉睫，因此制定了《市区建筑物法》，它是现在的《城市规划法》和《建筑标准法》的前身。该法引入了城市规划区域、区域用地制、土地区划整理、建筑红线等制度。在内阁大臣指定的适用城市得以普及，之后普及到了大城市之外的主要城市。

③《城市规划法》（新）－1968年颁布：对1919年法进行的全面修订。从地方自治的观点出发，将城市规划的决定权由内阁大臣移交到地方自治体，引入居民参与程序这一点和旧《城市规划法》有很大不同。另外，为了限制市区无规划扩张，引入了城市化区域—城市化调整区域制度和开发许可制度，区域用地制进行了大幅修改。之后引入区域规划制度（1980年）、市镇村制定基本城市规划的制度（1992年），修订了准城市规划区域的设立（2000年），最终形成了目前的法律。

2）《城市规划法》与相关法规

城市规划法律体系由核心的《城市规划法》和大量相关法规构成。《城市规划法》规定了城市规划的内容、决定城市规划的主体及制定规划的程序，城市规划的权利限制、规划实现的措施和完成规划的组织及资金来源等。具体规划实施的方法详见相关的专项法。

相关法规包括土地使用、城市设施、城市开发等和城市规划的实施方法相关的法规，国土规划、地方规划等上位规划相关法规，与农业用地或森林等周边区域进行整合时的相关法规，城市规划政府组织及资金来源等相关法规等，详见表7.1。另外，城市规划需要结合当地的实际情况实施，因此地方公共团体制定的条例及纲要也会发挥很大的作用。

表 7.1 主要城市规划相关法规

土地使用	城市设施	城市开发	国土规划 地方规划	其他
·建筑标准法 ·城市绿地法 ·生产绿地法 ·文化遗产保护法 ·景观法 ·港湾法 ·城市再生特别措施法 ·促进密集市区的防灾街区维护相关法 ·受灾市区复兴特别措施法	·道路法 ·铁路事业法 ·城市公园法 ·排水管道法 ·河川法 ·运河法 ·停车场法	·土地区划整理法 ·新住宅街区开发法 ·城市再开发法 ·新城市基础建设法 ·促进大城市居住区及宅基地供给相关特别措施法	·国土形成规划法 ·国土使用规划法 ·首都圈建设法 ·近畿圈建设法 ·中部圈开发建设法 ·新产业城市建设促进法 ·山村振兴法 ·孤岛振兴法	·耕地法 ·森林法 ·地方自治法 ·地方税法 ·土地征用法 ·环境影响评价法 ·室外广告物法

7.1.2 《城市规划法》

1）宗旨和理念

《城市规划法》第 1 条阐述宗旨为“谋求城市健全发展和有序地建设，为国土均衡发展和公共福利做贡献”。第 2 条对城市规划的基本理念作了如下规定：

① 和农、林、渔业完美协调；

② 确保健康文明的城市生活及功能性的城市活动；

③ 在适当的限制条件下合理地使用土地。

这些基本理念包含了近代城市规划发展中确立起来的主要城市规划主题，即实现“城市和农村的协调”“健康居住环境”“功能性城市结构”“权利限制下的合理土地使用”。但理念属于精神层面的规定，法律是没有办法保证它全部实现的，因此，在城市规划立案时的目标设定中应将理念考虑在内。

2）城市规划区域和准城市规划区域

城市规划立案时首先要确定对象城市的区域，在《城市规划法》中定义为城市规划区域（《城市规划法》第 5 条）。城市规划区域包括市或符合一定条件的町村的中心区，考虑自然条件及社会条件，“作为城市体进行综合地修复、开发及保护的区域”。以实际的城市区域为基础，有计划、有目的地规定范围。另外，新开发的居住城市、工业城市的区域也需要指定，和行政区域不同，既可以是市镇村的一部分，也可以跨几个市镇村。城市规划区域需要从更广的视角来指定，因此，一般由都道府县指定，如果是跨都道府县则需要国土交通大臣来指定。

另外，虽然不是作为一个整体进行修复、开发和保护，但是如高速路出入口周边和郊外主干道沿线进行大规模开发时可能会造成环境恶化的区域指定为准城市规划区域，适用《城市规划法》的部分规定（《城市规划法》第5条第2款）。

《城市规划法》的规定，原则上适用于城市规划区域和准城市规划区域，区域以外不具备效力（但对于具有一定规模的开发行为，即使是在城市规划区域或准城市规划区域外也适用开发许可制度）。

3）城市规划内容

《城市规划法》中，关于“城市规划”的定义是“为了城市健全发展和有序建设而对土地使用、城市设施的维修及市区开发进行的规划”，三类基本规划包括①土地使用相关规划，②城市设施相关规划，③市区开发相关规划。共规定11类城市规划的内容，如表7.2所示（《城市规划法》第2章第1节）。

表7.2 城市规划的内容

规划的类别	城市规划的内容	条文
基本规划	① 城市规划区域的修复、开发及保护方针	第6条第2款
土地使用规划	② 区域划分	第7条
	③ 城市再开发方针等	第7条第2款
	④ 区域用地	第8条、第9条
	⑤ 促进区域	第10条第2款
	⑥ 闲置土地转换使用促进区域	第10条第3款
	⑦ 受灾市区复兴推进区域	第10条第4款
	⑧ 区域规划等	第12条第4～12款
城市设施规划	⑨ 城市设施	第11条
市区开发事业相关规划	⑩ 市区开发	第12条
	⑪ 市区开发等预备区域	第12条第2款

基于《城市规划法》进行的城市规划（法定城市规划）从制定到完成的大致流程如图7.1所示。

城市规划的实现办法中，一部分通过城市规划限制（规定及引导）来实现（由私有土地构成的市区中的大部分都是采用这种办法），另一部分由政府出资直接进行城市规划来实现。一般土地使用的规划属于前者，而城市设施的规划以及市区开发事业相关规划属于后者。《城市规划法》中不仅对规划的内容和程序，对规划的实现办法也进行了规定，所以也具有行业法规的特性。

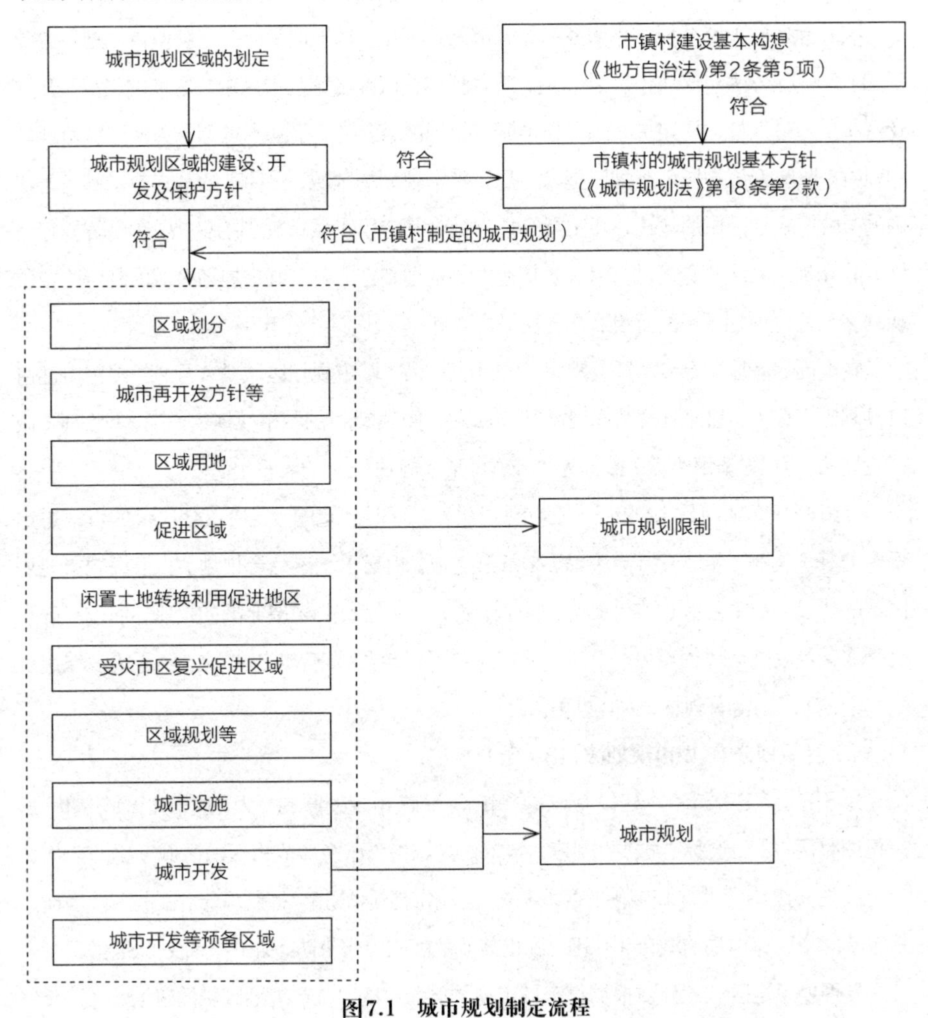

图 7.1　城市规划制定流程

11 类城市规划中，“区域划分”“区域用地”“城市设施”“城市开发”这 4 类是 1968 年《城市规划法》制定时的基本规划，其余的是之后《规划法》修订时追加的。土地使用规划中，很多国家采用城市级别的规划和地区级别的规划二阶制，日本也认识到了它的必要性，在 1980 年《规划法》修订时引入了“区域规划等”（区域规划制度）。本节对“城市规划区域的建设、开发及保护方针”和“区域划分”进行说明，区域用地在本书第 7.2 节，城市设施和城市开发事业在第7.3节，区域规划等在第7.4节详述。

(1) 城市规划区域的建设、开发及保护方针（《城市规划法》第6条第2款）

该方针是展现整个城市未来蓝图的城市基本规划，是土地使用规定及城市规划事业的基础。2000年《城市规划法》修订时，将之前的“市区区域及市区调整区域的建设、开发及保护的方针”相关规定扩充到了整个城市规划区域，确立了基本规划作为法定城市规划的地位。此前无论是城市规划区域内还是无基本规划的区域，法律上的基本规定都是不明确的。城市规划区域的建设、开发及保护方针中制定了①城市规划的目标，②是否规定区域划分和规定区域划分时的方针，③其他主要规划制定方针。城市规划区域内制定的城市规划必须符合规划区域的建设、开发及保护方针。

城市规划区域的建设、开发及保护方针也称为“城市规划区域基本规划”或因由都道府县制定而称为“都道府县基本规划”。与此相对，市镇村的城市规划相关基本方针（《城市规划法》第18条第2款）被称为“市镇村基本规划”。

市镇村基本规划是1992年《城市规划法》修订时制定的。经由议会决议的市镇村建设相关基本构想（《地方自治法》第2条第4项，相当于城市综合规划）和根据城市规划区域的建设、开发及保护方针制定的规划。另外，制定时要采取必要的措施，通过召开意见听取会等反映居民的意见。市镇村基本规划不包含在城市规划内容之内，不需要城市规划决定，所以更富有创意，内容也更自由。

(2) 区域划分（《城市规划法》第7条）

为了防止无序城市化，建设有规划的市区，将城市规划区域分为“城市化区域”和“城市化调整区域”，通称“划线”制度。城市化区域指“已经形成市区的区域”及“未来10年内优先或按计划进行城市化的区域”；城市化调整区域指“抑制城市化的区域”。通过规定实际市区和规划的城市化范围、制止其他范围城市化来防止城市无计划的扩张。

是否要规定区域划分要根据每个城市规划区域中的“城市规划区域的建设、开发及保护方针”来定，但是三大都市圈（指日本的首都圈、近畿圈和中部圈。——译注）必须进行区域划分。没有进行区域划分的区域叫作“非划线城市规划区域”。

4）规划主体和决定程序

城市规划和市民的生活直接相关，在市民参与下，市镇村制定符合地区实际情况的城市规划是最理想的，但决定权属于地方自治体。《城市规划法》规定城市规划的决定权限由都道府县和市镇村分担，城市规划区域跨都府县时例外，由国土交通大臣和市镇村决定

（《城市规划法》第 15 条及第 22 条）。都道府县制定的城市规划是国土级别的规划及大范围的规划，包括①城市规划区域的建设、开发及保护方针，②区域划分，③城市再开发方针等，④临港地区等的区域用地，⑤要从更开阔的视角来规定的区域用地、大范围基础性的城市设施，⑥市区开发事业等。此外由市镇村来制定，市镇村制定的城市规划必须符合都道府县制定的上位城市规划。

作为反映居民意见的措施，市镇村在制定城市规划时必须符合由居民代表议会决议的“市镇村建设相关基本构想”（《城市规划法》第 15 条第 3 项）。同时也有更直接的方法，如意见听取会的召开、意见书的提交、第三方机构城市规划审议会的审议等一系列的程序（《城市规划法》第 16 ~ 20 条，图 7.2）。因规划案公示时间有限等实效性的限制，公众意见反映的可能还不够充分，但是通过说明会及问卷的实施、城镇建设协议会等居民组织等方式补充了法律规定的程序，促进了居民的参与。

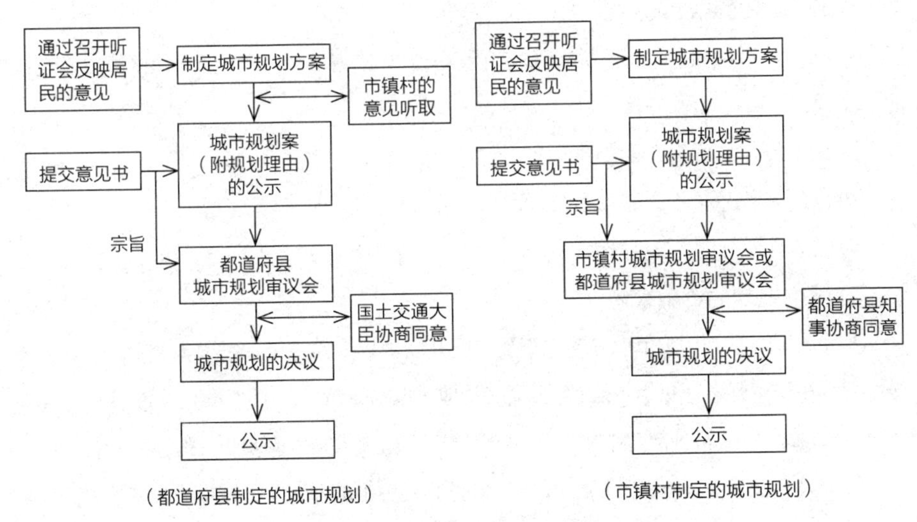

图 7.2　城市规划的决议程序

2002 年，设立了“城市规划提案制度”，制度规定：对于一定规模的土地，如果包括土地所有人及非营利组织（NPO）、民营开发商等在内，能满足三分之二的土地所有人等一定的条件就能提案通过或变更城市规划。

5）开发许可制度

开发许可制度（《城市规划法》第 3 章第 1 节）是为了防止无序开发，有效地实现城市化区域及城市化调整区域的宗旨。开发行为属于原则许可制，在城市化区域内允许进行符合一定标准的良性开发，在城市化调整区域内原则上禁止开发，根据各自区域特性制定许可标准。城市规划区域及准城市规划区域以外一定规模的开发行为同样属于开发许可制度的适用对象。

“开发行为”的定义是“为满足主要建筑物或特定构筑物的建设之用而进行的土地区划形态和性质的改变”。下列小规模开发行为、公共建筑物、国家或都道府县进行的开发行为等不包括在内：

① 未达到一定规模的城市化区域、非划线城市规划区域、准城市规划区域内的开发行为；

② 在城市化调整区域、非划线城市规划区域、准城市规划区域内，为建造农、林、渔业建筑或从事农、林、渔业者的住宅建筑而进行的开发行为；

③ 车站等铁路设施，图书馆、公民馆（类似社区服务中心。——译注）、变电所等公共设施所需的建筑中，在不妨碍开发区域及周边合理的土地使用及环境保护的条件下，为政府规定的建筑而进行的开发行为；

④ 实施城市规划、土地区划整理、市区再开发、住宅街区修复、防灾街区修复而进行的开发行为；

⑤ 基于公有水面的填埋法律的开发行为；

⑥ 作为突发灾害必要的应急措施而进行的开发行为；

⑦ 常规管理行为、简易行为。

6）城市规划的资金来源

要完成城市规划、城市设施的维护及市区开发项目的实施等都需要大笔费用。其中的一小部分由民营开发商负担，大部分由国家及地方自治体负担，因此需要公共资金的支持。

城市规划的主体以市镇村为中心，费用原则上由项目开发者负担，但不是独自负担，而是国家及受益者共同负担。国库补助金和受益者负担的费用由《城市规划法》规定，另外由城市规划税及地方公债等来补充，具体情况如下：

① 国库补助金：国家给地方公共团体提供的进行重要城市规划及城市规划相关项目的部分补助金（《城市规划法》第83条）。

② 受益者负担费用：国家、都道府县、市镇村可以让城市规划项目的受益者，在受益的限度内负担一部分建设费（《城市规划法》第75条）。

③ 城市规划税：用于城市规划和土地区划整理费用而设立的目的税，向城市化区域内和部分城市化调整区域内的土地和住宅权利人征收。税率以固定资产税评估额为税收标准，

在一定范围内根据条例规定（地方税法）。

④ 居住用地开发税：用于居住用地开发伴随的道路等公共设施维修而设立的目的税，根据地方税法的规定对居住用地的开发商征收。

⑤ 地方公债：根据地方自治法的规定，地方公共团体可经由总务大臣的批准发行公债。

⑥ 土地基金：都道府县、指定城市、核心城市在一定条件下，为了买进土地，可以根据地方自治法的规定并按照条例设立土地基金。

7.1.3 《建筑标准法》

1）《建筑标准法》集团规定概要

《建筑标准法》代替 1919 年和旧《城市规划法》同时颁布的《市区建筑物法》以及 1950 年颁布的法律，和新《城市规划法》关系密切，是其姐妹法。《建筑标准法》由 6 章组成，其中第 2 章和第 3 章是实际建筑物的标准规定，也叫“实体规定”，其余内容是法律应用的规定，也叫“制度规定”。实体规定中第 2 章“建筑物的占地、结构及建筑设备”指的是确保各个建筑物的安全及卫生的标准（Building Code），叫“单体规定”。第 3 章“城市规划区域中建筑物的占地、结构、建筑设备及用途”是关于市区建筑物的规定，也叫“集团规定”。

单体规定适用于全国范围，集团规定原则上仅适用于城市规划区域及准城市规划区域内，为实现城市规划中的土地使用规划而制定的建筑规则。但法律的目的是“制定建筑物的占地、结构、设备及用途相关的最低标准”，因此制定的是最低限度，对于实现完善的市区建设这样的城市规划目标是有局限性的。

集团规定包括建筑物和道路的关系，和《城市规划法》的区域用地一起规定建筑物的用途、面积、高度等标准。区域用地的规定详见第 7.2 节，本节对道路关系的规定进行阐述。《建筑标准法》第 4 章的“建筑协定”是为推进近邻自主进行城镇建设而制定建筑标准的制度，对此也进行说明。

2）道路及建筑红线

道路是交通的动脉，同时确保市区通风、日照和采光，埋设给排水、燃气、电路等管线，灾害发生时也能避难或防止火灾蔓延等，在城市中发挥多种功能。建筑标准法集团规定中，为保护市区的环境，对建筑物和道路的关系作了如下规定：

（1）道路的定义（《建筑标准法》第 42 条）

《建筑标准法》上的道路，原则上指下述①～⑤中规定的宽 4 米（特定行政厅根据地方的气候、风向特点认为有必要，并经过都道府县城市规划审议会指定的区域为6米）以上的道路。适用《建筑标准法》第3章的规定时既存的建筑物之间不满4米的道路，由特定行政厅指定的也属于道路（称为“第42条第2项道路”或“非标准道路”）。

①《道路法》规定的道路；

②《城市规划法》《土地区划整理法》、城市再开发等规定的道路；

③ 适用《建筑标准法》第3章规定时既存的道路；

④ 依据《道路法》《城市规划法》《土地区划整理法》《城市再开发法》等规划的，特定行政厅规定2年之内实施的道路；

⑤ 土地作为建筑用地建造的私有道路，符合政府规定标准，由特定行政厅指定位置的道路（位置指定道路）。

(2) 连接道路义务（《建筑标准法》第43条）

建筑用地原则上要和道路相连接且建筑距道路的距离在2米以上。对于特殊建筑物或大规模建筑物的用地和道路的关系，地方公共团体可以通过条例附加必要的限制条件。

(3) 道路上的建筑限制（《建筑标准法》第44条）

建筑物原则上不能建在道路上或伸到道路上。地下建筑，公共厕所、巡逻警务站等公共设施需要的不影响通行的建筑，公用的拱廊及道路上方的连廊等除外。

(4) 建筑红线（《建筑标准法》第46条、47条）

为了整治街区内建筑，使环境提升，特定行政厅可以经由建筑审议会的同意指定建筑红线。指定时，需要向利益关系人征询意见。建筑红线内 原则上不能修建建筑的墙壁及柱子、超过2米的门及围墙。

3）建筑协定

城市规划中，一般从公共立场进行建筑活动的规则制定和引导，但是地区居民为了给自己创造更好的环境而开展的活动也是建设更加完善的城市所不可或缺的。因此，居民可以为了维护环境自发地制定建筑标准并缔结协定，经由特定政府厅的批准具有法律约束力，这就是建筑协定制度。

(1) 建筑协定的目的（《建筑标准法》第69条）

建筑协定是土地所有人等（土地所有权人、地上权人、借地权人）经由一定的程序缔结的协定，为此需要制定建筑协定相关的市镇村的条例。建筑协定的目的是“使能够维持和增进居住用地环境或商店街便利性的建筑得以更有效的利用，并能改善环境”。

(2) 建筑协定的程序(《建筑标准法》第 70 ~ 73 条)

原则上土地所有人等必须全部同意后制定建筑协定书，然后土地所有人代表提交特定行政厅并获得批准。建筑协定书规定以下事项：

① 建筑协定区域；

② 建筑物相关标准(建筑物的占地、位置、结构、用途、形态、图案或建筑设备相关标准)；

③ 协定有效期；

④ 违反协定时的措施；

⑤ 未来有可能编入建筑协定区域的建筑协定区域邻接地(必要时制定)。

(3) 建筑协定的效力(《建筑标准法》第 75 条)

有批准公告的建筑协定，在公告发布日之后，对于新成为建筑协定区域内的土地所有人也有法律效力。

(4) 一人协定(《建筑标准法》第 76 条第 3 款)

一个土地所有人也可以订立建筑协定。订立程序相同，但是效力是从批准之日起一年内有 2 个以上土地所有人参与时开始生效。

7.2　区域用地制

7.2.1　概述

土地根据使用功能不同分为区域或地区，根据区域或地区的类别限制建筑物的用途、形态、结构等，使土地得到恰当合理的使用，就是区域用地制(Zoning)，又称作区域制。它是城市规划中土地使用规划的主要实现手段。

区域用地制分为：根据使用目的不同将土地分为居住用地、商业用地、工业用地并限制建筑物用途的用途区域制；为确保日照通风等市区环境，调整道路、给排水系统等城市基础设施和土地使用强度的关系，限制建筑物形态和土地使用密度(容积)的形态区域制或容积区域制；为确保市区的防火性能，主要限制建筑物结构的防火区域制；为保护城市景观及自然环境、历史景观，限制建筑物的建设或增改建、树木砍伐等的景观环境保护区域制等。日本的《城市规划法》中，以用途区域制为本，将其和形态区域制结合，通过用途区域的指定来限制建筑的形态。另外，作为用途区域制的辅助手段的特别用途地区、形态容积限制相关地区、防火和准防火区域、以景观和环境保护为目的的地区等都在《城市规划法》中进行规定（表 7.3）。

表7.3 区域用地一览表(《城市规划法》第8条、第9条)

分类			区域用地类别	划定目的	规定的依据
限制用途区域、用地	用途区域	居住类	第一类低层居住专用区	保护低层住宅优质的居住环境	建筑标准法
			第二类低层居住专用区	保护低层住宅相关的优质居住环境为主	
			第一类中高层居住专用区	保护中高层住宅优质的居住环境	
			第二类中高层居住专用区	保护中高层住宅相关的优质居住环境为主	
			第一类居住区	保护居住环境	
			第二类居住区	保护居住环境为主	
			准居住区	促进符合道路沿线区域特性的各项功能设施并保护居住环境	
		商业类	近邻商业区	促进向临近居住区提供日用品为主的配套商业	
			商业区	促进主要商业及其他业务	
		工业类	准工业区	促进不会造成环境恶化的工业	
			工业区	主要促进工业发展	
			工业专用区	促进工业发展	
	其他		特别用途区	提高在用途区域内有特别目的的土地使用，实现环境保护等	建筑标准法地方公共团体的条例
			特定用途限制区	为了保持用途不能确定的区域（市区调整区域除外）内的优质环境，需制定限制特定建筑等用途的区域。	建筑标准法地方公共团体的条例
主要限制形态、容积的区域及街区			特例容积率适用区	第一类、第二类中高层居住专用区，第一类、第二类居住区，准居住区，近邻商业区、商业区，准工业区、工业区内，有恰当配置并具备一定规模的公共设施的区域，有效利用建筑物的未使用容积，促进土地高效使用。	建筑标准法
			高层居住引导区	恰当分配居住和居住以外的用途，鼓励建设高便利性的高层住宅	
			限高区	在用途区域内，维持市区环境或促进土地使用	
			高效利用区	促进用途区域内的市区土地合理健全地高效利用和城市功能的更新	
			特定街区	为促进市区的更新改善，规定进行街区修复或建设的地区	
			城市再生特别区	城市再生紧急整治区域内，服务于城市的再生，引导建设特别用途、容积、高度、布局等的建筑，以实现土地合理健全的高效使用。	城市再生特别措施法

续表7.3

分类	区域用地类别	划定目的	规定的依据
防火防灾目的区域及地区	防火区 准防火区	预防和消除市区火灾危险	建筑标准法
	特定防灾街区建设区	防火区或准防火区的土地区域内，确保密集市区中特定防灾功能和土地合理使用的地区	密集市区中防灾街区整治促进相关法律
以景观环境保护为目的规定的区域及地区	景观区	保护市区优质景观的地区	景观法
	自然风光区	维持城市的自然风光	城市规划法地方公共团体条例
	历史风貌特别保护区	保存古都中的历史风貌	古都历史风貌保存相关特别措施法
	第一类历史风貌保护区 第二类历史风貌保护区	保存奈良县明日香村的历史风貌	明日香村历史风貌保存及生活环境整治等相关特别措施法
	绿地保护区 特别绿地保护区 绿化区	防止无秩序城市化，防止公害和灾害，确保区域居民健全的生活环境等	城市绿地法
	生产绿地区	保护城市化区域内的农业用地	生产绿地法
	传统建筑物群保护区	保护传统建筑物群及其周边一体的有价值的环境	文化遗产保护法市镇村的条例
其他（特定功能的促进等）	停车场预备区	在交通拥堵地区，保持道路的效能并确保道路畅通	停车场法
	临港区	管理和运营港湾	港湾法地方公共团体的条例
	物流业务区	提高流通功能及交通的畅通	物流业务市区的整治相关法律
	航空器噪声危害防止区 航空器噪声危害防止特别区	在特定机场周边防止航空器噪声带来的危害	特定机场周边航空器噪声对策特别措施法

7.2.2　区域用地的概况

1) 用途区域

用途区域制以土地使用的纯粹化为目的，指将土地进行分区并限制每个区域内建筑物的用途，在居住区要防止其他影响居住环境的建筑物的建设，而在工业区要限制其他用途，为工业的发展提供便利。

《城市规划法》中，规定了居住类 7 类、商业类 2 类、工业类 3 类共 12 类的用途区域，并规定了各用途区域的特定目的（表 7.4）。将居住类进行详细划分的原因是 20 世纪 80

年代后期也就是日本泡沫经济时期，经济因素左右土地使用的决策，特别是在大城市保证居住功能变得困难，因此1992年通过法律修订将之前的3类细分成了7类并强化了规定。由此看出城市功能越复杂就越需要将用途区域进行细分。

表7.4　用途区域内建筑物的使用限制（《建筑标准法》第48条、附表2）

建筑物用途	用途区域	第一类低层居住专用区	第二类低层居住专用区	第一类中高层居住专用区	第二类中高层居住专用区	第一类居住区	第二类居住区	准居住区	近邻商业区	商业区	准工业区	工业区	工业专用区
住宅·公共设施	神社、寺院、教会等	○	○	○	○	○	○	○	○	○	○	○	○
	保育院、公共浴场、诊所	○	○	○	○	○	○	○	○	○	○	○	○
	巡逻警务站、公共电话亭等公共设施	○	○	○	○	○	○	○	○	○	○	○	○
	住宅、小型事务所、商住两用住宅	○	○	○	○	○	○	○	○	○	○	○	×
	集体住宅、宿舍、公寓	○	○	○	○	○	○	○	○	○	○	○	×
	图书馆、博物馆等	○	○	○	○	○	○	○	○	○	○	○	×
	敬老院、残疾人福利院等	○	○	○	○	○	○	○	○	○	○	○	×
	老年人福利中心、儿童福利设施等	①	①	○	○	○	○	○	○	○	○	○	○
	幼儿园、小学、中学、高中	○	○	○	○	○	○	○	○	○	○	×	×
	大学、高等专科学校、职业学校等	×	×	○	○	○	○	○	○	○	○	×	×
	医院	×	×	○	○	○	○	○	○	○	○	×	×
商业设施	店铺、餐饮店等	×	②	③	④	⑤	⑥	⑥	○	○	○	⑥	×
	事务所	×	×	×	④	⑤	○	○	○	○	○	○	○
	酒店、旅馆	×	×	×	×	⑤	○	○	○	○	○	×	×
	保龄球馆、滑冰场、游泳场等	×	×	×	×	⑤	○	○	○	○	○	○	×
	麻将馆、弹珠游戏厅、射击场等	×	×	×	×	×	○	○	○	○	○	○	×
	卡拉ok厅等	×	×	×	×	×	○	○	○	○	○	○	○
	剧场、电影院、演艺厅、竞技场	×	×	×	×	×	×	⑦	○	○	○	×	×
	酒馆、餐厅、夜总会等	×	×	×	×	×	×	×	×	○	○	×	×
	带单间浴场等	×	×	×	×	×	×	×	×	○	×	×	×
	驾校、牲畜棚（超过15平方米）	×	×	×	×	⑤	○	○	○	○	○	○	○
	汽车车库（附属车库除外）	×	×	⑧	⑧	⑧	⑧	○	○	○	○	○	○
	经营仓储业的仓库	×	×	×	×	×	×	○	○	○	○	○	○
工厂等	环境影响极小的工厂（50平方米以内）	×	×	×	×	○	○	○	○	○	○	○	○
	环境影响较小的工厂（150平方米以内）	×	×	×	×	×	×	×	○	○	○	○	○
	环境影响较大的工厂（150平方米以上）	×	×	×	×	×	×	×	×	×	○	○	○
	环境影响重大的工厂	×	×	×	×	×	×	×	×	×	×	○	○
	汽车修理厂（150平方米以内）	×	×	×	×	×	×	○	○	○	○	○	○
	汽车修理厂（300平方米以内）、日报印刷厂	×	×	×	×	×	×	×	○	○	○	○	○
	危险品储藏处理设施（非常小）	×	×	×	④	⑤	○	○	○	○	○	○	○
	危险品储藏处理设施（小规模）	×	×	×	×	×	×	×	○	○	○	○	○
	危险品储藏处理设施（中规模）	×	×	×	×	×	×	×	×	×	○	○	○
	危险品储藏处理设施（大规模）	×	×	×	×	×	×	×	×	×	×	○	○

注：○表示可建；

× 表示不可建（特定行政厅经建筑审议会的同意并批准的除外）；

①表示一定规模以下的可建；

②表示占地面积 150 平方米以内政令规定的可建；

③表示占地面积 500 平方米以内政令规定的可建；

④表示该功能的建筑为两层以下且占地面积 1500 平方米以下的可建；

⑤表示该功能的建筑为占地面积 3000 平方米以下的可建；

⑥表示占地面积超过 10000 平方米的大规模客流设施可建；

⑦表示观众席的占地面积不足 200 平方米的可建；

⑧表示两层以下且占地面积总和不超过 300 平方米的可建。

用途区域在整个城市化区域内按照城市规划进行指定，在城市化调整区域原则上不指定（《城市规划法》第 13 条第 1 项 7 号）。用途区域内的建筑限制基于《建筑标准法》，每类用途都要适用相应的用途限制和形态限制（《建筑标准法》第 48 条）。

形态区域制或容积区域制指土地使用规划中密度规划的实现措施。它一方面确保市区的日照、通风、采光和防火所需一定的空地，根据距道路及相邻建筑的距离来限制建筑的高度，另一方面为确保道路、给排水系统等公共设施的处理能力和建筑物容量的平衡而限制容积。建筑物的限制包括容积率、建筑密度、建筑红线后退距离、绝对高度的限制、斜线限制、日照规定、占地最小面积的限制等（表 7.5）。日影规定不是直接形态的限制，主要为了保证居住区域的日照时间而规定的日影时间，属于间接建筑物的形态限制。用途区域是全国性的规定，因此会出现和当地实际情况不符的现象，可以根据实际情况来进行现状追认。同时，也会出现很多容积率指定过大、容积率不足的市区以及密度控制的效果不明显等应用上的问题。

表 7.5　建筑物的形态规定（《建筑标准法》第 52 条 - 第 56 条第 2 款）

<table>
<tr><th colspan="3">限制规定</th><th>第一类低层居住专用区域</th><th>第二类低层居住专用区域</th><th>第一类中高层居住专用区域</th><th>第二类中高层居住专用区域</th><th>第一类居住区域</th><th>第二类居住区域</th><th>准居住区域</th><th>近邻商业区域</th><th>商业区域</th><th>准工业区域</th><th>工业区域</th><th>工业专用区域</th><th>无用途指定区域</th></tr>
<tr><td rowspan="2">容积率（%）</td><td colspan="2">城市规划中规定值※1</td><td colspan="2">50, 60, 80, 100, 150, 200,</td><td colspan="6">100, 150, 200, 300, 400, 500,</td><td>200,300,400, 500,600,700, 800,900,1000, 1100,1200,1300</td><td>100,150, 200,300, 400,500</td><td colspan="2">100,150, 200,300, 400</td><td>50,80, 100,200, 300,400</td></tr>
<tr><td colspan="2">根据前面道路限制※2</td><td colspan="2">路幅 ×40</td><td colspan="6">路幅 ×40（×60）</td><td colspan="5">前面路幅 ×40 宽（×40，×80）</td></tr>
<tr><td colspan="3">建筑密度（%）※3</td><td colspan="4">30, 40, 50, 60</td><td colspan="3">50, 60, 80</td><td>60, 80</td><td>80</td><td>50, 60, 80</td><td>50, 60</td><td>30,40, 50,60</td><td>30,40, 50,60,70</td></tr>
<tr><td colspan="3">建筑红线后退距离（米）</td><td colspan="2">0.1, 1.5</td><td colspan="11">–</td></tr>
<tr><td colspan="3">绝对高度限制（米）</td><td colspan="2">10, 12</td><td colspan="11">–</td></tr>
<tr><td rowspan="6">斜线限制</td><td rowspan="2">道路斜线限制</td><td>适用距离（米）</td><td colspan="7">20, 25, 30, 35,</td><td colspan="2">20,25,30,35,40,45,50</td><td colspan="3">20, 25, 30, 35</td><td>20,25,30</td></tr>
<tr><td>倍数</td><td colspan="2">1.25</td><td colspan="5">1.25（1.5）※4※5</td><td colspan="5">1.5</td><td>1.25, 1.5</td></tr>
<tr><td rowspan="2">邻地斜线限制</td><td>纵向尺寸（米）</td><td colspan="2" rowspan="2">–</td><td colspan="5">20（31）※5</td><td colspan="5">31（无限制）※5</td><td>20 / 31</td></tr>
<tr><td>倍数</td><td colspan="5">1.25（2.5）※5</td><td colspan="5">2.5（无限制）※5</td><td>1.25 / 1.5</td></tr>
<tr><td rowspan="2">北侧斜线限制</td><td>纵向尺寸（米）</td><td colspan="2">5</td><td colspan="2">10</td><td colspan="9" rowspan="2">–</td></tr>
<tr><td>倍数</td><td colspan="4">1.25</td></tr>
<tr><td rowspan="2">日照规定</td><td colspan="2">对象建筑</td><td colspan="2">房高 7 米以上或 3 层以上</td><td colspan="6">超 10 米</td><td rowspan="2">–</td><td>超 10 米</td><td colspan="2" rowspan="2">–</td><td>房高7米以上或3层以上 / 超10米</td></tr>
<tr><td colspan="2">测量面高度（米）</td><td colspan="2">1.5</td><td colspan="6">4, 6.5</td><td>4, 6.5</td><td>1.5 / 4</td></tr>
<tr><td rowspan="2">日影规定</td><td rowspan="2">日照时间（小时）</td><td>5～10 米（5 米线）</td><td colspan="4">3 / 4 / 5</td><td colspan="4">4 / 5</td><td rowspan="2">–</td><td>4 / 5</td><td colspan="2" rowspan="2">–</td><td>3 / 4 / 5</td></tr>
<tr><td>10 米以上（10 米线）</td><td colspan="4">2 / 2.5 / 3</td><td colspan="4">2.5 / 3</td><td>2.5 / 3</td><td>2 / 2.5 / 3</td></tr>
<tr><td colspan="3">占地规模规定的下限</td><td colspan="13">200 平方米以下</td></tr>
</table>

注：※1　在没有指定用途的区域内，特定行政厅划分区域并经由城市规划审议会的审议规定。
※2　容积率中建筑前面道路的限制只适用于宽 12 米以下的情况（有特定道路放宽措施）。另外，特定政府厅经由都道府县的城市规划审议会的决议指定的区域是括号内的数值。
※3　在建筑密度 80% 的防火区内的耐火建筑物没有限制，此外的防火区内耐火建筑物、拐弯处的用地规定较宽松。
※4　前面道路的宽度超过 12 米时，在远离道路边界线 1/4 路幅以上的区域是 1.5 倍。
※5　特定行政厅经由都道府县城市规划审议会的审议指定的区域内是括号内的值。但中高层居住专用区限定在 400%、500%。

2）特别用途区和特定用途限制区

作为用途区域的补充，有特殊用途并符合区域特性的指定用地是特别用途区。其建筑要同时遵守用途区域的建筑限制规定。特别用途区内的建筑限制有地方公共团体条例制定，限制放宽时需要国土交通大臣的批准（《建筑标准法》第 49 条）。

特定用途限制区指在非划线城市规划区域内没有被指定为用途区域的用地，为创建和维护优质环境而限制特定建筑用途的区域。特定用途限制区内的建筑限制依据政令制定的标准，通过地方公共团体条例制定《建筑标准法》第 49 条第 2 款）。

3）主要限制形态、容积的地区及街区

（1）特例容积率适用区

将未利用的容积转到地区内其他用地从而提高土地利用率的区域，保护低容积率的历史建筑物和有防灾功能的树林、市民绿地时，将这些土地未使用的容积有效地利用在其他用地上。第一类及第二类低层居住专用区和工业专用区以外的用途区域内，在道路等基础设施完善的用地指定。为了保存历史建筑物而转移容积的做法在美国是作为开发权转移（TDR: Transfer of Development Right）制度应用的。日本于 2000 年法律修订时引入这一制度，东京站丸之内侧站房的保存是第一个适用案例。

（2）高层建筑引导地区

为引导城市中心高层建筑而规定的地区，在规定容积率 400% 的第一类居住区、第二类居住区、准居住区、近邻商业区、准工业区内指定，居住部分的面积超过总面积的 2/3 时可以放宽容积率的限制。

（3）限高区

规定建筑物高度的上限和下限的区域。主要有为了保证日照而规定最高高度和与之相反为了高效利用而规定的最低高度。

（4）高效利用区

为了促进市区再开发而规定的区域，规定容积率的最高和最低限度、建筑密度的最高限度、建筑面积的最低限度、建筑红线的位置。

（5）特定街区

在城市规划中规定有大规模城市设施（公共空地等）的建筑规划的街区。规定容积率、高度的最高限、建筑红线的位置。

（6）城市再生特别地区

基于2002年制定的《城市再生特别措施法》，按照城市再开发规划，紧急而有重点地推进市区修复的区域，在国家指定的城市再生紧急修复区内的指定用地。在该区域内不适用现有的城市规划中的用途、容积、高度等建筑标准的限制。

4）防火防灾目的的区域

在城市中心为了防止延烧，限制建筑物结构和材料等的区域就是防火区、准防火区。防火区内的建筑物应是耐火建筑物（小规模的是准耐火建筑物），准防火区内的建筑物根据规模必须是耐火建筑物、准耐火建筑物或有防火措施的木制建筑物（《建筑标准法》第61条、第62条）。

特定防灾街区预备区指在密集市区内的防火区或准防火区，为了确保特定防灾功能（火灾或地震发生时具有防止延烧及避灾的功能）和土地合理使用而规定的地区。

5）为了景观环境保护而规定的区域

为保护城市的自然环境景观、历史景观风貌等而规定的区域及地区，包括景观地区和自然风光地区等10类。根据各自的目的不同，不仅包括建筑物的新建和增改建、形态、设计等建筑限制，还包括宅基地修整和树木砍伐等广泛的限制。通过专门的法律和条例等规定区域、地区内的限制。

6）其他地区

为了有计划地促进停车场的配置，区域内大规模建筑物新建、增改建时，规定承担附设停车场义务的停车场预备区。为了实现特定功能的而规定的临港地区、物流业务地区及其他两类特殊地区，根据专门法律进行规定。

7.2.3 引导建设优质市区的制度（《建筑标准法》）

区域用地制存在一定问题，首先因只适用于用地单位，难以形成整体优质的市区；其次规定的只是最低标准，作为创建更完善的城市的措施是不充分的。因此，欧洲各国根据地区级别的详细规划将土地使用制度化，日本也引入了区域规划制度。另一方面，在区域制发展独特的美国各城市中，为了弥补区域制的缺点，积极引导城市建设而产生了各种区域用地制的相关办法。在用地内设置广场和道路等公共空间或公共设施的，通过补贴容积率和放宽高度限制等方法来鼓励改善市区环境的优质开发，这一最具代表性的制度称为奖励区划制（Incentive Zoning）。

这类鼓励市区建设的办法被引入日本的城市规划制度中，包括前述特例容积率适用区、高层居住引导区、高效利用区、特定街区、城市再生特别区。此外，区域规划制度中也引入了鼓励措施，后面将详细阐述。

以下介绍引导建设优质市区相关的《建筑标准法》上规定的制度——“综合设计制度”和“视为一块用地的限制放宽”制度。

1）综合设计制度（《建筑标准法》第59条第2款）

达到一定占地面积的建筑物并有一定的空地（公共空间），在交通、安全、防火及卫生上没有危害，建筑密度、容积率及各部分的高度经过综合考量，有益于市区的环境改善，经由特定行政厅批准许可后，在容积率和高度限制上可以放宽。具体的许可条件由特定行政厅制定标准，其中有为了确保公共空间，引导城市中心居住功能而作为保证居住条件的市区住宅综合设计制度等。

2）视为一块用地的限制放宽（《建筑标准法》第86条）

《建筑标准法》原则上一座建筑占用一块用地，但当多个建筑物综合设计时，如满足一定条件，经特定行政厅批准，可以将其视为一块用地，适用《建筑标准法》集团规定。这时，高度限制等可以放宽，用地内的容积也能转移。该制度中有适用于新规划居住用地的类型，也有适用既存建筑物的类型。一般前者称为一块居住用地认定制度，后者称为关联建筑物设计制度。

7.3　城市设施与市区开发

7.3.1　城市设施

城市设施（Urban Facilities或Public Facilities）作为维持城市功能不可或缺的公共设施（一般称作公共公益设施），在城市规划中进行规定并建设。《城市规划法》中列出了以下11类城市设施，对其中必要的在城市规划中进行规定。另外，与城市设施不同，道路、公园、给排水、绿地、广场、河流、运河、水渠及消防供水蓄水设施被定义为“公共设施”（《城市规划法》第4条第14款）。

《城市规范法》中的城市设施（《城市规划法》第11条第1款）：

① 道路、城市高速铁路、停车场、汽车终点站及其他交通设施；

② 公园、绿地、广场、陵园及其他公共空间；

③ 给水管道、电力设施、燃气设施、排水管道、污物处理场、垃圾焚烧场等供给设施

或处理设施；

④ 河流、运河及其他水路；

⑤ 学校、图书馆、科研设施等教育文化设施；

⑥ 医院、保育院等医疗设施或社会福利设施；

⑦ 市场、畜牧场或火葬场；

⑧ 居住设施组团（超过 50 户的集体住宅组团及其附属道路等设施）；

⑨ 政府机关设施组团（国家机关或地方公共团体的建筑组团及其附属道路等设施）；

⑩ 物流业务组团；

⑪ 其他政令规定设施（电子通信设施，防风、防火、防雪、防沙或防潮设施）。

城市设施也有可能在城市规划区域外进行规定，在城市化区域及非划线城市规划区域内，至少要规定道路、公园、排水管道等设施，居住类区域内还要加上义务教育设施（《城市规划法》第 13 条第 1 款第 11 项）。

城市规划中规定的城市设施叫“城市规划设施”，决定实施城市规划后要限制该区域的建筑建设，如果没有都道府县知事的批准是不能建的（《城市规划法》第 53 条）。

城市规划设施的建设多数是作为城市规划项目实施的。城市规划项目原则上市镇村要经由都道府县知事的批准后实施（有时是都道府县或者国家机关实施），实施时项目开发者的优先购买权、土地所有人的申请购买权、基于《土地征用法》进行的征用等土地获取方式在《城市规划法》中也有规定。

7.3.2 市区开发

市区开发指在一定区域内城市基础设施和建筑等的综合建设、开发，也称“全面建设”。《城市规划法》中列举了如下 7 类，其中必要的在城市规划中进行规定：

市区开发的种类（《城市规划法》第 12 条第 1 款）：

① 土地区划整理（《土地区划整理法》）；

② 新住宅街区开发（《新住宅街区开发法》）；

③ 工业住宅区建成（首都圈近郊建设带及城市开发区的建设相关法律、近畿圈建设区及城市开发区的建设相关法律）；

④ 市区再开发（《城市再开发法》）；

⑤ 新城市基础建设（《新城市基础建设法》）；

⑥ 住宅街区建设（促进大城市区域内住宅及宅基地的供给相关特别措施法）；

⑦ 防灾街区建设（促进密集市区中防灾街区建设相关法律）。

在《城市规划法》中规定，由城市规划方案确定这些事项的类别、名称、实施区域、面积。土地区划整理中，除了规定公共设施的配置和宅基地的整备等相关事项之外，详细的规定还要依据专项法。市区开发也和城市规划一样除部分内容外，主要目的是为了实施城市规划。

1）土地区划整理

土地区划整理是将不规则居住用地的区划进行汇总，通过建设道路等公共设施将其建成整齐的街区。将基于《土地区划整理法》实施的项目称为土地区划整理，定义为“以促进公共设施的维护改善及居住用地的利用为目的而进行的土地区划性质变更、公共设施新建或变更等事业”。

该法的历史比较久远，起源于德国制定的《阿迪凯斯法》（*Adickes*，1902 年）。日本是在旧《城市规划法》（1919 年）中作为耕地整理措施引入的，在震后复兴土地区划整理及战后复兴土地区划整理中进行了大范围的实施，被称为“城市规划之母”，一直以来发挥着重要的作用。

操作模式是，将土地区划变更时用于公共设施的用地和售出充当建设费的用地（保留地）扣除后（开发实施后）的居住用地（置换用地）用来建设公共设施，减轻建设费的负担。因开发而减少的居住用地面积叫让地（公共让地及保留地让地），相对于之前（开发实施前）的居住用地比称为“让地率”。开发的前提是居住用地的面积虽然减少了，但提升了便利性的使用价值和资产价值等并没有减少。如图 7.3 所示。

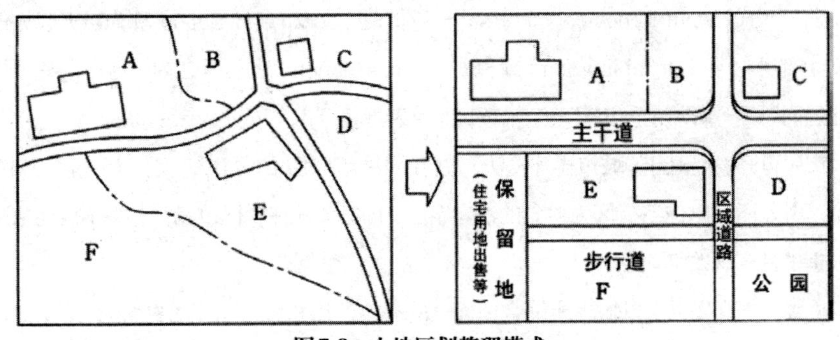

图7.3　土地区划整理模式

土地区划整理除了地方公共团体等政府机关以外，个人或组织、民间企业家也可以实施。土地区划整理的开发主体如下：

① 个人实施者（拥有宅基地所有权或借地权的一个人或几个人共同实施）；

② 同意实施者（独立行政法人城市再生机构或地方住宅供给公社等，得到①的同意时）；

③ 土地区划整理组织（七人以上土地所有权人共同设立）；

④ 区划整理公司（实施土地区划整理业务的股份公司）；

⑤ 地方公共团体（都道府县、市镇村）；

⑥ 独立行政法人城市再生机构；

⑦ 地方住宅供给公司；

⑧ 国土交通大臣（发生灾害等需立即实施时）。

2）新住宅街区开发

为抑制大城市膨胀的新城开发，在英国基于《新城法》（*New Town Act*，1946年）进行大规模新城建设后被各个国家采用。日本于1963年制定了《新住宅街区开发法》，目前已建设大阪府的千里新城、东京都的多摩新城等很多新城。

新住宅街区开发的目的是在人口密集的大城市郊区开发住宅街区，提供大量优质生活环境的住宅，开发的主要内容是居住用地的建造和配置，配套公共设施的建设等。所有内容都作为城市规划项目实施，实施者是地方公共团体、地方住宅供给公社等，通过全面收购的方式行使土地征用权。

3）市区再开发

改善老旧市区或环境显著恶化区域（荒废区域：Blighted Area）以提升居住环境，以城市中心区或车站附近现有街区为对象，更新城市功能或提高土地利用率，这些措施就是城市再开发（Urban Redevelopment）。一般拆建（Scrap and Build）称为再开发，但是广义上部分修复（Rehabilitation）或保护（Conservation）也包含在内。另外也有维持原功能的同时提升环境的住宅环境整治项目等改善型再开发（Improvement）。

市区再开发是基于《城市再开发法》进行的以拆建为主的再开发，以一般街区为对象。除此之外，还有以住宅街区为对象的法定事业，即基于《住宅区改良法》将不良住宅区进行改造的住宅区改良项目。

《城市再开发法》以城市土地合理健全的高效使用和城市功能的更新为目的，“建筑及建筑用地的建设和公共设施的建设相关事业”称为市区再开发。市区再开发中有“权利变换方式”的第一类市区再开发和“管理处置方式”的第二类市区再开发。

第一类市区再开发是将土地区划整理中的权利变换方式应用到立体建筑物的项目，地区内土地、建筑的权利人通过权利变更获得与土地区划整理中换地面积相当的建筑面积(权利面积)，如图 7.4 所示。这时，土地归权利人共有，建筑则分别拥有。另外，因使用率提高而产生的剩余面积可根据需要进行出售充当建设费。

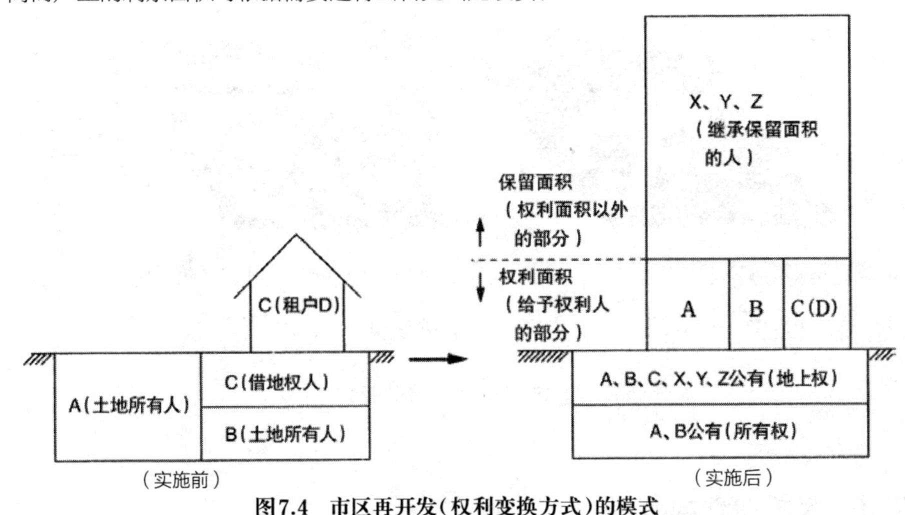

图7.4　市区再开发(权利变换方式)的模式

第二类市区再开发是企业家购买或征用取得土地、建筑后进行的开发，与第一类相比，它更适合大规模的或紧急的项目。

项目开发者分为①个人(土地的权利人或经土地权利人同意的个人或几个人共同实施)，②市区再开发组织，(以上只适用于第一类市区再开发)③再开发公司，④地方共同团体，⑤独立行政法人城市再生机构，⑥地方住宅供给公社等。

市区再开发项目一般会伴随许多关系权利人的权利调整，因此比较复杂。还需要走法律程序，所以很花时间。因此，也有一类政府措施，不是通过法定再开发，而是更有弹性的任意再开发，通过引导“优良建筑项目”等民间建设活动来促进再开发。

4)防灾街区建设

在密集市区拆除老旧建筑，对有防火性能的建筑物和道路、公园等公共设施进行一体化建设的项目。在促进密集市区防灾街区建设相关法律中有规定。和市区再开发相同，根本上是通过建筑的权利变换将土地、建筑进行共同规划，也有部分土地进行权利变换这样灵活的形式(图 7.5)。

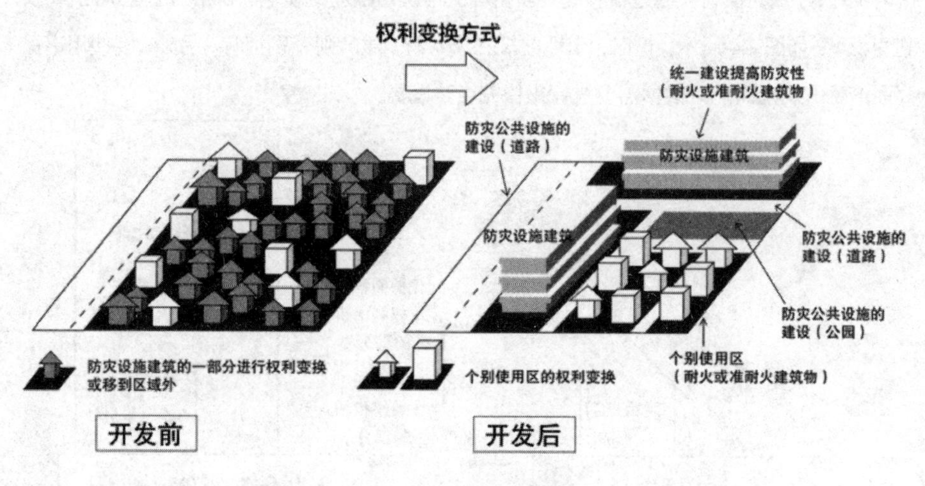

图7.5 防灾街区建设模式

7.4 区域规划制度

7.4.1 概述

城市规划是以整个城市为对象来制定，但只靠城市尺度下规定的用途区域中每块用地的建筑规定，对于建成优质的社区是不够的；而且在公共公益设施规划中，主干道和城市主要公园进行了规划，但并没有涉及街区内的生活道路和小公园等。为了改善这些问题，1980年《建筑标准法》修订时设立了区域规划制度，该制度的原型是联邦德国的建造规划（Bebauungsplan，B-plan）。作为城市整体规划和建筑规定的补充，在大部分市区分区进行了制定，可以说是具体地规定区域内设施的配置和每块用地建筑的位置、用途、形态等的区域设计。

该制度设立之后经历了几次修订和补充。除了基于《城市规划法》的“区域规划”之外，还有区域规划制度下，基于促进密集市区防灾街区建设相关法律的“防灾街区建设区域规划”；基于主干道沿线建设相关法律的“道路沿线区域规划”；基于村落区域建设法的“村落区域规划”。这四个规划总称为“区域规划等”。在各自的区域规划中，还根据地区特性规定了“引导容积型”“容积恰当分配型”等类型（表7.6）。

表 7.6　区域规划的种类

区域规划类别			法律依据
区域规划等	区域规划	（基本型）※1※3	《城市规划法》第 12 条第 5 款～第 12 条第 11 款
		引导容积型 ※1※3	
		容积恰当分配型	
		高效使用型	
		分用途容积型 ※1	
		街道引导型 ※1※3	
		立体道路制度 ※1※3	
		市区调整区域内	
	防灾街区建设区域规划	（基本型）	促进密集市区防灾地区的建设相关法律第 32 条第 1 款
		引导容积型	
		分用途容积型	
		街道引导型	
	道路沿线区域规划	（基本型）※2	主干道的道路沿线建设相关法律第 9 条第 1 款
		引导容积型 ※2	
		容积恰当分配型	
		高效使用型	
		分用途容积型 ※2	
		街道引导型 ※2	
	村落区域规划		《村落区域建设法》第 5 条第 1 款

注：※1　可以规划再开发等促进区；
　　※2　可以规划沿线道路再开发等促进区；
　　※3　可以规划开发建设促进区。

区域规划等规定的内容，应符合《城市规划法》及相关的法律；区域内限制则是根据《建筑标准法》及市镇村条例制定。

区域规划等是市镇村制定的城市规划，方案制定时有义务征求地区内土地所有人和利益关系人的意见（《城市规划法》第 16 条第 2 款），经过居民的参与来完成规划。另外，对于区域规划的制定和变更及方案的内容，利益关系人可以向市镇村提出申请（《城市规划法》第 16 条第 3 款）。

7.4.2　区域规划的结构

1) 区域规划的对象区域

《城市规划法》中区域规划的定义是“对建筑形态、公共设施及其他设施的配置等进行整体规划，建设或保护和各个区域特性相符并有优质环境的各街区的规划”，对象区域的规定见表7.7。规定土地用途的区域以整体为对象，没有规定用途的区域，规定开发建设型、修复型、保护型这三类为对象区域。

表7.7 区域规划对象区域（《城市规划法》第112条第5款第1项）

1	规定用途的区域
2	没有规定用途的区域 ① 将要或已经进行的住宅区开发、其他建筑或其他相关建设的区域 ② 在已经进行或有可能进行无序开发建设的区域，从公共设施及土地使用的动向等来看有可能对街区环境带来不良影响的区域 ③ 健全的住宅街区内已建成优质的居住环境或优良街区环境的区域

2）区域规划的内容

城市规划中规定的区域事项有：①区域规划等的类别，②名称，③位置，④区域，⑤区域面积，（以上和区域规划等通用）⑥区域规划的目标，⑦区域的建设、开发、保护方针，⑧区域建设规划（《城市规划法》第12条第4款第2项、第12条第5款第2项）。区域建设规划指“区域设施及建筑物的建设及土地使用相关规划”，规定具体的设施配置和规模、土地使用的限制等。“区域设施”指的是城市规划设施之外的道路、公园、绿地、广场及其他公共空间。

另外，为了土地合理健全的高效利用和城市功能的提升，在区域规划中将实施综合一体化的市区再开发区或再开发建设区称为“再开发促进区”。和区域内公共设施的建设配套，放宽建筑物的用途、容积等限制，引导优质开发项目。

区域建设规划不必要对整体区域规划用地进行规划，只规划区域的一部分（《城市规划法》第12条的第5款第8项）。没有制定区域建设规划的用地只定方针即可。

区域建设规划规定以下事项（《城市规划法》第12条的第5款第7项）：

① 区域设施的配置及规模；

② 建筑等的用途限制、容积率的上限或下限、建筑密度的上限、建筑占地面积或建筑面积的最小限度、建筑红线位置的限制、建筑红线后退区域中构筑物的限制、建筑高度的上限和下限、建筑形态和色彩等设计的限制、绿化率的下限、围墙栏杆的结构限制（上述规定的最低限度不能在市区调整区域中制定）；

③ 为确保优质居住环境而有必要保护的现状树林、草地等的相关事项。

除此之外，有必要时还可以制定与引导容积型区域规划（《城市规划法》第12条第6款）、容积恰当分配型区域规划（第12条第7款）、高效利用型区域规划（第12条第8款）、功能容积型区域规划（第12条第9款）、街道引导型区域规划（第12条第10款）、立体道路制度（第12条第11款）等相关的地区建设规划。

3）区域规划限制

① 在区域建设规划范围内进行开发或建设的，必须在开工前30日向市镇村长提交申请。市镇村长认定该行为不符合区域规划时，要告知其进行设计变更或采取其他措施。有必要时，要协助开发者进行土地相关权利的处理（城市规划法第58条第2款）。

② 在有开发许可申请的土地上制定地区建设规划时，设计中的建筑等的用途或开发行为如符合区域规划规定，其许可标准是适用的（城市规划法第33条第1款第5项）。

③ 区域建设规划范围内规定的建筑限制中，一些必要的事项要根据市镇村的条例制定（《建筑标准法》第68条第2款）。因此，当制定了区域建设规划后，建筑确认的对象需要采取申请—劝告措施的限制 。

7.4.3 各类区域规划

1）引导容积型区域规划

对于基础设施不完善而导致实际容积率明显低于规定容积率的市区，引导其进行公共设施整治、提高土地的有效利用。根据现状公共设施制定目前的容积率（暂定容积率）和公共设施整治后最终阶段的容积率（目标容积率）两个阶段的容积率。通过在公共设施未整治的阶段适用暂定容积率，根据地区建设规划进行的优质建筑行为适用目标容积率来进行引导。

2）容积恰当分配型区域规划

作为引导容积型区域规划的发展阶段，将降低的容积率在地区内进行恰当的分配，来缓和一部分区域的容积率并提高整体上平衡的土地的高效利用。

3）高效利用型区域规划

具备一定公共设施的区域，为了实现土地合理健全的高效利用和城市功能的提升，对容积率、建筑密度的放宽进行规定。

4）功能容积型区域规划

为促进住宅供给，将容积率划分为居住或其他，包含居住功能的建筑容积率最高可以放宽到指定容积率的1.5倍。

5）街道引导型区域规划

在因街区内有小路而造成不规则街道的区域内，通过规定建筑红线和高度限制来放宽容积率和道路斜线限制，建成整齐的街区。

6）立体道路制度

城市规划道路建设的同时，道路上方或路面下的建筑等的建设要整体进行。

7）城市化调整区域内的区域规划

在城市化调整区域中，维持和建设有秩序且环境良好的区域。

8）防灾街区建设区域规划

密集市区防灾街区的综合一体化建设中，必要的区域通过道路等公共设施的建设和道路沿线耐火建筑的建设等，确保防止延烧和避难的特定防灾功能。

9）沿线道路区域规划

为了防止主干道沿线的噪声，建设隔断噪声的缓冲建筑或设置缓冲绿地。

10）村落区域规划

在城市化区域内和城市规划区域内的农业振兴区，确保和农业经营条件相协调的优质居住环境并合理利用土地。

第8章　未来课题的展开

8.1　成熟社会中的城市规划

8.1.1　老龄化与少子化

预计 2030 年日本的人口结构为：总人口约 1.15 亿，其中 0 ~ 14 岁的少年儿童人口约 1100 万人（约占总人口的 10%），劳动人口（15 ~ 64 岁）约 6700 万人（约占 58%）、老年人口（65 岁以上）约 3700 万人（约占 32%），将成为 3 人中有 1 人是高龄者的少子高龄社会。

未来社会的城市规划中最重要的应该就是邻里社区的促成和充实。物质环境（硬件设施）无障碍、通用化设计、免维护是基本要求，促进居民相互扶持、发现生存价值、关怀区域中儿童成长等社区意识对未来城市来说是更是不可缺少的要素。

但是，20 世纪五六十年代高速经济增长期之后的大城市为代表的许多城市，因为大量的人口流入和小家庭化，导致邻里社区的崩溃或接近崩溃。而且，随着信息技术的发展，出现了国际化社会，不得不说以人际（血缘）关系及由其产生的文化、习惯、价值观等为核心支撑着的一元化社区已经不复存在了。

因此，未来的城市设计中，我们必须探索社区新的核心内容。探索的成果之一就是近期备受瞩目的以社区型规划（Community Based Planning）为思路的城市设计方案。社区型规划指将目前主要以政府主导的偏物质环境建设的城市规划逐渐向以区域社会（社区）为主体的居民城市软实力建设转变。也就是说，区域居民以“居民交际能力”“多样的网络创建能力”“合作运营能力”“策划提案能力”“实践能力”等区域软实力为核心，通过各种能力的提高最终形成新型社区。

提到老人一般给人的印象是需要看护的，但是据统计 65 岁以上“卧床不起的老人”每 60 人中只有 1 人，实际上他们还是对社会有用的人才。这一年龄层的老人曾用体力和智力担负起了战后日本的繁荣，他们完全可以作为社区规划中新社区建设的生力军。另外，年轻人的绝对数量虽然较少，但他们可以提高区域的整体实力，因为他们掌握计算机的相关知识和操作。

根据我们对老龄少子化时代的看法是乐观还是悲观，将来展望的方向也会发生显著的变化。老年人拥有大量自由的时间、丰富的知识和智慧，产业、物流、交际体系的变革，加上前所未有的制度放宽，虽然不是很乐观，但至少积极的社区形成模式还是有可能实现的。

8.1.2 国际化社会城市建设的参与者

以网络为媒介的信息社会已经超越了国界成为全球范围的世界。相应的，来日本观光和工作的人增加了，长期停留和居住的人也会随之增加。

到目前为止，社区建设都是由一般的国民（日本籍）负责的，但随着外国居住者（外国籍）获得自治体政府参与权（主要指投票权）的可能性越来越大，今后外国的居民作为社区一员来思考体制的必要性也会被提上日程。

生活、文化、习惯、价值观都不同的外国人，无论他们是否习惯日本的社区氛围，如果实际地住上一段时间，遵守法律，纳税并享受各种政府服务的话，自然就应该热情地欢迎他们成为社区的一员。城市或者社区不应该仅仅是包括他们在内的现实空间和特定的人群聚集在一起的封闭区域。居民、政府和有识之士应该共同来设计一个他们也能够适应的社区，真正实现国际化，同时他们也会成为新城镇建设的参与者。

8.1.3 新城市主义的兴起

新城市主义是20世纪80年代后期至90年代主要以北美为中心兴起的城市建设和城市设计的概念。缘起于1981年杜安尼·普莱特·柴伯格（Duany Plater Zyberg）夫妇开发的美国佛罗里达州沃尔顿郡海滨城，开发面积44公顷，道路宽度10～12米，比美国郊外居住区域平均的20米要窄得多，但社区的规模限制在从城镇的中心步行5分钟的范围。住宅密度较高，各种城市功能复合，建成了土地使用最少、环境压力不大的社区。之后就兴起了新城市主义的紧凑城市、城市村庄、生态城等很多名词和概念。

紧凑城市可以说是新城市主义的代表，紧凑，顾名思义就是行动范围很小的城市，人和物的移动距离较短，出行少开车，尽量步行、骑自行车和利用公共交通，是环境保护优先的城市。

紧凑城市的实践主要在大城市的郊外居住区域，作为一种新方法，目的是解决因无序开发出现的土地浪费、环境问题、区域认同的丧失。如上所述，因它是以步行为标准的社区，自然目标就是建设一个居住和工作场所很近的城镇，同时考虑到环境保护，可以说是可持续发展的城市。一般在空间设计上，以铁路车站为中心建立商圈和写字楼，周边建住宅。这样的以车站为中心的城市，也能普及将私家车存在车站换乘公共交通这样的交通方式。

在日本也尝试了紧凑城市的建设，在青森、稚内、仙台、札幌等寒冷地区，为了改善伴随老龄化的交通不便、除雪负担、城市周边公共服务不足等，在市区中心推行了紧凑化。

但是，在美国这类小城形成了一个相对独立的区域，因而和周边地区疏远，造成了孤立化。日本也出现了反对紧凑城市建设的声音，担心紧凑城市会助长过疏化或居住选择不自由。

众所周知，城市不是仅由一个方法论建成的，还要考虑区域的历史和风土等因素。新城市主义是为了解决环境问题和城市膨胀、少子老龄化等成熟社会的问题而产生的。它是城市问题的解决方法之一，但不应让它浅尝辄止，如果各方面都经过实践的锤炼，或许会成为真正意义上的城市建设方针。

8.2 可持续发展的城市

8.2.1 城市的绿化与环境

所谓的可持续发展城市（社区）是指避免资源、能源大量消耗的城市，通过建设公共交通网络避免对汽车的过度依赖，构建水、能源、废弃物的回收利用系统，建设生态绿色环境，建设成为让居民对社区有强烈认同感的城市。

从空间上来看，可持续发展城市是富于水和绿地的、以步行为主的紧凑型城市，由利用风力和太阳能等自然能源的建筑构成。另外，城市交通主要使用公共交通工具，为了减少独自驾驶的出行次数，还可以引入社区成员几人共乘一辆车的共享汽车（Car Sharing）系统。

可持续发展城市在建设过程中，最容易得到居民理解的概念就是绿色环境。绿色的特征使人不管在树下还是从高层俯瞰，都很容易地明白，也就是不管在哪里看，绿色的符号都代表着清爽、惬意的内涵。因此评价城市环境时一般会用树冠投影面积的绿化面积或绿化覆盖率来表示，但这些指标是否符合构建可持续发展环境的时代要求，还有待商榷。

在生态的环境中，要达到一定量的绿色，那么绿色在生态环境中有什么意义呢？公园、广场、行道树等城市绿化，作为人工的城市风景，带来了和谐，提供阴凉，让人感受到季节的变换，给城市增添了色彩，这就是它所具有的景观意义。另外，近年来随着积极进行的建筑屋顶绿化以及墙面绿化等，绿化的空调效果得到了提高，又增加了一层节能的意义。因此，作为评价景观和节能的指标，绿化面积等方式可能比较适合，但是用投影面积来作为绿色带来的生态和生物的影响评价标准，是看不到实质意义的。比如说同样面积的树木（林），下面如果铺沥青和石子，生物的种类和数量明显不如草坪、青苔和水等。因此，投影面积是很难反映出土地状态的，作为绿色评价标准也不合适。

生态指的是确立并保护能维持促进生物生息的系统和空间。评价环境的指标应该是"生物多样性"，而这一概念到目前为止在城市不如郊区或乡村使用得广泛，但在呼吁建设可持续发展性城市和应对环境污染的今天，生物多样性可以说是必须要实现的城市规划课题。

8.2.2 环境的创造与修复

地球环境问题大致可以分为地球温室效应等"褐色问题"和动植物生息等"绿色问题"，前者经过长时间和高额费用的投入，利用现代技术是可以解决的，但动植物生息的环境一旦被破坏它们就会灭绝，是难以恢复的。所以趁为时未晚，我们要整治和创造动植物的生息环境，也就是环境的创造和修复。村庄附近的山林、生物栖息地、人工海滩等都属于要创造和修复的环境。对自然环境的创建很难如愿地做到让生物恢复，但如果我们不尽力的话，绿色问题永远也得不到解决。

环境的创造和修复很大程度上被土地的地形地势、微气候、气象所左右，因此即使在一个地方成功了，并不代表在所有地方都适用。我们不仅需要创造、修复的技术，还要不断地积累数据、反复进行改善，这样的不断努力是很重要的，只有地区居民、政府以及专家共同努力才能够取得成果。

我们不能只盲目地增加绿量，还要维持和恢复自然环境的可持续发展，将环境创造、修复的概念引入到城市规划中。

8.3 信息社会的产业形态与城市生活

在信息社会，一种人员较少移动的家庭或小型办公室（SOHO）和流动办公室等办公方式正在探索中。如果这种方式普及的话，就能减少人们移动时消耗的能源和资源，紧凑型城市就可能早日实现。但到目前为止，SOHO的尝试除了简单的工种外很难被普及。不仅如此，随着信息化的发展出现庞大的信息量，要对这些信息进行斟酌、甄别，企业更需要面对面频繁地开会，反而使得城市中心的办公室更集中，和 SOHO 的初衷就完全相悖了。

但是，正如本章开头叙述的，日本的老龄少子化状况要缓解，信息化的促进是必不可少的。而且到目前为止，考虑到为通信基础设施的建设而投入的大量资金、技术以及宽带时代到来，和 SOHO 不同的工作模式未来应该会出现。另外，信息社会显然不仅会给第三产业（商业、运输、通信、服务行业等），而且会给第一产业（农、渔、林业等）、第二产业（制造、建筑业等）的业务体系带来改变。

信息社会的发展会给城市和城市生活带来什么样的变化，虽然很难预测，但是从上述环境问题的对策，以及从原始社会以来都没有太多变化的人类的生物功能（生理）来看，目前的城市空间和生活方式本身很难会发生激变。我们吃第一产业生产的食品，用第二产业制造的工具，接受第三产业的服务，这种数百年来一直持续的生活原型会一直持续下去吧。

信息化给城市和城市生活带来影响，应该是从第一产业到第三产业的生产和服务的质、量、速度。信息化会将这些变得完善（正向）或不完善（负向）。也就是，准确、优质而快速的信息会促进产业健全的业务体系，进而提高以社区为主体的城市生活的质量，相反的负面作用是可能会带来新的城市问题。例如 20 世纪 90 年代初泡沫经济的崩溃，以及 2000 年前后曾经盛况空前的信息产业的凋落等，说它们的导火索是信息化的不健全也不为过。

目前的信息社会，从历史发展的观点来看正处于摇篮期。要迎来它健全的发展期和成熟期，我们还需要对应用信息和通信技术的新兴产业和社区的建设进行更多的探讨。

参考文献

第1章

1）藤岡謙二郎編：現代都市の諸問題，p .59，地人書房出版，1996

2）SPIRO　KOSTOF 著：THE CITY ASSEMBLED，p.68, THAMES AND HUDSON, 1992

3）石水照雄：叢書図書 2　都市の空間構造，p.20, 大明堂，1974

4）桑島勝雄：都市の機能地域，p.24, 大明堂，1984

5）梶秀樹地：都市計画用語録，p.231, 彰国社，1986

6）奥平耕造：都市工学読本，都市を解析する，p.118 ～ 200，彰国社，1976

7）日笠端：都市計画　大学講座　建築学　計画編 5，共立出版，1979

8）W. アシュワース，下総薫訳：イギリス田園都市の社会史　近代都市計画の誕生，御茶ノ水書房，1987

9）F. エンゲルス，全集刊行委員会訳：イギリスにおける労働者階級の状態 1，2，大月書店，1988

10）御厨貴：近代日本研究双書　首都計画の政治ー形成期明治国家の実像，山川出版社，1984

11）D. L. スミス著，川向正人訳：アメニティと都市計画，鹿島出版会，1977

12）(社）日本都市計画学会編·著：アメニティ都市への道，ぎょうせい，1987

13）倉沢進：日本の都市社会，福村出版，1968

14）J. B.　ガルニエ，G.　シャボー共著：都市地理学，鹿島出版，1971

15）藤岡謙二郎編：現代都市の諸問題，地人書房出版，1966

16）玉野井芳郎他編：基礎経済学体系 3　経済史，青林書院新社，1978

17）日本経済新聞 1998 年 10 月 5 日号「今月 16 日世界食料デー」

18）J. B.　ガルニエ，G.　シャボー共著：都市地理学，鹿島出版，1971

19）藤岡謙二郎編：現代都市の諸問題，地人書房出版，1966

20）林周二：日本型の情報社会，東京大学出版会，1987

21）日本経済新聞 1994 年 12 月 27 日号「都心の分散化が不可欠—第一勧銀グループのまとめ—」

22）経済企画庁編：国民生活白書　平成 3 年度版，大蔵省印刷局，1991

23）新・日本人の条件プロジェクト編：NHK スペシャル新日本人の条件 1，日本放送出版会，1992

24）S. KOSTOF 著：THE CITY SHAPED, THAMUS AND HUDSONN, 1992

25）J·ゴットマン著，木内信蔵他訳：メガロポリス，鹿島出版，1967

26）市川清志他：新訂·建築学大系　都市計画，彰国社，1978

27）星野芳久他編：都市づくり用語辞典，アーバンルネッサンス社，1987

28）http://www2-v2.hi-ho.ne.jp/jyuusyo/cyouson_ichiran.htm

29）週刊ダイヤモンド 1998 年 8 月 15 日号「全 693 都市ランキング」，ダイヤモンド社

第2章

1）日笠端：都市計画，pp. 82 ~ 83, 共立出版，1979

2）三村浩史：地域共生の都市計画，pp. 44 ~ 45, 学芸出版社，1997

3）三村浩史：地域共生の都市計画，pp. 54，学芸出版社，1997

4）船橋市都市計画図 <B 図 >，㈱国際地学協会，平成 8 年 4 月作成

5）高木任之：都市計画法を読みこなすコツ，p.105, 学芸出版社，2001

6）ゴードン·E·チェリー編著：英国都市計画の先駆者たち，p.154, 学芸出版社，1997

7）三村浩史：地域共生の都市計画，pp. 40, 学芸出版社，1997

8）Boesiger·Girslberger：Le Corbusier 1910-60, Girsberger Zurich, 1960

9）長谷川愛子編：SD8001 丹下健三，p. 21，鹿島出版会，1980.1

10）長谷川愛子編：SD8010 特集 菊竹清訓，p. 65, 鹿島出版会，1980.10

11）長谷川愛子編：SD8001 丹下健三，p. 21, 鹿島出版会，1980.1

12）日笠端：都市計画（第 3 版），共立出版，1993

13）都市計画教育研究会編：都市計画教科書（第 3 版），彰国社，2001

14）佐藤圭二，杉野尚夫：新·都市計画総論，鹿島出版会，2003

15）三村浩史：地域共生の都市計画（第 2 版），学芸出版社，2005

16）L・ベネヴォロ，横山正訳：近代都市計画の起源，鹿島出版会，1976

17）パトリック·ゲデス（西村一朗他訳）：進化する都市，鹿島出版会，1982

18）E・ハワード，長素連訳：明日の田園都市，鹿島出版会，1968

19）カミロ・ジッテ，大石敏雄訳：広場の造形，鹿島出版会，1983

20）ル·コルビュジェ，樋口清訳：ユルバニスム，鹿島出版会，1967

21）ケヴィン・リンチ，丹下健三·富田玲子訳：都市のイメージ，岩波書店，1968

22）J・ジェイコブス（黒川記章訳）：アメリカ大都市の死と生，鹿島出版会，1977

23）日本建築学会編：建築学用語辞典，岩波書店，1993

24）佐々木宏訳：アテネ憲章，建築 1961 年 9 月号，仏プロン社

25）三村浩史：地域共生の都市計画，学芸出版社，1997

26）ゴードン・E・チェリー著，大久保昌一訳：英国都市計画の先駆者たち，学芸出版社，1983

27）石田頼房：日本近代都市計画の百年，自治体研究社，1987

28）都市計画 No.151「特集　続々民間都市計画プランナー論」，日本都市計画学会，1988

29）佐藤滋・倉田直道·後藤晴彦：建築雑誌 Vol. 102, No. 1258「建築家による大規模計画の歴史」，日本建築学会 1987 年 4 月号

30）UIA 協定第 2 版　建築実務におけるプロフェッショナリズムの国際推奨基準に関する UIA 協定，世界建築家連合，1998 年 4 月

31）佐々木宏著：コミュニティ計画の系譜，鹿島出版会，1981

第3章

1）小池滋編：ドレ画ヴィクトリア朝時代のロンドン，P.125，社会思想社，1994

2）都市デザイン研究体：現代の都市デザイン，p. 39, 彰国社，1969

3）フランソワーズ・ショエ著，彦坂裕訳：近代都市ー19 世紀のプランニングー，p. 87，井上書院，1983

4）Robert Fishman: Urban Utopia in the Twentieth Century, p.117, MIT Press, 1977

5）Stephen V. Ward: The Garden City-Past, present and future-，表紙，E & FN Spon, 1992
6）Dora Wiebenson: TONY GARNIER: THE CITE INDUSTRIELLE, p. 96, George Braziller, 1969
7）Dora Wiebenson: TONY GARNIER: THE CITE INDUSTRIELLE, p. 88，George Braziller, 1969
8）Robert Fishman: Urban Utopia in the Twentieth Century, pp.132 ~ 133，MIT Press, 1977
9）日笠端：都市計画第 3 版，p. 20，共立出版，1993
10）Gottfried Feder : Die neue Stadt の添付図をもとに作成
11）飯島洋一監修：アサヒグラフ別冊　シリーズ 20 世紀 -3「都市」，p. 23，朝日新聞社，1996
12）Jean Dethier　他：La ville, art et architecture en Europe，1970-1992，p. 429，Centre Georges Pompidou,
13）トーマス・ライナー著，太田実研究室訳：理想都市と都市計画，日本評論社，1967
14）アーサー・コーン著，星野芳久訳：SD 選書 都市形成の歴史，鹿島出版会，1968
15）ルイス・マンフォード著，生田勉訳：歴史の都市・明日の都市，新潮社，1969
16）佐々木宏：SD 選書コミュニティ計画の系譜，鹿島出版会，1971
17）現代の建築と都市編集委員会編：現代の建築と都市　増補新版，自由国民社，1973
18）梶秀樹他：現代都市計画用語録，彰国社，1978
19）レオナルド・ベネヴォロ著・佐野敬彦・林寛治訳：図説都市の世界史 1 ~ 4, 相模書房，1983
20）佐藤圭二，杉野尚夫：土木教程選書　都市計画総論，鹿島出版会，1988
21）光崎育利：現代建築学　都市計画改訂版，鹿島出版会，1991
22）日笠端：都市計画 第 3 版，共立出版，1993
23）黒川紀章：都市デザイン，紀伊國屋書店，1994 (復刻）
24）都市計画教育研究会編：都市計画教科書 第 2 版，彰国社，1995
25）日笠端：市町村の都市計画 1 コミュニティの空間計画，共立出版，1997
26）加藤晃：都市計画概論 第 4 版，共立出版，1997
27）三村浩史：地域共生の都市計画，学芸出版社，1997
28）日端康雄：講談社現代新書 都市計画の世界史，講談社，2008

29）都市デザイン研究体：現代の都市デザイン，彰国社，1969
30）長尾重武：中公新書 建築家レオナルド・ダ・ヴィンチ，中央公論社，1994
31）レオナルド・ベネヴォロ著，横山正訳：SD選書　近代都市計画の起源，鹿島出版会，1976
32）エベネーザー・ハワード著，長素連訳：SD選書　明日の田園都市，鹿島出版会，1968
33）東秀紀：中公新書　漱石の倫敦ハワードのロンドン，中央公論社，1991
34）吉田鋼市：SD選書　トニー・ガルニエ，鹿島出版会，1993
35）チャールズ・ジェンクス著，佐々木宏訳：SD選書　ル・コルビュジェ，鹿島出版会，1978
36）東秀紀：新潮選書　荷風とル・コルビュジェのパリ，新潮社，1998
37）ル・コルビジェ著，吉阪隆正訳：SD選書　アテネ憲章，鹿島出版会，1976
38）クラレンス・アーサー・ペリー著，倉田和四生訳：近隣住区論，鹿島出版会，1975
39）20世紀建築研究編集委員会編：10 +1 別冊 20世紀建築研究，INAX出版，1998
40）渡辺仁史監修：ハンディブック建築，オーム社，1996
41）石田潤一郎，中川理編：近代建築史，昭和堂，1998
42）鈴木博之：現代建築の見かた，王国社，1999
43）鈴木博之：日本の近代10　都市へ，中央公論新社，1999
44）ジョナサン・バーネット著，倉田直道訳：新しい都市デザイン，集文社，1985

第4章

1）国土庁編：21世紀の国土のグランドデザイン，大蔵省印刷局，1998
2）D. H. メドウ他著，大来佐武郎監訳，成長の限界ーローマクラブ「人類の危機」レポート，ダイヤモンド社，1977
3）国土交通省ウェブサイト；国土形成計画，http://www.mlit.go.jp/common/000019218.pdf
4）流山市ウェブサイト，http://www.city.nagareyama.chiba.jp/
5）　船橋市ウエブサイト，http://www.city.funabashi.chiba.jp/
6）日笠端：都市計画　第3版，p.118，共立出版，1993,　を参考に加筆

7）(財）都市計画協会：都市計画ハンドブック 2007,2008，(財）都市計画協会，pp. 6 ~ 7, 2008
8）(財）都市計画協会：都市計画ハンドブック 200,2008，（財）都市計画協会，pp. 235 ~ 236, 2008
9）都市計画教育研究会編：都市計画教科書（第3版），彰国社，pp. 76 ~ 77, 2001
10）日本都市計画学会編著：都市計画マニュアルⅠ 一土地利用1総集編，ぎょうせい，1985, p.12
11）(財）不動産流通近代化センター〔住まいとまち〕編集室編：月刊〔住まいとまち〕通巻30号，p. 76，1992.10, を参考に加筆および法改正にしたがって修正
12）田畑貞寿：自然環境保全に関する計画的研究，都市計画，No. 69•70，pp. 36 ~ 48，1972
13）日本都市センター：都市と公園緑地
14）公園・緑地計画の策定フロー
15）国土交通省資料
16）日本都市計画学会編：都市計画図集，p. H-3，技報堂，1978
17）都市公園の計画標準
18）（社）日本公園緑地協会資料
19）東京都建設局パンフレット
20）建設省編：平成10年版 建設白書，p. 220，大蔵省印刷局
21）岩槻市：岩槻市都市計画マスタープラン，p. 3，1998.3
22）日本建築学会編：建築資料集成9地域，丸善，p. 89，1983
23）長谷川徳之輔：東京の宅地形成史，pp. 216-217，すまいの図書館出版局，1988
24）山口廣編：郊外住宅地の系譜ー東京の田園ユートピアー，p.193，鹿島出版会，1987
25）住田昌二編著：日本のニュータウン開発，p. 222，都市文化社，1984
26）梶秀樹他著：現代都市計画用語集，p.103, 彰国社，1982
27）BIO CITY no.12, p. 21,1997.10
28）日笠端：都市計画　第3版，共立出版，1993
29）新谷洋二他著：土木系大学講義シリーズ17　都市計画，コロナ社，1998
30）都市計画教育研究会編：都市計画教科書（第2版），彰国社，1998
31）建設省都市局監修：都市計画ハンドブック 1997, （財）都市計画協会，1977

32）阪本一郎編著：放送大学教材　都市計画の基礎，大蔵省印刷局，1992

33）日本地誌研究所編：地理学辞典改訂版，二宮書店，1989

34）日本都市計画学会編著：都市計画マニュアルI土地利用1総集編，ぎょうせい，1985

35）原田純孝他編：現代の都市法ードイツ・フランス・イギリス・アメリカー，東京大学出版会，1993

36）高木任之：都市計画を読みこなすコツ，学芸出版社，1996

37）天野光三・青山吉隆：図説都市計画，丸善，1997. 4

38）中村洋，萩島哲：新建築学シリーズ10都市計画，朝倉書店，1999

39）加藤晃：都市計画概論 第4版，共立出版，1997

40）日笠端：都市計画 第3版，共立出版，1993

41）日笠端：都市計画 第3版，共立出版，1993

42）田畑貞寿：都市計画教科書（第2版），彰国社，1998

43）オーガスト・ヘックシャー著，佐藤昌訳：オープンスペース アメリカ都市の生命，鹿島出版会，1981

44）佐藤昌：日本公園緑地発達史・上，都市計画研究所，1977

45）内山正雄編：都市緑地の計画と設計，彰国社，1989

46）建設省都市局都市計画課・公園緑地課監修：緑の基本計画ハンドブック<改訂版>（石川幹子「アメリカのパークシステム」），日本公園緑地協会，1997

47）石川幹子：オルムステッドとパークシステム，都市計画No.205，1997

48）伊藤滋他監修，建設省都市環境問題研究会編：環境共生都市づくり-エコシティ・ガイド-(7版)，ぎょうせい，1997

49）長尾義三・横内憲久監修，水環境創造研究会著：ミチゲーションと第3の国土空間づくりー沿岸域環境保障の考え方とキーワードー，共立出版，1997

50）運輸省港湾局編，環境と共生する港湾ーエコポートー，大蔵省印刷局，1994

51）（財）リバーフロント整備センター編著：川の親水プランとデザイン，p. 63，山海堂，1995

52）三船康道：地域・地区　防災まちづくり，オーム社，1996

53）建設省都市局都市防災対策室監修：都市防災実務ハンドブックー地震防災編ー，ぎょうせい，1997

54）造景 No.14，特集 1. 東京の防災都市づくり，建築資料研究社，1998. 4

55）長谷川徳之輔：東京の宅地形成史，すまいの図書館出版局，1988

56）経済企画庁編：生活大国 5 か年計画一地球社会との共存をめざしてー，大蔵省印刷局，1992

57）建設省編：平成 10 年版　建設白書一次世代に向けてー，大蔵省印刷局，1998

58）山口廣編：郊外住宅地の系譜一東京の田園ユートピアー，鹿島出版会，1987

59）岩槻市都市計画部都市計画課：岩槻市住宅マスタープラン，岩槻市，1998

60）住田昌二編著：日本のニュータウン開発ー千里ニュータウンの地域計画的研究ー，都市文化社，1984

61）梶秀樹他著：現代都市計画用語録，彰国社，1982

62）都市計画教育研究会編：都市計画教科書第 2 版，彰国社，1995

63）都市計画用語研究会編著：全訂都市計画用語事典，ぎょうせい，1998

64）地域交流センター企画：ザ・モデル事業ー地域アイデンティティの創出をめざしてー，地域交流出版，1985

65）伊達美徳 他編修：初めて学ぶ都市計画，市ヶ谷出版社，2008

第5章

1）ケヴィン・リンチ著，丹下健三・富田玲子訳：都市のイメージ，岩波書店，1968

2）（社）日本建築学会編：景観法と景観まちづくり，p. 32, 学芸出版社，2005

3）国土交通省パンフレット：景観法の概要

4）両眼静，注，動視野の比較（桂による）

5）北村徳太郎訳：都市計画上視力の標準（その 1),「都市公論（復刻版)」第 10 巻第 4 号，p.14, 不二出版，1927

6）中村良夫・小柳武和・樋口忠彦：土木工学体系 13. 景観論，彰国社，1977

7）日本建築学会編：建築・都市計画のための調査・分析方法，p.109, 井上書院，1987

8）日笠端，日端康雄：都市計画　第 3 版，p.100，共立出版，1993

9）東京都：東京都都市景観マスタープラン，1994

10）仙台市：仙台建築景観シート，1988

11）真鶴町：真鶴町まちづくり条例 美の基準，1992

12）City of London Development Plan：subject study st. Paul's Heights, 1978

13）田村明：美しい都市景観をつくるアーバンデザイン，朝日選書 573, pp. 25 ~ 26, 朝日新聞社 , 1997

14）辻村太郎：景観地理学（「修正版地理学講座」）第 6 回，p.174，地人書館，1937

15）飯本信之：景域に立脚したる地理とその教授，地理教育 24 (1)，1936

16）井出久登：景観の概念と計画，都市計画 No. 83 (特集景観論)，日本都市計画学会，1975

17）伊藤孝：景観概念について一提案と分析，環境文化第 57 号，pp. 20 ~ 24，1983

18）石井一郎・元田良孝：景観工学，p. 5, 鹿島出版会，1990

19）天野光三・青山吉隆編：図説都市計画手法と基礎知識，pp.102 ~ 103, 丸善，1992

20）ケヴィン・リンチ著，丹下健三・富田玲子訳：都市のイメージ，pp. 9 ~ 12, 岩波書店，1968

21）日本建築学会編：建築・都市計画のための調査・分析方法，pp. 75 ~ 80, 井上書院，1987

22）建設省住宅局建築指導課・市街地建築課監修，建築・まちなみ景観研究会著：建築・まちなみ景観の創造，pp. 6 ~ 7, 技報堂出版，1994

23）田村明：美しい都市景観をつくるアーバンデザイン，朝日選書 573，p.19, 朝日新聞社，1997

24）萩原朗他著：眼の生理学，p. 246，医学書院，1966，

25）八木冕監修，大山正編：講座心理学 4. 知覚，p.173, 東京大学出版会，1970

26）和田陽平・大山正・今井省吾編：感覚・知覚ハンドブック，pp. 250 ~ 254, 誠信書房，1969

27）日本建築学会編：建築設計資料集成 3 単位空間 I，p. 41，1980

28）滝保夫，青木昌治，樋渡涓二：画像工学，p. 368，コロナ社，1980

29）樋口忠彦：景観の構造，pp.19 ~ 23，技報堂，1975

30）芦原義信：外部空間の設計，pp. 52 ~ 56, 彰国社，1975

31）三浦金作：広場の空間構成，イタリアと日本の比較を通して，鹿島出版会，1993

32）土木学会編：街路の景観設計，技報堂，1985

33）樋ロ忠彦：景観の構造，pp. 40 ~ 49，技報堂，1975

34）ゴードン・カレン：Townscape，The Architectural, p.143，Press London, 1961

35）八木冕監修，大山正編：講座心理学 4. 知覚，pp. 61 ~ 62, 東京大学出版会，1970

36）八木冕監修，大山正編：講座心理学 4. 知覚，pp. 61，東京大学出版会，1970

37）大山正：色彩画の進出・後退現象の測定，照明学会誌，No. 42，pp. 526 ~ 531, 1958

38）樋口忠彦：景観の構造，pp.10 ~ 82, 技報堂，1975

39）早稲田大学戸沼研究室：都市美・景観に関する文献リスト，建築雑誌，Vol.98, No. 1202， 1983

40）芝浦工業大学石黒研究室：景観研究関連論文リスト，1990 年度大会都市計画部研究協議会資料，1990

41）日本大学工学部三浦研究室：守る景観，創る景観’97 うつくしま景観フォーラムの記録，福島県，1997

42）日笠端：都市計画第 3 版，pp. 99 ~ 100, 共立出版，1993

43）三村浩史：地域共生の都市計画，p. 86, 学芸出版，1997

44）三船康道＋まちづくりコラボレーション：まちづくりキーワード事典，pp. 66 ~ 67, 学芸出版，1997

45）三船康道＋まちづくりコラボレーション：まちづくりキーワード事典，pp. 72 ~ 73, 学芸出版，1997

46）ジョナサン・バーネット著，倉田直道・倉田洋子訳: 新しい都市デザイン，p.15，集文社，1985

47）日本建築学会：建築雑誌，都市設計特集，1965

48）田村明: 美しい都市景観をつくるアーバンデザイン，朝日選書 573, p. 97，朝日新聞社，1997

49）田村明: 美しい都市景観をつくるアーバンデザイン，朝日選書 573, p. 97 ~ 117，朝日新聞社，1997

50）渡辺俊一：「都市計画」の誕生，pp. 79 ~ 97, 柏書房，1993

51）鳴海邦碩，田端修，榊原和彦編：都市デザインの手法，pp.13 ~ 14，学芸出版，1990

52）アーバンデザイン研究体：アーバンデザイン 軌跡と実践手法，建築分化別冊，pp. 32

～33，彰国社，1985
53）日本経済新聞社 日経産業消費研究所：「日経 地域情報」，景観とまちづくり，全国2184自治体の挑戦，1994
54）栗林久美子：都市の歴史とまちづくり，「都市景観条例にみる歴史的資産の継承とまちづくり」，pp. 41～60，1995
55）五十嵐敬喜，野口和雄，池上修一：美の条例，学芸出版，1996
56）田村明：美しい都市景観をつくるアーバンデザイン，朝日選書573，pp. 206～209，朝日新聞社，1997
57）三船康道＋まちづくりコラボレーション：まちづくりキーワード事典，pp. 70～71，学芸出版，1997
58）建設省まちづくり事業推進室監修，まちづくりイベント研究会編著：まちづくりイベントハンドブック，P.113，学芸出版，1996
59）渡辺定夫編著：アーバンデザインの現代的展望，p. 44～59，鹿島出版会，1993
60）中井検裕：「イギリスの景観コントロール1」，造景No. 2，pp. 200～205, 1996
61）早福千鶴：景観 基本計画づくりから実際例まで，「フランスにおける景観保護行政」，pp. 891～908，ぎょうせい，1991
62）松政貞治：「フランスの景観コントロール1」，造景，No. 4，pp.167～175, 1996
63）早福千鶴：景観　基本計画づくりから実際例まで，「フランスにおける景観保護行政」，ぎょうせい，1991
64）Ville de Paris, Plan d'Occupation des sols de la Ville de Paris, RevisionGenerale Protection Generale du Site de Paris

第6章

1）石川雄一郎：さまよえる埋立地，P.8,（社）農山漁村文化協会，1991
2）多摩ニュータウン30周年記念事業実行委員会：多摩ニュータウン30年の歩み
3）「マラソン都市」多摩，日経アーキテクチュア，1993年3月号，日経BP社
4）新建築，1992年6月号，新建築社

5）千葉県企業庁：幕張新都心住宅地事業計画，1990

6）千葉県企業庁：幕張ベイタウンデータブック，1998

7）渡辺定夫編著，大村虔一著：アーバンデザインの現代的展望，幕張・新都市住宅地の都市デザイン，pp. 44 ~ 59, 鹿島出版会，1993

8）日本経済新聞社：日経アーキテクチュア，1987年6月29日号，日経BP社

9）住宅・都市整備公団，三井不動産：大川端・リバーシティ21開発事業，1997年11月

10）三井不動産ウエブサイト；http://www.mitsuifudosan.co.jp/corporate/news/2005/0223_01/index.html

11）http://www.eonet.ne.jp/~building-pc/index.htm

12）新建築，2007年5月号，新建築社

13）日経アーキテクチュア，2007年6月11日号，日経BP社

14）エフ・ジェイ都市開発：キャナルシティ博多コンセプトブック，1997

15）エフ・ジェイ都市開発：キャナルシティ博多ドローイング

16）日経アーキテクチュア，1996年6月3日号，日経BP社

17）新建築，2008年1月号，新建築社，2008

18）日本建築学会編：まちづくり教科書第9巻 中心市街地活性化とまちづくり会社，丸善，2005

19）グッド研究所・学芸出版社編：季刊まちづくり13, 学芸出版社，2006

20）高松丸亀町商店街資料：コミュニティベースト・ディベロップメント

21）日経アーキテクチュア，2007年5月28日号，日経BP社，2007

22）東大都市工都市再生研究会・東京工科大都市メディア研究会：東京プロジェクト"風景"を変えた都市再生12大事業の全貌，日経BP社，2005

23）都市・建築・不動産企画開発マニュアル2007 ~ 2008

24）大手町・丸の内・有楽町地区まちづくりガイドライン2005，大手町・丸の内・有楽町地区まちづくり懇談会，2005

25）新建築 臨時増刊 日本設計，新建築社，2003

26）河村茂：新宿・街づくり物語，鹿島出版会，1999

27）財団法人新宿副都心建設公社：財団法人新宿副都心建設公社事業史，財団法人新宿副都心建設公社，1968

28）東京都：臨海部副都心開発基本計画および豊洲・晴海開発基本方針，1988
29）東京都：臨海副都心まちづくり推進計画ーレインボータウンの明日をめざしてー，1997
30）東京都：臨海副都心まちづくりガイドラインー改定ーレインボータウンの魅力あるまちづくりを目指して，1998
31）日経アーキテクチュア，1992 年 7 月 6 日号，日経ＢＰ社
32）http://www.mmatomirai21.com/development/information.html
33）東大都市工都市再生研究会・東京工科大都市メディア研究会：東京プロジェクト“風景”を 変えた都市再生 12 大事業の全貌，日経 BP 社，2005
34）建築画報　第 40 巻　第 1 号　通号 305 号，建築画報社，2004
35）日経アーキテクチュア，2007 年 8 月 27 日号，日経 BP 社
36）「アーバンドッグららぽーと豊洲」物件概要；都市開発マニュアル（2006-12）
37）http://sumai.nikkei.co.jp/mansion/mreview/index.cfm?i = 20060605d4000d4&cp = 3
38）http://www.toyosu-tower.com/gaiyo.html
39）http://www.sumitomo-rd.co.jp/mansion/shuto/toyosu/detail.cgi
40）日本建築学会編，建築設計資料集成 / 地域・都市Ｉ　プロジェクト編，丸善，2003
41）新建築，1999 年 4 月号，新建築社
42）三菱 UFJ 信託銀行不動産コンサルティング部「地球温暖化と企業不動産」，pp. 38 ~ 42，2008 年 9 月，エム・ユー・トラスト・アップルプランニング
43）茨城県企画部つくば・ひたちなか整備局つくば地域振興課；「筑波研究学園都市」，2007 年 7 月
44）国土交通省ウェブサイト，http://www.mlit.go.jpcrddaiseitsukubatochi.html
45）青森市：青森都市計画マスタープラン，青森市，1999
46）山本恭逸：コンパクトシティ 青森市の挑戦，ぎょうせい，2006
47）グッド研究所・学芸出版社編：季刊まちづくり 18, 学芸出版社，2008
48）川島和彦：地方自治体による郊外部の土地利用コントロールに関する取り組み，国土交通政策研究 第 57 号，国土交通省国土交通政策研究所，2005
49）株式会社ＩＮＡＸ : ESPLANADE, N0.50 (春号)，株式会社Ｉ NAX, 1999
50）日本建築学会編：町並み保全型まちづくり　まちづくり教科書第 2 巻，丸善，2004
51）川越一番街町並み委員会：町づくり規範，川越一番街町並み委員会，1988

52）川越一番街ウェブサイト：http://www.kawagoe.com/ichibangai/

53）田村明：まちづくりと景観，岩波新書 985, 岩波書店，2005

54）川島和彦他：拠点的景観整備事業を契機とした景観整備の波及・誘導効果に関する研究ー長野県小布施町を事例としてー，第 32 回日本都市計画学会学術研究論文集，pp31-36, 社団法人日本都市計画学会，1997

55）国土交通省ウェブサイト；http://www.mlit.go.jp/

56）おかげ横丁ウェブサイト；http://www.okageyokocho.co.jp/bin/a4ura.pdf

57）経済産業省：平成 15 年 中心市街地実態調査・普及啓発事業実施報告書（おかげ横丁概要）

第7章

1）国土交通省都市・地域整備局都市計画課監修，都市計画法研究会編：都市計画法規集，新日本法規出版，加除式

2）日本都市計画学会編：実務者のための新都市計画マニュアル I [総合編] 都市計画の意義と役割・マスタープラン，丸善，2002

3）都市計画ハンドブック 2006，都市計画協会，2006

4）日本建築学会編：建築法規用教材 2008，丸善，2008

5）石田頼房：日本近代都市計画の百年，自治体研究社，1987

6）日本都市計画学会編：近代都市計画の百年とその未来，日本都市計画学会，1988

第8章

1）国立社会保障・人口問題研究所：日本の将来推計人口（平成 18 年 12 月推計），2006

2）林泰義：コミュニティ・ベイスト・プランニングと公共性，都市計画 234 号，pp. 5~10，日 本都市計画学会，2001.12

3）小浜逸郎：弱者とはだれか，PHP 新書，p. 31,PHP 研究所，1999

4）服部圭郎：ニューアーバニズムとサスティナブルシティ，Tokyo Street File Culturestudies

Seminar, 2001.10.19

5）川村健一・小門裕幸：サステナブル・コミュニティ，p.48, 学芸出版社，1995

6）長尾義三・横内憲久監修：ミチゲーションと第 3 の国土空間づくり，p.185，共立出版，1997

7）川那部浩哉：自然との関係を選び取る知恵を創り出そう，AERAMOOK，新環境学がわかる，P. 5, 朝日新聞社，1999

致谢

本书翻译工作是多位译者通力合作的结果。感谢亲人、师长与朋友们的帮助。感谢凤凰出版传媒集团曹蕾女士、杨琦女士、靳秾女士对本书的重视及从立项到最终出版整个过程中的辛勤与鼎力支持。

特别鸣谢：崔广红、王燕老师。

李小芬

2018年2月